工业和信息化部"十四五"规划教材
集成电路科学与工程系列教材

半导体物理与器件
（第2版）

吕淑媛　刘崇琪　罗文峰　编著

电子工业出版社·
Publishing House of Electronics Industry
北京·BEIJING

内 容 简 介

本书系统且全面地阐述了半导体物理的基础知识和典型半导体器件的工作原理、工作特性，内容涵盖量子力学、固体物理、半导体物理和半导体器件等。全书共 8 章，主要内容包括：半导体中的电子运动状态、平衡半导体中的载流子浓度、载流子的输运、过剩载流子、pn 结、器件制备基本工艺、金属半导体接触和异质结、双极晶体管。本书语言简明扼要、通俗易懂，具有很强的专业性、技术性和实用性，并配有电子课件 PPT、知识点视频、习题参考答案等。

本书既可作为高等学校电子科学与技术、微电子技术、光电信息工程等专业本科生的教材，又可作为相关领域工程技术人员的参考书。

图书在版编目（CIP）数据

半导体物理与器件 / 吕淑媛，刘崇琪，罗文峰编著. —2 版. —北京：电子工业出版社，2022.8
ISBN 978-7-121-44112-7

Ⅰ. ①半… Ⅱ. ①吕… ②刘… ③罗… Ⅲ. ①半导体物理－高等学校－教材②半导体器件－高等学校－教材 Ⅳ. ①O47②TN303

中国版本图书馆 CIP 数据核字（2022）第 145774 号

责任编辑：王晓庆

印　　刷：大厂回族自治县聚鑫印刷有限责任公司
装　　订：大厂回族自治县聚鑫印刷有限责任公司
出版发行：电子工业出版社
　　　　　北京市海淀区万寿路 173 信箱　　邮编：100036
开　　本：787×1092　1/16　印张：17　　字数：435 千字
版　　次：2017 年 2 月第 1 版
　　　　　2022 年 8 月第 2 版
印　　次：2024 年 7 月第 3 次印刷
定　　价：59.00 元

凡所购买电子工业出版社图书有缺损问题，请向购买书店调换。若书店售缺，请与本社发行部联系，联系及邮购电话：(010) 88254888，88258888。

质量投诉请发邮件至 zlts@phei.com.cn，盗版侵权举报请发邮件至 dbqq@phei.com.cn。

本书咨询联系方式：(010) 88254113，wangxq@phei.com.cn。

前　言

在过去的七十多年里，以半导体集成电路为基础的微电子技术的迅速发展，使人类进入信息时代，微电子技术影响和改变着人们生活的各个方面，因此越来越受到人们的重视。

信息时代彻底改变了人们的工作、学习和生活方式。新冠肺炎疫情期间，人们足不出户就可以在网上召开网络会议、进行远程教学和医疗会诊等；学生利用各种网络教学平台和智慧教学工具可以随时听老师讲课、与同学讨论，网上完成作业并查看老师的评语。有一部手机或一台计算机，就可以浏览全世界网站上的信息。

半导体物理与器件是微电子技术的基础知识，也是电子科学与技术、微电子技术、光电信息工程等专业的重要基础课。为进一步加强半导体物理与器件的基础教学工作，作者在多年教学实践的基础上编写了本书。本书在重点内容的后面提供了例题，且编写了一些利用计算机仿真实现的例题和习题。

本书的特色如下：

* 从学生视角出发，从每节的内容到每章的内容，再到整个课程的内容，均按提出问题、分析问题和解决问题的顺序来引导，培养学生提出问题、分析问题和解决问题的能力。
* 由于本课程具有很强的理论性，学生在学习时往往感觉很抽象，不好理解，因此在教材编写时注意根据相关内容尽可能引入结合实际应用的实例。
* 融入课程思政元素，将历史上相关科学家的科学探索和研究历程融入教材的相关内容，激励学生追随科学家的探索精神，努力学习，创造人生的价值。
* 提升教材的课后习题质量，引导学生借助 MATLAB 完成课程中难以用纸和笔完成的计算，在帮助学生掌握计算语言的同时，加深其对课程内容的理解。

本书共三部分。第一部分介绍晶体中的电子状态，包括半导体材料的种类、半导体的晶格结构、半导体的能带及半导体中的载流子、平衡半导体的载流子浓度、载流子的输运及非平衡半导体；第二部分介绍半导体器件制造工艺；第三部分介绍半导体器件基础，包括 pn 结、金属半导体接触、异质结、双极晶体管。

本书语言简明扼要、通俗易懂，具有很强的专业性、技术性和实用性。本书是作者在半导体物理与器件教学的基础上逐年积累编写而成的，每章都附有丰富的习题，供学生课后练习与提高。

在教学中，教师可以根据教学对象和学时等具体情况对书中的内容进行删减与组合，也可以进行适当扩展，参考学时为 42～80 学时。为适应教学模式、教学方法和教学手段的改革，本书配有电子课件 PPT、知识点视频、习题参考答案等，需要的读者可在华信教育资源网（www.hxedu.com.cn）上免费注册后下载。

本书既可作为高等学校电子科学与技术、微电子技术、光电信息工程等专业本科生的教材，又可作为相关领域工程技术人员的参考书。

本书由吕淑媛、刘崇琪和罗文峰共同编写。第 1 章和第 4 章由刘崇琪编写，第 2 章、第 3 章、第 5 章、第 6 章和第 7 章由吕淑媛编写，第 8 章由罗文峰编写，全书由吕淑媛统稿。

　　本书的编写参考了大量近年来出版的相关文献资料和 MOOC 视频，吸取了许多专家和同人的宝贵经验，在此向他们深表谢意。

　　由于编者水平有限，书中难免存在疏漏之处，热切希望读者批评指正。

编著者

2022 年 7 月

目　　录

第1章　半导体中的电子运动状态

按物质形态划分，半导体属于固体。首先，由于固体的组成单元和结构决定了其性质，所以要考虑半导体材料的原子构成及其中的原子排列规律（即半导体的晶格结构）。其次，半导体中的电子运动状态难以用经典力学来描述，而量子力学波动理论却能很好地描述它，所以需要对量子力学有初步了解，学习其分析方法。最后，用量子力学方法对半导体中的电子运动状态进行分析，得到半导体的 $E\text{-}k$ 关系图，即能带图，利用能带图讨论半导体中电子的有效质量，并引入空穴的概念，同时也为计算半导体中电子的量子态密度奠定基础。

因此，本章的任务如下：（一）了解半导体材料的原子构成特点和半导体的典型晶格结构；（二）利用量子力学波动理论分析孤立原子中电子的状态；（三）初步建立与应用半导体能带模型。

1.1　半导体材料

半导体所具有的电学特性与组成半导体材料的元素或化合物有关，也与原子或分子的排列规律有关。因此，本节将学习半导体材料和其晶格结构的相关知识。

1.1.1　半导体材料的原子构成

物质按导电性能的不同，可分为导体、半导体和绝缘体。用电阻率或电导率（电阻率的倒数）来表示物质的导电性能，常见导体、半导体和绝缘体的电阻率、电导率如图1.1所示。半导体材料的电阻率一般为 $10^{-3}\sim10^{6}\Omega\cdot\mathrm{cm}$，介于导体（$10^{-6}\Omega\cdot\mathrm{cm}$）与绝缘体（$10^{12}\Omega\cdot\mathrm{cm}$）之间。从图1.1可以看出，导体和绝缘体材料的电阻率是确定的，如银的电阻率约为 $10^{-6}\Omega\cdot\mathrm{cm}$，而半导体材料的电阻率是在一定范围内变化的，例如，硅的电阻率的变化范围为 $10^{-3}\sim10^{4}\Omega\cdot\mathrm{cm}$。正是由于半导体导电性能的这种弹性，才使其得到广泛的应用。

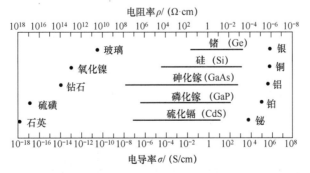

图 1.1　常见导体、半导体和绝缘体的电阻率、电导率

材料的性质与组成材料的元素有关，半导体材料包括元素半导体和化合物半导体。元素

半导体由单一元素构成，主要包括硅、锗等Ⅳ族元素。

化合物半导体由两种及以上元素组成。化合物包括二元（两种元素）化合物、三元（三种元素）化合物和多元化合物。二元化合物半导体可以是由Ⅲ族元素与Ⅴ族元素组成的化合物，如 GaAs 或 GaP。Ⅱ族元素和Ⅵ族元素也可以组成二元化合物半导体，如 ZnS 或 CdS。

还有一类半导体，称为**合金**，包括二元合金、三元合金和四元合金等。例如，三元合金 $Al_xGa_{1-x}As$，它由三种元素组成，其中下标 x 表示原子序数低的元素的组分。

表 1.1 列出了常见的半导体材料种类。

表 1.1   常见的半导体材料种类

半导体类别		半导体符号	半导体名称
元素半导体		Si	硅
		Ge	锗
化合物半导体	1）Ⅲ-Ⅴ	GaAs	砷化镓
		AlP	磷化铝
		GaN	氮化镓
		AlAs	砷化铝
		GaP	磷化镓
		GaSb	锑化镓
		InP	磷化铟
		InSb	锑化铟
		InAs	砷化铟
	2）Ⅱ-Ⅵ	ZnO	氧化锌
		ZnS	硫化锌
		CdS	硫化镉
		CdTe	碲化镉
合 金	1）三元合金	$Al_xGa_{1-x}As$	
		$Al_xIn_{1-x}As$	
		$GaAs_{1-x}P_x$	
	2）四元合金	$Al_xGa_{1-x}As_ySb_{1-y}$	
		$Ga_xIn_{1-x}As_{1-y}P_y$	

表 1.2 是从元素周期表中摘录出来的构成半导体材料的主要元素。可以看出这些元素是以Ⅳ族元素为中心对称的，包括Ⅲ、Ⅴ族和Ⅱ、Ⅵ族元素。之所以呈现这样的特征，与半导体涉及的核心化学键——共价键有关，因此和半导体相关的原子平均有 4 个价电子。

表 1.2   构成半导体材料的主要元素

Ⅱ族元素	Ⅲ族元素	Ⅳ族元素	Ⅴ族元素	Ⅵ族元素
		6 碳	7 氮	8 氧
		C	N	O
	13 铝	14 硅	15 磷	16 硫
	Al	Si	P	S

（续表）

II 族元素	III 族元素	IV 族元素	V 族元素	VI 族元素
30 锌	31 镓	32 锗	33 砷	34 硒
Zn	Ga	Ge	As	Se
48 镉	49 铟	50 锡	51 锑	52 碲
Cd	In	Sn	Sb	Te

1.1.2　半导体材料的结构

物质按形态可以分为固体、液体和气体。目前使用的半导体材料主要是固体。材料内部原子的空间排列（即其结构）对材料特性有很重要的影响，例如，石墨和金刚石都是由碳元素组成的单质，但二者的原子排列结构不同，表现出的物理性质也相去甚远。

按照原子排列的有序化程度，可以将固体分为单晶、多晶和无定形三种类型。无定形材料是指内部的原子没有周期性排列结构的材料，即不存在有序排列。多晶材料则由若干呈现出周期性排列结构的小区域组成，但各区域的大小和排列结构各不相同，可称**为短程有序**。单晶材料在整个区域均呈现出周期性的排列，可称**为长程有序**。图 1.2 是无定形、多晶和单晶的结构示意图。这三种结构的材料目前在半导体器件中均有应用，如多晶硅被用来制作 MOS 结构中的一部分，在大部分情况下均使用半导体单晶来制作半导体器件。下面重点研究如何描述固体单晶的周期性。

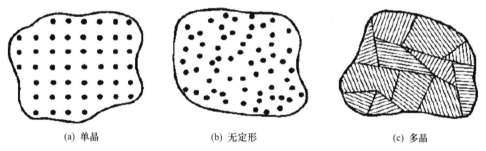

(a) 单晶　　　　　　　　(b) 无定形　　　　　　　　(c) 多晶

图 1.2　无定形、多晶和单晶的结构示意图

1. 晶体结构

为了描述具有周期性排列的单晶的特征，先对实际的晶体结构进行抽象和简化。若用位于原子或原子团平衡位置的一点来替代每个原子或原子团，则实际的晶体结构就可数学抽象为与实际晶体结构周期性相同的空间点阵来表示。空间点阵中的这些点被称为**格点**。对单晶材料而言，其整个点阵结构（称为**晶格**）呈现周期性。本小节要解决的**问题①**如下：**如何描述固体单晶结构的周期性？**

1）格基矢与格矢

如果在晶格中选择一个格点作为坐标原点，以晶格在三个独立方向上的周期（晶格常数）为基矢建立坐标系，那么晶格中的每个格点都可以用该坐标系中的一个矢量来描述，这个矢量被称为**格矢量**，简称**格矢**，用 r 表示

$$r = sa + tb + pc \tag{1.1}$$

其中 a, b 和 c 为三个基矢量，基矢量的方向为选择的坐标方向，大小为相应方向的周期。因

此，基矢量又称**基矢**。由于单晶具有严格的周期性，其中 s, t 和 p 均为整数，因此只要确定了所有格点的格矢，就确定了整个晶格的格点分布情况。因此，完全可以用格矢来描述晶格，只不过在这种描述中格矢太多，太过复杂，而且由给出的格矢并不能直观地反映格点的排列规律，在实际中不常用格矢对晶格进行整体描述。

2）晶胞与原胞

对于单晶晶格，原子在整个晶体中排列有序，这种有序排列对应单晶晶格的一种重要性质——平移对称性。由于每个格点周围的环境都是相同的，因此可以通过选取能反映周期性的部分格点作为对象对晶格结构进行描述。选取的这部分格点，通过平移的方法可复制出整个晶格。这一小部分格点对应的是一小部分晶体，称为**晶胞**。所以，用晶胞可以复制出整个晶体，也可以用来描述晶格的周期性。

对于一个晶格，其晶胞选择并不唯一，但都要反映出晶体的周期性，并且可以通过在空间彼此相邻的堆积还原出晶格结构。通常，首先选择一组基矢，每个基矢的大小为各自方向上格点的排列周期，然后用这一组基矢围成一个空间，该空间即为晶胞，晶胞内分布的格点反映了晶胞的结构。显然，选择不同的基矢组，就有不同的晶胞结构。以简单的二维晶体为例，二维晶格的晶胞对应的二维空间的形状为一个平行四边形，如图 1.3 所示。晶胞 A、B 由 $(a_1, b_1), (a_1, b_2)$ 两组基矢分别围成。

对三维晶格的晶胞，基矢组包含三个三维空间的基矢，围成的空间一般为平行六面体，如图 1.4 所示。a, b 和 c 为三维空间的一组基矢，它们可以是正交基矢，也可以不是正交基矢。晶胞的三个边长分别为 a, b 和 c 的长度 a, b 和 c，它们被称为**晶格常数**。除了这三个晶格常数，三个基矢之间的夹角也是描述晶格的常数。

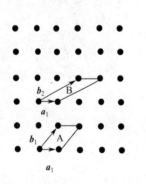
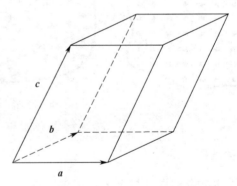

图 1.3   二维晶体几个可能的晶胞　　　　图 1.4   三维晶胞示意图

原胞是用于复制整个晶体的最小晶胞。原胞的结构也不唯一，图 1.3 中的晶胞 A 和 B 都是原胞。由于原胞是最小的晶胞，因此选出正交边原胞的可能性要小于选出非正交边晶胞的可能性。所以，在很多时候，使用对称性更高的晶胞比原胞更方便。本小节的**问题①**得以解决。

3）基本晶格结构

当晶格的晶胞为立方体时，晶格属于立方晶系，其晶格可以用直角坐标系来描述，即有

$$a = b = c \tag{1.2}$$

描述晶格的三个晶格常数大小相同。立方晶系有三个基本的晶格结构，分别是简立方、体心立方和面心立方。

简立方的晶格结构如图 1.5(a)所示，在立方晶胞的 8 个顶角各有一个格点。体心立方的晶格结构如图 1.5(b)所示，立方晶胞除 8 个顶角各有一个格点外，立方体的中心（即 4 个体对角线的交点处）还有一个格点。面心立方的晶格结构如图 1.5(c)所示，立方晶胞除 8 个顶角各有一个格点外，立方体的 6 个表面中心处还各有一个格点。可以像堆积木那样用图 1.5(a)～(c)中的晶胞分别堆出一个简立方、体心立方和面心立方的晶格。

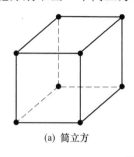 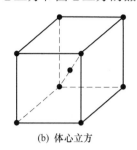 

(a) 简立方　　　　　　　　(b) 体心立方　　　　　　　　(c) 面心立方

图 1.5　三种立方晶系的晶格结构示意图

根据晶格的结构和晶格常数可以计算晶体的原子体密度。原子体密度是指单位体积内包含的原子数目，可以用一个晶胞内所含的原子数除以晶胞的体积来计算。在计算过程中，原子的个数是以原子的体积百分比来计算的。例如，对于简立方结构，晶胞顶角格点所对应的原子为邻近的 8 个晶胞所共有，其体积的八分之一在该晶胞内，所以计算时只能计算为 1/8 个原子。

【例 1.1】　计算简立方、体心立方和面心立方的原子体密度。

解：若晶格常数为 a，则简立方、体心立方和面心立方的一个晶胞所含的原子数分别为

$$简立方：8 \times \frac{1}{8} = 1$$

$$体心立方：8 \times \frac{1}{8} + 1 = 2$$

$$面心立方：8 \times \frac{1}{8} + 6 \times \frac{1}{2} = 4$$

所以，简立方、体心立方和面心立方的原子体密度分别为 $\frac{1}{a^3}$、$\frac{2}{a^3}$ 和 $\frac{4}{a^3}$。

假设晶格常数 $a = 5.43 \text{Å}$，则相应的简立方、体心立方和面心立方的原子体密度分别为 $0.625 \times 10^{22} \text{cm}^{-3}$，$1.25 \times 10^{22} \text{cm}^{-3}$，$2.5 \times 10^{22} \text{cm}^{-3}$。

4）晶面和米勒指数

晶体的晶格既可视为由一个个点组成的点阵结构，又可视为由分布在一系列平行平面上的格点组成的结构，这些平面被称为**晶面**。平行平面可以有不同的取法，即表示不同的晶面。

在半导体的生产工艺中，最常见的一种制作单晶硅的方法俗称拉单晶，这种方法生长得到一种类圆柱体的称为**硅锭**的单晶硅。实际中要对硅锭切片，处理成薄圆盘，称为**硅片**，硅片是生长大多数器件所用的基片。这些硅片的表面就是经过处理的晶面，不同的晶面具有不同的性能，从而影响在其上制作的器件的性能。在实际中，为了区分不同的晶面，需要对其进行参数标识。本小节要解决的**问题②**如下：**如何对晶体中存在的不同晶面进行参数化？**

用平面与描述晶格的坐标轴的截距来表示，是常用的命名方法，称为**米勒指数**。下面通过几个例题来说明如何对确定的晶面写出其米勒指数。

【例 1.2】　用截距描述图 1.6 中阴影所示的平面。

解：图 1.6 中阴影所示的平面与三个坐标轴的截距分别是 3, 2, 5，所以可用 3, 2, 5 这组数

来表示这个平面。

【例 1.3】 用截距描述图 1.7 中阴影所示的平面。

解：图 1.7 中阴影所示的平面与三个坐标轴的截距分别是∞, 3, ∞，所以可用∞, 3, ∞这组数来表示这个平面。

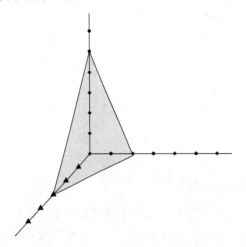 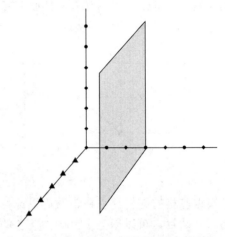

图 1.6   例 1.2 中的晶面   图 1.7   例 1.3、例 1.4 中的晶面

由例 1.3 可以看出，用截距描述平面时，若平面与某个轴平行，则与该轴的截距为无穷大。为避免描述中出现无穷大，可用米勒指数来描述平面。也就是说，**对平面的三个截距取倒数，再乘以分母的最小公倍数后，得到的三个互质整数即米勒指数**。最后，将这三个数用圆括号括起来作为平面的名称。米勒指数是命名晶面的通用方法。因此，确定晶面的米勒指数的步骤如下：

（1）选择任一格点为坐标原点，以晶胞三个方向上的周期为基矢建立坐标系，找到晶面在三个坐标轴上的截距（以晶格常数为单位）；

（2）取截距的倒数；

（3）化解为三个最小整数，并用圆括号括起来，得到的即为米勒指数。

【例 1.4】 用米勒指数描述例 1.3 所描述的平面。

解：（1）图 1.7 中的阴影面在坐标轴上的三个截距分别是

$$\infty, \qquad 3, \qquad \infty$$

（2）分别取三个截距的倒数，即

$$0, \qquad 1/3, \qquad 0$$

（3）乘以分母的最小公倍数，得

$$0, \qquad 1, \qquad 0$$

（4）用圆括号将（3）中的三个数括起来，得

$$(010)$$

所以，图 1.7 中阴影面的米勒指数为(010)。

【例 1.5】 试证明平行平面的米勒指数是相同的。

证：设任意两个平行平面在坐标轴上的截距分别为 m, n, p 和 sm, sn, sp，其中 m, n, p, s 均为整数。

（1）两个平面截距的倒数分别为

$$1/m, 1/n, 1/p \qquad 和 \qquad 1/sm, 1/sn, 1/sp$$

（2）分别乘以分母的最小公倍数，得

$$np, mp, mn \qquad 和 \qquad np, mp, mn$$

（3）用圆括号将（2）中的三个数括起来，得

$$(np \ mp \ mn) \qquad 和 \qquad (np \ mp \ mn)$$

所以，两个平行平面的米勒指数是相同的。

如果某晶面与坐标轴的截距是负值，那么可在该截距的倒数上方加一横线表示负截距。

对对称性很高的立方晶系而言，在很多不同米勒指数的晶面上，原子的分布等性质是完全相同的，即是等价的。例如，$(100), (010), (001), (\overline{1}00), (0\overline{1}0), (00\overline{1})$ 晶面均是等价的，可用 {100} 表示互相等价的这一组晶面。

若某平面通过某轴，则在该轴上的截距不唯一，此时，可以通过另一平行平面来确定米勒指数。同样，若某平面通过原点，则在确定其米勒指数时，也可选择另一平行平面来确定其米勒指数。至此，本小节的**问题②**得以解决。

原子面密度是晶体的另一个重要的特征参数。原子面密度是指单位面积内原子的个数，可以用晶胞中一个晶面内所含的原子数除以晶胞中晶面的面积来计算。在计算过程中，原子的个数是以原子的切面的百分比来计算的。

【例 1.6】　计算晶格常数为 a 的简立方(100)晶面的原子面密度。

解：该晶胞的(100)晶面为一个正方形，如图 1.8 所示。

晶面顶角格点对应的原子，其面积的四分之一在该晶胞的(100)晶面的正方形内，所以计算时只能计算为 1/4 个原子。正方形的面积为 a^2，原子面密度为

$$\frac{4 \times 1/4}{a^2} = \frac{1}{a^2}$$

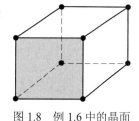

图 1.8　例 1.6 中的晶面

5）晶向

晶体的晶格还可视为由分布在一系列平行线上的点组成。平行线

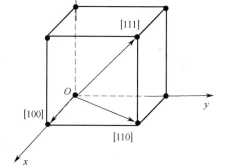

图 1.9　立方晶系中常见的三个晶向

可以有不同的取法，即平行线有不同的取向。平行线的取向被称为**晶向**。晶体的晶向可以用该方向的一个矢量来描述。对矢量进行分解，确定矢量沿三个坐标轴的投影，通常，将矢量在坐标轴上的三个分量 h, k, l（整数）用方括号括起来作为晶向的标记，即 $[h\,k\,l]$，该标记也称晶向指数。若三个分量不为整数，则可乘以分母的最小公倍数来化为整数。类似地，在对称性高的立方晶系中，用方括号表示等价的一组晶向。图 1.9 所示为立方晶系中常见的三个晶向。

【例 1.7】　对一个立方晶格：（1）写出图 1.10(a)所示晶面的米勒指数；（2）画出[011]晶向。

解：（1）如图所示，该晶面在各坐标轴上的截距分别为 1，−1，3，按照米勒指数的计算步骤，将以上截距取倒

数，并化为互质整数后的结果为(3 $\overline{3}$ 1)。

（2）[011]晶向如图 1.10(b)所示。

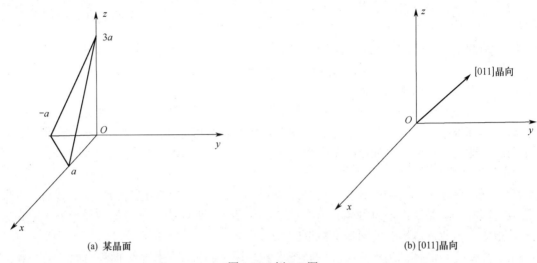

(a) 某晶面   (b) [011]晶向

图 1.10　例 1.7 图

1.1.3　金刚石结构

下面讨论半导体材料的典型晶体结构。硅是最常用的半导体材料之一，其晶格结构要比前述的三种基本立方晶格结构复杂，为同族元素碳的金刚石结构。如图 1.11 所示，硅的晶胞为立方体，格点分布是在面心立方的基础上又增加了晶胞内的 4 个格点。本节要解决的**问题①**如下：**金刚石晶胞中增加的这 4 个原子的具体位置是什么？**

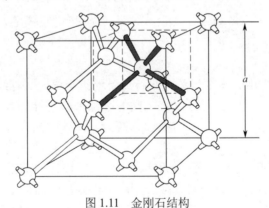

图 1.11　金刚石结构

确定这 4 个原子的位置与硅材料形成的原子价键密切相关，我们知道，硅和碳都是Ⅳ族的元素，其最外层的电子数为 4，这类元素在形成单质时，为了形成最外层有 8 个电子的稳定结构，采用两个硅原子之间共享一个电子对的方法。因此，一个硅原子的周围有 4 个硅原子和其共享电子对，以形成稳定的 8 个电子的最外层电子分布。这样，一个小单元的分布如图 1.12 所示，以这样的小单元为基本组成向外扩展，形成的就是金刚石结构。

为了保证每个硅原子都形成如图 1.12(c)所示的周围环境，图 1.12(c)中的单元以如图 1.13 所示的方式向外扩张形成晶胞，并堆积形成硅晶体。因此，图 1.13 中晶胞内的 4 个格点的位置可以确定,其确定方法为:将晶胞分割成 8 个相同的小立方体,即上层和下层各 4 个小立方体,若上层一个对角方向的两个小立方体中心各有一个格点,则下层另一个对角方向的两个小立方体中心也各有一个格点。本小节的问题①得以解决。实际中,以图 1.13 为基本单元在空间上向外扩张堆积形成晶体后的晶胞,即如图 1.11 所示。

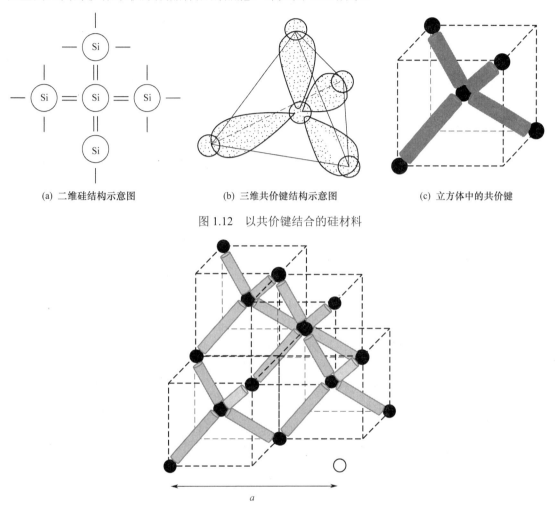

(a) 二维硅结构示意图   (b) 三维共价键结构示意图   (c) 立方体中的共价键

图 1.12 以共价键结合的硅材料

图 1.13 硅的三维共价键结构单元堆积排列示意图

金刚石的晶胞结构也可视为由两套面心立方结构通过适当平移叠加相互嵌套而成。具体地说,一套面心立方按统一方法平移时,其中的 4 个格点会移入晶胞体内,为如图 1.11 所示晶胞内的 4 个格点,其余格点则被移离晶胞。这样,原面心立方及其移入的 4 个格点就构成了金刚石的晶胞结构。平移方法如下:沿晶胞三条边依次平移 1/4 晶胞边长,即沿对角线方向平移 1/4 对角线长度。

【例 1.8】 假设刚开始有两套晶格常数相等的面心立方结构重合在一起,其中一套面心立方不变,另一套面心立方按照下面的步骤进行移动。若面心立方晶胞依次向右、向后和向上各平移 1/4 晶胞边长,(1)平移的面心立方的哪些格点会离开晶胞?哪些格点会进入原晶胞内部?(2)移入原晶胞的格点的位置是哪里?

解：（1）如图 1.11 所示，金刚石晶胞涉及的原子为面心立方的 8 个顶角原子和 6 个面心原子，再加上体内的 4 个原子，共 18 个原子。面心立方涉及的原子数目为 14 个。在如图 1.5(c) 所示的面心立方中，当向右平移 1/4 晶胞边长时，晶胞右表面的 5 个原子离开原晶胞；当向后平移 1/4 晶胞边长时，晶胞后表面的 3 个原子离开原晶胞；当向上平移 1/4 晶胞边长时，晶胞上表面的 2 个原子离开原晶胞。这样，共有 10 个原子离开原晶胞。移入原子的数目为 $14-10=4$ 个，即 4 个原子被移入原晶胞体内。

（2）移入原晶胞体内的原子，是原面心立方的左下前顶角原子和前表面、左表面和下底面的三个面心原子。将原晶胞等分为 8 个小立方体，立方体的边长为 $a/2$，上层有 4 个小立方体，下层有 4 个小立方体。原晶胞左下角原子位于下层左前方小立方体的左下前角，平移后进入下层左前小立方体内的中心；原晶胞下底面中心原子位于下层右后方小立方体的左下前角，平移后进入下层右后小立方体内的中心；原晶胞左表面中心原子位于上层左后方小立方体的左下前角，平移后进入上层左后小立方体内的中心；原晶胞前表面中心原子位于上层右前方小立方体的左下前角，平移后进入上层右前小立方体内的中心。

至此，本小节的**问题①**得以解决，我们也在**问题①**的解决过程中全面认识和了解了金刚石结构。

【例 1.9】 试确定金刚石的一个晶胞所含的原子数目。

解：面心立方晶胞所含的原子数目为 $8\times1/8 + 6\times1/2 = 4$ 个，再加上体内的 4 个原子，所以确定金刚石的一个晶胞所含的原子数目为 8 个。

闪锌矿结构与金刚石结构相同，区别在于其晶格中有两类原子。例如，GaAs 为闪锌矿结构。在闪锌矿晶胞中，晶胞内为一种原子，晶胞顶角和面心则为另一种原子；对于闪锌矿中的任何一个原子，离它最近的原子均为另一类原子，即每个原子都被另一类原子包围着。这种结构适合化合物半导体这种具有部分离子键的共价晶体采用。4 个最近邻原子的基本结构决定了半导体的典型结构是金刚石结构或闪锌矿结构。

【例 1.10】 已知硅的晶格常数为 5.43Å，求其结构中最近邻原子之间的距离。

解：根据硅的金刚石结构可知，如图 1.11 所示，其最近邻原子之间的距离是小立方体的对角线的一半，是整个晶胞的对角线的四分之一，所以最近邻原子之间的距离为 $a\sqrt{3}/4 \approx 2.35$Å。

至此，本章的**任务（一）**完成。

1.1.4　固体的缺陷与杂质

上面描述的半导体晶体结构均为理想晶体结构，即由特定的原子或分子按照理想的单晶结构排列而成。在实际的晶体中，一方面，实际结构与理想结构存在差异，即存在结构缺陷，另一方面，构成晶体的原子中混入了其他杂质，即存在杂质缺陷。结构缺陷或杂质缺陷改变了晶体的组成或结构，也必然改变了晶体的性质，因此，也可以人为地通过它们实现所需要的某些晶体特性。

1. 固体中的结构缺陷

晶体中实际原子的位置与理想结构中的原子分布不一致，属于结构缺陷。热振动使原子无规则运动，导致原子的排列规律性被破坏，这种结构缺陷是始终存在的。当然，也可以将热振动导致的缺陷视为晶体的热特性来处理。此外，晶体的结构缺陷都是由晶体生长过程中的各种因素造成的。按照形成缺陷的维度不同，可以分为点缺陷、线缺陷和面缺陷三大类。

点缺陷可以分成两类：一类是原子缺失，即空位，是格点位置原子缺失，如图 1.14(a)所示；另一类是填隙缺陷，即非格点位置有原子填充，如图 1.14(b)所示。无论是空位还是填隙，可以是一个原子，也可以是多个原子。

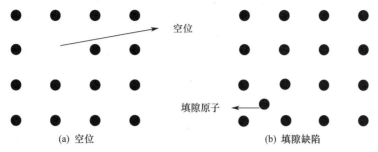

(a) 空位　　　　　　　　　　　　　　　(b) 填隙缺陷

图 1.14　晶体中的点缺陷

如图 1.15 所示为二维晶体的线缺陷示意图；另外，还有错位、扭转等更复杂的结构缺陷。

2. 固体中的杂质缺陷

在实际的晶体中，也可能出现除构成物质基本原子外的其他杂质原子。杂质原子可以占据正常格点的位置，也可以填充在非正常格点的位置，前一种杂质被称为**替位杂质**，后一种杂质被称为**填隙杂质**，如图 1.16(a)和(b)所示。

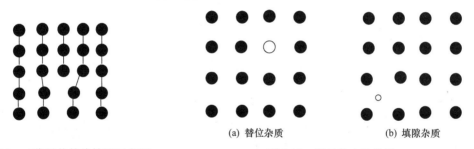

(a) 替位杂质　　　　　　　　　　(b) 填隙杂质

图 1.15　二维晶体的线缺陷示意图　　　　　图 1.16　半导体中的杂质

杂质的出现会改变晶体的结构，从而改变晶体的性质。一般来说，当杂质原子的半径比半导体材料的基本原子小得多时，杂质会以填隙的形式存在；当杂质原子的半径和半导体材料的基本原子相当、最外层电子数相似时，会以替位的形式存在于半导体中。晶体中的杂质有人为有意掺入的，也有工艺过程中其他因素产生的。半导体中用来改变其电学特性的杂质均是人为有意掺入的。

1.2　量子力学初步

半导体的电特性与晶体中的电子运动状态有关。描述和处理原子尺度的晶体中电子运动状态所用的理论是量子力学，所以量子力学也是半导体物理与器件的基础。本节简要介绍量子力学的分析方法，为理解半导体能带奠定基础。本节要完成的**任务 1）**如下：**确定硅原子中电子的运动状态。**

1.2.1 量子力学的基本原理

首先介绍面向半导体器件的量子力学的三个基本原理[1]，具体内容如下。

1. 能量量子化

1900 年，普朗克为解释黑体辐射光谱实验中的实验规律，提出了一个理论上与实验观察的黑体辐射光谱相符合的经验公式，该公式基于热辐射能量不连续的假设，即热辐射能量是以所谓的量子的能量为单位的，辐射能量必须是量子能量的整数倍。量子的能量为 $E = h\nu$，其中 ν 为辐射的频率，$h = 6.626 \times 10^{-34} \text{J} \cdot \text{s}$ 为普朗克常数。根据这一假设，普朗克成功地解决了黑体辐射问题。

1905 年，爱因斯坦为解释光电效应，提出光波也由分立粒子组成，即光波的能量也以光量子（简称**光子**）能量为单位，光能量也是光量子能量的整数倍。光子的能量也为 $E = h\nu$。根据这一假设，爱因斯坦成功地解释了光电效应。光的能量量子化揭示了光的粒子性的一面。

2. 波粒二象性

1925 年，德布罗意在其博士论文中提出了物质波这一概念的猜想，认为不仅电磁辐射具有波粒二象性，一切微观粒子均伴随着一种波，即一个微观粒子的行为也可以视为波的传播。这种波就是所谓的德布罗意波，也称**实物波**，其波长为

$$\lambda = \frac{h}{p} \tag{1.3}$$

式中，h 为普朗克常数，p 为粒子动量。式（1.3）描述了微观粒子的动量和其对应的德布罗意波的波长之间的关系，即反映了微观粒子的粒子性和波动性的联系，这就是所谓的波粒二象性。

1927 年，戴维孙和革末通过实验验证了物质波的存在，在实验中，电子束照射镍单晶的表面，当电子能量合适时，在对应的德布罗意波长与镍单晶的最近邻原子间距相比拟时，实验观察到的电子角分布与光的衍射图像相类似，存在电子强度的最大值和最小值，且其对应的电子强度最值坐标可在德布罗意波长的假设下由理论预测出。

对于光波，光子的动量也可表示为

$$p = \frac{h}{\lambda} \tag{1.4}$$

式中，λ 为光波的波长。式（1.4）反映的是光的波粒二象性。

【**例 1.11**】 电子的速度为 10^6cm/s，计算其对应的德布罗意波长。

解：电子的动量为

$$p = mv = 9.11 \times 10^{-31} \times 10^6 = 9.11 \times 10^{-25} \text{kg} \cdot \text{m/s}$$

德布罗意波长为

$$\lambda = \frac{h}{p} = \frac{6.626 \times 10^{-34}}{9.11 \times 10^{-25}} \approx 7.27 \times 10^{-10} \text{m}$$

利用波粒二象性可对微观粒子进行波的描述，因此这是用波来表示电子运动状态的基础。

3. 不确定原理

描述微观粒子的粒子性的物理量包括位置、坐标、时间、动量和能量等。对于那些高速运动的微观粒子，不能精确地确定这些物理量，所以也不能精确地描述其运动状态。1927 年，海森堡提出了不确定原理，给出了这些不能精确确定状态的亚原子粒子的物理量不确定性的关系。用不确定关系表示的一对物理量称为**共轭量**。

同一粒子的坐标和动量为一对共轭量，它们的不确定性之间的关系为

$$\Delta p \Delta x \geqslant \hbar \tag{1.5}$$

式中，$\Delta p, \Delta x$ 分别为粒子动量的不确定性和粒子坐标的不确定性，$\hbar = \dfrac{h}{2\pi} = 1.054 \times 10^{-34} \text{J} \cdot \text{s}$，称为**修正普朗克常数**。式（1.5）表明，对同一粒子不可能同时确定其动量和坐标。

同一粒子的能量和有此能量的时间也为一对共轭量，它们的不确定性之间的关系为

$$\Delta E \Delta t \geqslant \hbar \tag{1.6}$$

式中，$\Delta E, \Delta t$ 分别为粒子能量的不确定性和粒子有此能量的时间不确定性。式（1.6）表明，对同一粒子不可能同时确定其能量和有此能量的时间。

【例 1.12】 某电子的坐标不确定性为 10Å，试求其动量不确定性。

解：电子动量的不确定性为

$$\Delta p \geqslant \frac{\hbar}{\Delta x} = \frac{1.05 \times 10^{-34}}{10 \times 10^{-10}} = 1.05 \times 10^{-25} \text{kg} \cdot \text{m/s}$$

如果从测量的角度来理解不确定原理，意味着测量粒子动量的误差越小，同时测量粒子的位置坐标的误差就越大。对其他共轭量也可以这样理解。由于无法精确地确定一个电子的准确坐标，所以我们将在下一节中用概率密度函数来表示电子的位置。

1.2.2 薛定谔方程及其波函数的意义

波粒二象性只确定了德布罗意波的波长（或频率）。1926 年，薛定谔在普朗克的量子化假设和德布罗意的物质波假设的前提下建立了薛定谔方程。本小节要完成的**任务①和任务②**分别如下：**德布罗意波用什么量如何描述波的传播？描述德布罗意波的量满足什么样的方程式？**这些都是量子力学需要解决的基本问题。

1. 波函数与波方程

经典的波都可用明确的物理量来表示，如表示机械波时所用的物理量为位移，表示电磁波时所用的物理量为电场强度和磁场强度。这些表示波的物理量随时间和空间变化，即用时间和空间的函数（描述波的波函数）来描述。对德布罗意波，虽然没有确定的物理量与之对应，但是可以用一个函数来表示，这个函数即所谓的**波函数**。

薛定谔用这种波函数来描述电子的运动，并推导出了这种波的波动方程，即所谓的**薛定谔方程**。一维非相对论薛定谔方程可以表示为

$$-\frac{\hbar^2}{2m} \frac{\partial^2 \psi(x,t)}{\partial x^2} + V(x)\psi(x,t) = j\hbar \frac{\partial \psi(x,t)}{\partial t} \tag{1.7}$$

式中，$\psi(x,t)$ 为波函数，$V(x)$ 为势函数，j 为虚数单位。

分离式（1.7），设

$$\psi(x,t) = \psi(x)\varphi(t) \tag{1.8}$$

将式（1.8）代入式（1.7）得

$$-\frac{\hbar^2}{2m}\varphi(t)\frac{\partial^2 \psi(x)}{\partial x^2} + V(x)\psi(x)\varphi(t) = j\hbar\psi(x)\frac{\partial\varphi(t)}{\partial t} \tag{1.9}$$

将式（1.9）两边同时除以波函数，有

$$-\frac{\hbar^2}{2m}\frac{1}{\psi(x)}\frac{\partial^2 \psi(x)}{\partial x^2} + V(x) = j\hbar\frac{1}{\varphi(t)}\frac{\partial\varphi(t)}{\partial t} \tag{1.10}$$

式（1.10）的左边和右边分别是空间和时间的函数，所以它们只有一个选择：必须等于一个与 t 和 x 无关的常数。令

$$-\frac{\hbar^2}{2m}\frac{1}{\psi(x)}\frac{\partial^2 \psi(x)}{\partial x^2} + V(x) = \eta \tag{1.11a}$$

$$j\hbar\frac{1}{\varphi(t)}\frac{\partial\varphi(t)}{\partial t} = \eta \tag{1.11b}$$

式中，η 为常数。式（1.11b）的解为

$$\varphi(t) = e^{-j\frac{\eta}{\hbar}t} \tag{1.12}$$

式（1.12）是复数形式简谐波随时间变化的因子 $e^{-j\omega t}$，ω 为简谐波的角频率，有

$$\frac{\eta}{\hbar} = \omega = 2\pi\nu \rightarrow h\nu = E \tag{1.13}$$

所以 η 是粒子的总能量 E，于是式（1.12）变为

$$\varphi(t) = e^{-j\frac{\eta}{\hbar}t} = e^{-j\omega t} = e^{-j\frac{E}{\hbar}t} \tag{1.14}$$

同时，式（1.11a）变为

$$-\frac{\hbar^2}{2m}\frac{1}{\psi(x)}\frac{\partial^2 \psi(x)}{\partial x^2} + V(x) = E \tag{1.15}$$

式（1.15）是与时间无关的波函数部分满足的方程，被称为**定态薛定谔方程**。在确定势函数后，由定态薛定谔方程可以求解出定态波函数，进而得到描述粒子状态的波函数。

2. 波函数的物理意义——概率波

波函数本身并不代表一个实际的物理量，那么波函数和其描述的对象之间有什么关系呢？波函数有什么意义呢？1926 年，马克斯–波恩提出了一个假设，认为 $\left|\psi(x,t)\right|^2$ 是在 x 处发现粒子的概率密度函数，且

$$\left|\psi(x,t)\right|^2 = \psi(x,t)\cdot\psi^*(x,t) \tag{1.16}$$

其中 $\psi^*(x,t)$ 为波函数的复共轭，即

$$\psi^*(x,t) = \psi^*(x)\varphi^*(t) = \psi^*(x)e^{j\frac{E}{\hbar}t} \tag{1.17}$$

于是可得

$$\left|\psi(x,t)\right|^2 = \psi(x)e^{-j\frac{E}{\hbar}t}\psi^*(x)e^{j\frac{E}{\hbar}t} = \psi(x)\psi^*(x) \tag{1.18}$$

式（1.18）表示概率密度函数与时间无关。这正好反映了不能在确定的时间确定粒子的

位置（不确定原理），而只能用概率密度函数确定粒子在整个时间段内在确定位置出现的概率。

波函数虽然不是实际物理量，但由它可确定粒子的概率密度，所以用波函数可以表示粒子的一种状态。不同的波函数代表粒子的不同状态，用波函数表示的状态称为**量子态**。至此，本小节的**任务①**和**任务②**完成。

3. 归一化条件和边界条件

1）归一化条件

一维空间中的粒子必定在一维空间中，所以有

$$\int_{-\infty}^{+\infty} \psi(x)\psi^*(x)\,\mathrm{d}x = 1 \tag{1.19}$$

利用式（1.19）可对波函数进行归一化。同时，它也是确定波函数中待定系数的一个条件。

2）边界条件

对于能量有限、势函数也有限的粒子，其波函数及其一阶导数还应满足单值、有限和连续的条件，即有

$$\psi_1\big|_{x=x_1} = \psi_2\big|_{x=x_1} \tag{1.20}$$

和

$$\frac{\partial \psi_1}{\partial x}\bigg|_{x=x_1} = \frac{\partial \psi_2}{\partial x}\bigg|_{x=x_1} \tag{1.21}$$

式（1.20）和式（1.20）中的 x_1 为边界。

因为粒子在确定位置的概率是确定的，不可能出现两个概率，所以波函数必须单值；由概率的意义可知，概率不可能无限，所以波函数是有限的；波函数必须连续，是因为其一阶导数必须存在，所以波函数单值、有限和连续。由式（1.15）可知，因为 E 和 V 有限，波函数的二阶导数必有限，所以要求波函数的一阶导数连续；波函数的一阶导数与粒子动量有关，所以波函数的一阶导数也必须单值、有限。

在求解薛定谔方程时，可以利用边界条件确定波函数中的待定系数。用波函数描述的粒子已经不是经典意义上的粒子，用波函数可以表示粒子的状态并揭示粒子的量子特性。

1.2.3　薛定谔方程的应用——自由电子与束缚态电子

处于不同势函数的电子表现出不同的状态，通过求解薛定谔方程并利用边界条件，可以求出描述电子运动状态的波函数。原理上说，使用薛定谔方程求解并不难。然而事实上，我们只能对一些做了一定近似的简单问题严格求解薛定谔方程，其余情形通常得不到薛定谔方程的精确解。但是，仍然可以在不必实际求解系统波函数的前提下，由薛定谔方程有解的约束条件得到关于系统允许能量的相关信息。

在本小节中，将讨论两种不同势函数下的薛定谔方程的具体形式并尝试求解它，以便在这个过程中了解量子力学的分析方法。本小节要完成的**任务①**如下：**求解一个自由状态和一个束缚态下薛定谔方程的简单例子，并对比这两种状态的不同。**

1. 自由电子的状态

在一维空间中运动的电子没有受到任何外力，其势函数为常量。为简单起见，可设 $V=0$。

这样，能量为 E 的电子满足的定态薛定谔方程变为其最简单的形式

$$\frac{\partial^2 \psi(x)}{\partial x^2} + \frac{2mE}{\hbar^2} \psi(x) = 0 \tag{1.22}$$

其解为

$$\psi(x) = A\exp\left[\frac{\mathrm{j}x\sqrt{2mE}}{\hbar}\right] + B\exp\left[-\frac{\mathrm{j}x\sqrt{2mE}}{\hbar}\right] \tag{1.23}$$

若令

$$k = \frac{\sqrt{2mE}}{\hbar} \tag{1.24}$$

同时根据自由电子的情况以及德布罗意关系，有

$$k = \frac{2\pi}{\lambda}$$

式中，λ 为波长，将 k 称为**波数**，指 2π 长度上出现的全波数目。这样，式（1.23）就可写成

$$\psi(x) = A\exp[\mathrm{j}kx] + B\exp[-\mathrm{j}kx] \tag{1.25}$$

式中，A, B 为待定常数，加上与时间有关的因子 $\varphi(t) = \mathrm{e}^{-\mathrm{j}\omega t}$ 后，整个波函数成为

$$\psi(x,t) = A\exp[\mathrm{j}(kx - \omega t)] + B\exp[-\mathrm{j}(kx + \omega t)] \tag{1.26}$$

若 $B = 0$，则式（1.26）简化为

$$\psi(x) = A\exp[\mathrm{j}(kx - \omega t)] \tag{1.27}$$

式（1.27）是沿 $+x$ 方向传播的行波，对应于沿 $+x$ 方向运动的电子。波的波数为 k，电子的能量为 E，动量为 p，能量和动量与波数的关系分别为

$$E = \frac{\hbar^2 k^2}{2m}, \quad p = m\frac{2E}{p} = \sqrt{2mE} = \hbar k \tag{1.28}$$

当自由电子的状态用波函数来描述时，对应于行波。式（1.28）中的波数 k 不同，代表不同的波函数，即代表不同的电子状态。由于波数可以连续取值，根据式（1.24），相应的电子能量也可以连续取值，所以意味着电子允许的状态是连续的。

同样，若 $A = 0$，则式（1.26）简化为

$$\psi(x) = B\exp[-\mathrm{j}(kx + \omega t)] \tag{1.29}$$

式（1.29）是沿 $-x$ 方向传播的行波，对应于沿 $-x$ 方向运动的电子。式（1.29）中的波数 k 不同，代表不同的波函数，即代表不同的电子状态。同样，波数和电子能量连续取值，所以电子允许的状态是连续的。

对于自由电子，其波函数为式（1.27）或式（1.29）。若只区分不同的状态而不关心每个状态的细节，即不关心每个状态的波函数或概率密度，则可用 k 的值来表示电子的状态，不同的 k 代表不同的状态。显然，对于同一个 k，波函数可以是式（1.27），也可以是式（1.29），一个是沿 $+x$ 方向传播的行波，一个是沿 $-x$ 方向传播的行波，代表两个状态。这意味着同一个 k 可以表示两个行波状态，这两个状态只是传输方向相反。

【例 1.13】 某自由电子在一维空间中运动，速度为 $10^7 \mathrm{m/s}$，试确定：

（1）电子的能量 E；

（2）波数 k、波长 λ 和角频率 ω，并写出其波函数。

解：（1）该电子的能量为

$$E = \frac{1}{2}mv^2 = \frac{1}{2} \times 9.11 \times 10^{-31} \times (10^7)^2 \approx 4.555 \times 10^{-17} \text{J}$$

（2）该自由电子的波数为

$$k = \frac{\sqrt{2mE}}{\hbar} = \frac{\sqrt{2 \times 9.11 \times 10^{-31} \times 4.555 \times 10^{-17}}}{1.054 \times 10^{-34}} \approx 8.63 \times 10^{10} \text{m}^{-1}$$

对应的波长为

$$\lambda = \frac{2\pi}{k} = \frac{2\pi}{8.63 \times 10^{10}} \approx 0.728 \times 10^{-10} \text{m}$$

角频率为

$$\omega = \frac{E}{\hbar} = \frac{4.555 \times 10^{-17}}{1.054 \times 10^{-34}} = 4.322 \times 10^{17} \text{s}^{-1}$$

当电子沿+x 方向运动时，其波函数为

$$\psi(x,t) = A\exp\left[\text{j}(8.63 \times 10^{10} x - 4.322 \times 10^{17} t) \right]$$

当电子沿-x 方向运动时，其波函数为

$$\psi(x,t) = B\exp\left[-\text{j}(8.63 \times 10^{10} x - 4.322 \times 10^{17} t) \right]$$

由例 1.13 可以看出，自由电子的波函数为行波，波数确定，波函数就确定，且对应两个波函数，即两个状态。换句话说，自由电子的两个状态对应同一个波数 k，也对应同一个能量 E。这种电子能量确定的状态被称为**能量本征态**，波函数是能量本征态的波函数，能量值被称为**能量本征值**。

对式（1.27）描述的波函数，其对应的概率密度函数为 $\psi(x,t)\psi^*(x,t) = AA^*$，是一个与坐标无关的常量，这一结论与不确定原理相符合，即动量完全确定的粒子在空间中的位置是完全不确定的，这种空间位置的完全不确定就是自由状态。

2. 束缚态电子的状态

下面讨论束缚态粒子的典型极端例子——一维无限深势阱中的电子，其运动空间被限制在一维无限深势阱内。

若电子处在如图 1.17 所示的一维无限深势阱中，Ⅱ区的势函数为零，Ⅰ区、Ⅲ区的势函数为∞，由于电子能量有限，因此电子不能在Ⅰ区和Ⅱ区存在，而只能处在Ⅱ区，所以Ⅰ区和Ⅲ区的波函数为 0。这样，只需求出Ⅱ区中的波函数，利用边界条件即可求出波函数的具体形式，从而确定一维无限深势阱中电子的状态。

Ⅱ区的势函数 $V = 0$，则一维定态薛定谔方程变为

$$\frac{\partial^2 \psi(x)}{\partial x^2} + \frac{2mE}{\hbar^2}\psi(x) = 0 \qquad (1.30)$$

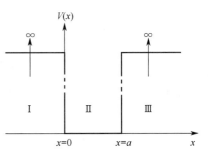

图 1.17　一维无限深势阱的势函数

其通解可以写成

$$\psi(x) = A\cos(kx) + B\sin(kx) \qquad (1.31)$$

虽然式（1.30）和式（1.22）的形式相同，但考虑到在一维无限深势阱环境下，其解选择为如式（1.31）所示的驻波解要比选择为如式（1.23）所示的行波解更合适。在式（1.31）中，

A 和 B 为待定常数，且

$$k = \frac{\sqrt{2mE}}{\hbar} = \frac{2\pi}{\lambda} \tag{1.32}$$

式中，k 为波数，λ 为波长。

在 $x = 0$ 处，波函数的边界条件为

$$\psi(x)\big|_{x=0} = 0 \tag{1.33}$$

将式（1.31）代入式（1.33）得

$$\psi(0) = A\cos(k \cdot 0) + B\sin(k \cdot 0) = A = 0 \tag{1.34}$$

于是式（1.31）变为

$$\psi(x) = B\sin(kx) \tag{1.35}$$

式（1.35）为驻波，是一维无限深势阱中电子的能量本征状态的定态波函数。

根据 $x = a$ 处波函数的边界条件，有

$$\psi(x)\big|_{x=a} = 0 \tag{1.36}$$

将式（1.35）代入式（1.36），得

$$\psi(a) = B\sin(ka) = 0 \tag{1.37}$$

因为 $B \neq 0$，所以有

$$ka = n\pi, \quad n = 1, 2, 3, \cdots \tag{1.38}$$

即

$$k = \frac{n\pi}{a}, \quad n = 1, 2, 3, \cdots \tag{1.39}$$

显然，k 为离散取值。

利用式（1.19）的归一化条件，对式（1.35）的波函数进行归一化，有

$$\int_{-\infty}^{+\infty} \psi(x)\psi^*(x)\mathrm{d}x = \int_0^a B\sin(kx) \cdot B^* \sin(kx)\mathrm{d}x = 1 \tag{1.40}$$

积分得

$$B = \sqrt{\frac{2}{a}} \tag{1.41}$$

这样，一维无限深势阱中电子的波函数就被完全确定，即

$$\psi(x) = \sqrt{\frac{2}{a}}\sin kx = \sqrt{\frac{2}{a}}\sin\frac{n\pi}{a}x \tag{1.42}$$

一维无限深势阱中电子的行为是受势阱限制的，所以其状态属于束缚态，以此区别于自由电子的状态。从式（1.42）可以看出，波数不同就代表不同的束缚态，且波数是离散取值的。

对于一维无限深势阱中的电子，若只区分不同的束缚态，则可以用 k 的取值来表示，不同的 k 代表不同的状态。因为 k 是离散的，且其取值与一个整数 n 相关，所以也可以用 n 的取值来表示电子的状态，这个整数 n 也称**量子数**。所以，一维无限深势阱中电子的状态可以用一个量子数来表述。

利用式（1.32）和式（1.39）可得

$$E = \frac{\hbar^2 k^2}{2m} = \frac{\hbar^2 n^2 \pi^2}{2ma^2} = \frac{h^2 n^2}{8ma^2}, \quad n = 1, 2, 3, \cdots \tag{1.43}$$

可见，一维无限深势阱中的电子处于束缚态，其能量也是量子化的，即其能量也与量子数 n 有关。一维无限深势阱中的电子的概率密度函数为

$$\psi(x)\psi^*(x) = \sqrt{\frac{2}{a}}\sin\frac{n\pi}{a}x \cdot \sqrt{\frac{2}{a}}\sin\frac{n\pi}{a}x = \frac{2}{a}\sin^2\frac{n\pi}{a}x \tag{1.44}$$

式（1.44）表明，一维无限深势阱中的电子在不同位置的概率密度是不同的。

【例 1.14】　一维无限深势阱的宽度为 8Å，试求能量最低的 5 个量子态的波数和能量。

解：一维无限深势阱中电子的能量为

$$E = \frac{\hbar^2 k^2}{2m} = \frac{\hbar^2 (n\pi)^2}{2ma^2} = \frac{\hbar^2 n^2 \pi^2}{2ma^2} = \frac{h^2 n^2}{8ma^2}, \quad n = 1, 2, 3, \cdots$$

当 $n = 1, 2, 3, 4, 5$ 时，分别对应能量最低的 5 个量子态，其能量为

$$E = \frac{h^2 n^2}{8ma^2} = \frac{(6.625 \times 10^{-34})^2 n^2}{8 \times 9.11 \times 10^{-31} \times (8 \times 10^{-10})^2} = 9.41 \times 10^{-15} n^2$$

$$= 9.41 \times 10^{-15}\,\mathrm{J}, \ n = 1$$
$$\approx 3.76 \times 10^{-14}\,\mathrm{J}, \ n = 2$$
$$\approx 8.47 \times 10^{-14}\,\mathrm{J}, \ n = 3$$
$$\approx 1.51 \times 10^{-13}\,\mathrm{J}, \ n = 4$$
$$\approx 2.35 \times 10^{-13}\,\mathrm{J}, \ n = 5$$

对应的波数为

$$k = \frac{n\pi}{a} = \begin{cases} \dfrac{\pi}{8} \times 10^{10}\,\mathrm{m}^{-1}, \ n = 1 \\[2mm] \dfrac{\pi}{4} \times 10^{10}\,\mathrm{m}^{-1}, \ n = 2 \\[2mm] \dfrac{3\pi}{8} \times 10^{10}\,\mathrm{m}^{-1}, \ n = 3 \\[2mm] \dfrac{\pi}{2} \times 10^{10}\,\mathrm{m}^{-1}, \ n = 4 \\[2mm] \dfrac{5\pi}{8} \times 10^{10}\,\mathrm{m}^{-1}, \ n = 5 \end{cases}$$

对于一维无限深势阱中的电子，一个量子态用一个量子数表示。量子数不同，代表有不同的量子态。

【例 1.15】　试确定一维无限深势阱中量子数 $n = 8$ 的量子态的波函数。

解：量子数 $n = 8$ 的量子态的波数为

$$k = \frac{n\pi}{a} = \frac{8\pi}{a}$$

所以其波函数为

$$\psi(x) = \sqrt{\frac{2}{a}}\sin\frac{8\pi}{a}x$$

对于二维无限深矩形势阱，其波函数可以通过解二维定态薛定谔方程来确定，但根据一维无限深势阱的波函数可以猜测出二维无限深矩形势阱的波函数为

$$\psi(x,y) = A\sin\frac{n\pi}{a}x\sin\frac{m\pi}{b}y \tag{1.45}$$

式中，A 为待定常数，可用归一化条件来确定，a 和 b 分别为矩形无限深势阱的长和宽，n, m 分别为正整数。式（1.45）中的一组 n, m 就确定了一个波函数，对应了一个量子态，n, m 称为**量子数**。所以，二维无限深矩形势阱中电子的量子态可用两个量子数组成的量子数组来表示。例如，(2, 3)表示一个量子态，其波函数为式（1.45），其中 $n = 2$，$m = 3$。当然，波数和能量的取值也与量子数有关，所以能量和波数也是量子化的，这是电子处于束缚态的特性。

同样，可以猜测出三维无限深长方体势阱的波函数，在此不再列出。但是，其波函数中一定包含三个正整数，即三个量子数。所以，也可用由三个量子数组成的量子数组表示三维无限深势阱中的量子态。

总之，**处于束缚态的电子，其能量和波数都是量子化的**，所以可以用波函数来表示量子态，也可以用量子数组来表示量子态。用波函数表示的量子态反映了量子态的细节，如可确定每个位置的概率密度；还可以用波数或能量来区分不同的量子态，这种区分方法更粗糙，因为可能存在一些不同的量子态具有相同的能量或波数的情况，这些量子态无法用能量或波数来区分。进一步简化为用量子数表示量子态，没有反映量子态的细节，但是从区分量子态的角度看，这种表示更简洁。

1.2.4　薛定谔方程的应用——单电子原子中电子的状态

最简单的原子是单电子原子，即氢原子，它只包含一个电子。确定其势函数后，原则上可以精确地解出其波函数，确定电子可能的运动状态。但其求解过程较为复杂和烦琐，为方便起见，在此不具体求解波函数，而只关注求解过程得出的一些重要结论，如表示其量子态的量子数及各量子数之间的关系。本小节要解决的问题①如下：**如何确定单电子原子中电子的状态呢？**

1. 单电子原子的势函数

单电子原子由一个带正电的质子和围绕它运动的一个电子组成。电子位于在质子中形成的势场中，其势函数为

$$V(r) = \frac{-e^2}{4\pi\varepsilon_0 r} \tag{1.46}$$

式中，e 为电子电量，ε_0 为真空介电常数。

2. 波函数、量子态、量子数与原子轨道

单电子原子的势函数是球对称的，在球坐标系下表示更简单，也便于在求解薛定谔方程时使用边界条件，所以求解波函数变换为球坐标系下的三维薛定谔方程。

球坐标系下的三维定态薛定谔方程为

$$\frac{1}{r^2} \cdot \frac{\partial}{\partial r}\left(r^2 \frac{\partial \psi}{\partial r}\right) + \frac{1}{r^2 \sin^2\theta} \cdot \frac{\partial^2\psi}{\partial\phi^2} + \frac{1}{r^2 \sin\theta} \cdot \frac{\partial}{\partial\theta}\left(\sin\theta \cdot \frac{\partial\psi}{\partial\theta}\right) + \frac{2m_0}{\hbar^2}[E - V(r)] = 0$$

用球坐标系下的三维定态薛定谔方程求解波函数的意义在于区分电子的状态。一个确定的波函数对应一个确定的电子运动状态，即量子态。如果波函数的形式或者其中的参数不同，即为不同的波函数，那么它们表示不同的电子运动状态（量子态）

$$\psi(r, \theta, \phi) = R(r)\theta(\theta)\phi(\phi) \tag{1.47}$$

可将式（1.47）代入球坐标系下氢原子中电子满足的薛定谔方程，分离变量，由前面的分析可知，电子在三维空间中受限，因此，波函数必含三个整数，即三个量子数。在球对称势函数情况下，波函数中的三个整数 n, l, m 分别与 r, θ, ϕ 相关。这三个量子数的关系为

$$\left. \begin{array}{l} n = 1, 2, 3, \cdots \quad \text{主量子数} \\ l = 0, 1, 2, \cdots, n-3, n-2, n-1 \quad \text{角量子数} \\ |m| = 0, 1, \cdots, l-3, l-2, l-1, l \quad \text{磁量子数} \end{array} \right\} \tag{1.48}$$

这样，就可以用一组量子数对应一个波函数，也对应一个量子态。不同的量子数组对应不同的波函数和量子态。

【例 1.16】 分别计算 $n = 1, n = 2, n = 3$ 时的量子态数。

解：当 $n = 1$ 时，$l = 0$，$m = 0$，所以只有一组量子数 $(1, 0, 0)$，对应一个量子态。

当 $n = 2$ 时，$l = 0, 1$；当 $l = 0$ 时，$m = 0$；当 $l = 1$ 时，$m = 0, -1, 1$。所以有如下 4 组量子数

$$(2, 0, 0), (2, 1, 0), (2, 1, -1), (2, 1, 1)$$

对应 4 个量子态。

当 $n = 3$ 时，$l = 0, 1, 2$；当 $l = 0$ 时，$m = 0$；当 $l = 1$ 时，$m = 0, -1, 1$；当 $l = 2$ 时，$m = -2, -1, 0, 1, 2$。所以有如下 9 组量子数

$$(3, 0, 0), (3, 1, 0), (3, 1, -1), (3, 1, 1), (3, 2, -1), (3, 2, -2), (3, 2, 0), (3, 2, 1), (3, 2, 2)$$

对应 9 个量子态。

例 1.16 中的每个量子态都对应一个波函数。

原子中单个电子的空间运动状态也称**原子轨道**。原子轨道可由三个量子数 (n, l, m) 描述。

主量子数（电子层数）n 可以与表 1.3 中的符号对应，表示电子层数，如 K 电子层的主量子数 $n = 1$。通常，主量子数越大，轨道离原子核越远。

表 1.3 主量子数的符号表示

n	1	2	3	4	5	6	7
符号	K	L	M	N	O	P	Q

角量子数 l 对应电子亚层数，即每个电子层可分为几个电子亚层。电子亚层的符号表示如表 1.4 所示，其中 l 值对应的 4 个字母来自光谱分析中对应谱线系的名称，s 代表锐线系，p 代表主线系，d 代表漫线系，f 代表基线系。

表 1.4 电子亚层的符号表示

l	o	1	2	3
符号	s	p	d	f

【例 1.17】 分别确定 K、L 和 M 电子层中所含的电子亚层数。

解：根据主量子数与角量子数的关系，有

$$l = 0, 1, 2, \cdots, n-3, n-2, n-1$$

对 K 电子层，有 $n = 1$：$l = 0$，一个取值，所以 K 电子层含一个电子亚层。

对 L 电子层，有 $n = 2$：$l = 1, 0$，两个取值，对应 s, p 电子亚层，所以 L 电子层含两个电子亚层。

对 M 电子层，有 $n = 3$：$l = 2, 1, 0$，三个取值，对应 s, p, d 亚层，所以 M 电子层含三个

电子亚层。

磁量子数 m 对应轨道的空间伸展方向。每个电子亚层中根据磁量子数的取值，可以有不同的空间伸展方向，从而确定不同的轨道数。

【例 1.18】 试分别确定 s,p,d,f 电子亚层的轨道数。

解：根据角量子数与磁量子数的关系，有

$$|m| = 0,1,\cdots,l-3,l-2,l-1,l$$

对 s 电子亚层，有 $l=0$：$m=0$，一个取值，所以 s 电子亚层有一个轨道。

对 p 电子亚层，有 $l=1$：$m=+1,0,-1$，三个取值，所以 p 电子亚层有三个轨道。

对 d 电子亚层，有 $l=2$：$m=+2,+1,0,-1,-2$，五个取值，所以 d 电子亚层有五个轨道。

对 f 电子亚层，有 $l=3$：$m=+3,+2,+1,0,-1,-2,-3$，七个取值，所以 f 电子亚层有七个轨道。

因为三个量子数 (n,l,m) 确定一个轨道，所以每个轨道都可以用三个量子数来表示。

【例 1.19】 试确定 M 电子层的轨道数，并用三个量子数来表示每个轨道。

解：对 M 电子层，有 $n=3$：$l=2,1,0$，三个取值，对应 s,p,d 电子亚层。

对 s 电子亚层，有 $l=0$：$m=0$，一个取值，所以 s 电子亚层有一个轨道。

对 p 电子亚层，有 $l=1$：$m=+1,0,-1$，三个取值，所以 p 电子亚层有三个轨道。

对 d 电子亚层，有 $l=2$：$m=+2,+1,0,-1,-2$，五个取值，所以 d 电子亚层有五个轨道。

因此，M 电子层共有九个轨道，这九个轨道分别是

$$(3,0,0),(3,1,-1),(3,1,0),(3,1,1),(3,2,-2),(3,2,-1),(3,2,0),(3,2,1),(3,2,2)$$

3. 电子的能量

电子的能量可表示成

$$E_n = \frac{-m_0 e^4}{(4\pi\varepsilon_0)^2 2\hbar^2 n^2} \tag{1.49}$$

式中，n 为主量子数。

由式（1.49）可以看出：

（1）在单电子原子中，电子的能量为负值，表示电子被束缚在核的周围，如果能量变正，那么电子不再受原子核的束缚，变为自由粒子；

（2）在单电子原子中，电子的能量同样是不连续的值，能量与主量子数相关，能量离散化也是束缚态的标志，如图 1.18 所示。

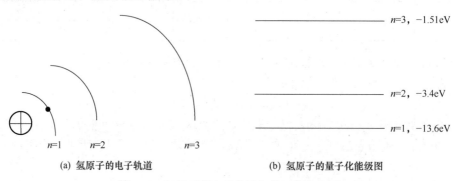

(a) 氢原子的电子轨道　　　　　(b) 氢原子的量子化能级图

图 1.18 氢原子的电子轨道与量子化能级图

（3）能量取决于主量子数，而与其他量子数无关。这说明同一电子层中所有轨道的能量是不变的，意味着同一能量状态包含多个量子态。或者说，多个量子态有相同的能量本征值。这种同一能量包含多个量子态的情况被称为**能量简并**，即不同的量子态无法用能量值来区分。同一能量值包含的量子态数目被称为**能量简并度**。例如，当 $n = 3$ 时，包含 9 个轨道，这 9 个轨道的能量相同，简并度为 9。

【例 1.20】　计算单电子原子中电子分别处于 $n = 1, n = 2, n = 3$ 量子态时所具有的能量。

解：电子的能量为

$$E_n = \frac{-m_0 e^4}{(4\pi\varepsilon_0)^2 2\hbar^2 n^2} = \frac{-9.11\times10^{-31}\times(1.6\times10^{-19})^4}{(4\pi\times8.85\times10^{-12})^2\times2\times(1.054\times10^{-34})^2 n^2} \approx \frac{-2.17\times10^{-18}}{n^2}$$

$$= \begin{cases} -2.17\times10^{-18}\,\text{J}, & n=1 \\ -5.43\times10^{-19}\,\text{J}, & n=2 \\ -2.41\times10^{-19}\,\text{J}, & n=3 \end{cases}$$

4. 电子自旋和自旋量子数

电子的角动量也是量子化的，有两个可能的值，用自旋量子数 s 表示，两个值分别为 $s = +1/2$ 和 $s = -1/2$。这样，包含自旋后描述电子量子态的量子数就变为 4 个，即 n, l, m, s。包含自旋的量子态数目是不包含自旋时量子态数目的 2 倍。

【例 1.21】　若包含自旋量子数，试计算单电子原子 $n = 3$ 时的量子态数。

解：$n = 3$ 时，$l = 2, 1, 0$，三个取值，对应 s, p, d 电子亚层。

对 s 电子亚层，有 $l = 0$：$m = 0$，一个取值，所以 s 电子亚层有一个轨道。

对 p 电子亚层，有 $l = 1$：$m = +1, 0, -1$，三个取值，所以 p 电子亚层有三个轨道。

对 d 电子亚层，有 $l = 2$：$m = +2, +1, 0, -1, -2$，五个取值，所以 d 电子亚层有五个轨道。

因此 M 电子层有 9 个轨道，即不包含自旋的量子态数为 9。包含自旋的量子数是不包含自旋的量子态数的 2 倍，所以包含自旋时，$n = 3$ 电子层的量子态数为 18。至此，本小节的问题①得以解决。

1.2.5　薛定谔方程的应用——多电子原子中电子的状态

本小节要解决的问题①如下：**了解氢原子中电子的状态后，若推广至更一般的多电子原子，应该如何描述其电子的状态呢？与描述氢原子中电子的状态有哪些异同？**

1. 多电子原子中的波函数求解的困难

多电子原子的质子数目和电子数目都比单电子原子的多，其势场包括原子中质子的势场和多电子的势场。因此，要求解其波函数，需要得到它们的势函数，这本身就很困难，即便确定了势函数，薛定谔方程的求解也很复杂。另外，由于每种原子的质子数和电子数都不相同，因此对每种原子都要进行独立但同样复杂的求解波函数的过程。因此，波函数本身是怎样一种分布并不是最重要的，最重要的是有哪些量子态及怎样区分这些量子态。

2. 多电子原子中的量子态和量子数

将单电子原子模型应用到讨论多电子原子的量子态问题，可以解决许多困难和麻烦，只要对其进行合理的修正，就可以直接应用单电子原子模型得到的结果。

在单电子原子中，量子态可以用量子数组来表征。量子数组包括 n, l, m, s 这 4 个量子数。对多电子原子，量子态同样可以用这些量子数组成的数组来表示，因为多电子原子的势场中的电子在三维空间中也是受限的，所以**量子态必然是离散的**，且与三个量子数相关。另外，同样存在自旋量子数。所以，多电子原子中的量子态也用 4 个量子数组成的数组来表示，且几个量子数的关系仍然满足式（1.48）。不同的数组对应不同的量子态。

与单电子原子相比，多电子原子量子态的波函数与相应单电子原子波函数有差异，这主要是由质子数和电子数变化造成的。同时，电子数目的增加造成量子态能量简并度的降低，即同一能量的量子态数目减小。

3. 多电子原子中增加的两个约束条件

1）泡利不相容原理

泡利不相容原理指出，在任意给定的系统中，不可能有两个电子处于同一量子态。这意味着包含自旋的量子态最多只能容纳一个电子，或者说不包含自旋的量子态最多只能容纳两个自旋方向相反的电子。通常，在计算量子态数目时，首先不包含自旋，然后乘以 2，就得到包含自旋的量子态数目。

2）能量最低原理

自然界的一个基本定律是热平衡系统的总能量趋于某个最小值，这就是能量最低原理。电子尽可能填充 n 值较小的量子态，但是，如果电子获得一定的能量，那么它可以占据任意一个量子态，只不过处于高能量量子态的电子是不稳定的，因为它不符合能量最低原理，所以会以一定的方式转移能量，最终到达最低能量的量子态。

4. 多电子原子中电子的能量

用 4 个量子数组成的数组表示一个量子态，例如，(5, 4, −2, 1/2)表示一个量子态。在单电子原子中存在这个量子态，在多电子原子中也存在这个量子态。

在单电子原子中，各量子态的能量由式（1.49）表示，能量只与主量子数 n 相关。但是在多电子原子中，各量子态的能量不仅与主量子数 n 相关，也与角量子数 l 相关。各量子态的能量按 $(n + 0.7l)$ 的大小来比较，即该值越大，对应的量子态的能级就越高。

【例 1.22】 计算多电子原子中 $n = 3$ 对应的量子态能量的个数，并给出各能量上对应的量子态（不含自旋）。

解：当 $n = 3$ 时，$l = 0, 1, 2$，所以能量个数为 3。当 $l = 0$ 时，$m = 0$，只有一个量子态，对应一个能级；当 $l = 1$ 时，$m = -1, 0, 1$，有三个量子态，对应一个能级；当 $l = 2$ 时，$m = -2, -1, 0, 1, 2$，有五个量子态，对应一个能级。

对比例 1.19 和例 1.22，单电子原子在 $n = 3$ 时，有九个不含自旋的量子态，它们的能量只与主量子数有关，所以这九个量子同属一个能级。多电子原子在 $n = 3$ 时，也有九个不含自旋的量子态，但是它们的能量却按 l 分成三个能级，这三个能级分别包含 1, 3, 5 个不含自旋的量子态，即其能量简并度分别为 1, 3, 5。

5. 硅原子中的电子运动状态

元素周期表是按元素的电子数目排序的。这些电子是根据能量最低原理、泡利不相容原理占据各量子态的，量子态的数目可以根据式（1.48）得到。下面对典型半导体材料硅原子的电子状态进行分析。

硅原子的电子状态如表 1.5 所示。

表 1.5　硅原子的电子状态

原子序数	元素	1s	1s	2s	2s	2p	2p	2p	2p	2p	2p	3s	3s	3p	3p
14	Si	↑	↓	↑	↓	↑	↓	↑	↓	↑	↓	↑	↓	↑	↓

当某个 n 值的状态全部被填满时，其对应的电子状态很稳定。在硅原子中，$n=1$ 时对应填充两个电子和 $n=2$ 时填充 8 个电子的状态很稳定，对应于这些电子受到很强的束缚。$n=3$ 时的 4 个电子受到的束缚较弱，相应地，这些电子参与化学反应的能力更强，对决定硅材料的物理和化学性质方面有较重要的作用。由于这些电子的数量决定其在形成化合物时的化合价，所以称其为**价电子**。对于同是Ⅳ族的半导体材料锗，其包含 28 个电子，但其价电子数与硅的相同。硅原子的电子结构示意图如图 1.19(a)所示。

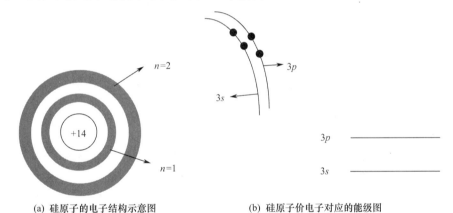

(a) 硅原子的电子结构示意图　　　　　(b) 硅原子价电子对应的能级图

图 1.19　硅原子的核外电子分布

需要指出的是，随着电子数目的增加，电子之间的相互影响增强，每个量子态的波函数都随之发生变化，能级和能级数量也发生变化。电子占据是按能量从低到高进行的，高层量子态的能量有可能比低层量子态的能量低。例如，不包含自旋的量子态(4, 0, 0)的 $(n+0.7l)=4$，而(3, 2, 0)的 $(n+0.7l)=4.4$，所以量子态(4, 0, 0)的能量比量子态(3, 2, 0)的能量低。硅原子价电子对应的能级图如图 1.19(b)所示。至此，本小节的**问题①**得以解决。本节的**任务 1）**完成，本章的**任务（二）**完成。

【课程思政】

1.3　晶体中电子的运动状态

当多电子原子按照一定的排列规律组成晶体时，原子中电子的运动状态除了受自身原子核和电子形成的势场的影响，也会受到相邻其他原子的势场的影响。本节要解决的**问题 1）**

如下：**孤立原子彼此之间的距离不断靠近形成晶体后，原有量子化能级会发生什么变化？**

1.3.1　能带的形成

　　为解决本节的问题，首先从**定性**的角度进行分析，然后借助薛定谔方程得出**定量求解**的结果。单个原子构成一个孤立系统，这个孤立系统包括原子核和其所有的电子。单个原子中电子的状态由其与原子核和其他电子的作用确定。晶体是多个原子按一定结构周期排列形成的，晶体中电子的状态会受到其中所有原子的原子核和电子的作用，它们共同构成一个系统。电子是这个系统的电子，而不再是那个孤立原子的电子，即发生了所谓的电子共有化。相应的原子形成晶体后，电子的运动由孤立原子中的单调轨道运动变成晶体中的共有化运动。对共有化运动，可从如下角度理解。

　　（1）从每个电子的角度看，受与其他原子的作用，电子的状态会发生改变，即处在独立原子中与处在晶体中，电子的状态是不一样的。具体地说，当孤立原子之间的距离不断减小时，电子所在的轨道靠近甚至交叠，借助靠近或交叠的轨道，电子改变了孤立原子中只围绕其原子核运动的状态，变为在晶体这个系统中的连通轨道上运动，如图 1.20 所示，电子的这种运动被称为**共有化运动**。

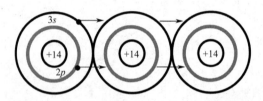

图 1.20　硅晶体中电子的共有化运动示意图

　　（2）从单个电子与晶体的关系看，电子属于晶体，不再完全属于某个原子。但是，这不意味着电子可以在晶体中自由运动，其运动将由系统整体决定。从系统角度看，组成晶体的所有原子形成一个系统，晶体中的所有电子都处在这个系统中。

　　尽管共有化运动会改变电子的运动状态，但不会改变量子态数目，即晶体系统的量子态数目等于单个原子的量子态数乘以晶体所包含的原子数目。

　　【例 1.23】　计算由 10^4 个原子组成的固体对应单个原子 $1s$, $2s$, $3s$, $3p$ 轨道上的量子态数。

　　解：单个原子 $1s$, $2s$, $3s$, $3p$ 轨道上的量子态数分别是 2, 2, 2, 6。

　　10^4 个原子对应 $1s$, $2s$, $3s$, $3p$ 轨道上的量子态数分别是 2×10^4, 2×10^4, 2×10^4, 6×10^4。

　　【例 1.24】　计算由 10^4 个硅原子组成的固体中所有电子占据的量子态数。

　　解：按照泡利不相容原理，一个电子只能占据一个量子态，一个硅原子有 14 个电子，10^4 个硅原子就有 1.4×10^5 个电子，所以占据的量子态数为 1.4×10^5。

　　从例 1.24 可以看出，10^4 个原子对应 $1s$ 轨道共有 2×10^4 个量子态。

　　本小节要解决的**问题①**如下：**在晶体中做共有化运动的电子，其能量会发生什么变化？**

　　根据泡利不相容原理，在一个系统中不可能出现两个完全一样的量子态，所以不同原子的同一量子态在形成晶体后仍然保持原来相同的量子态，是不符合泡利不相容原理的。于是，只能在原来的能级附近**分裂**成相距很近的不同能级，来区分原来不同原子中的相同量子态。这样，单原子的一个能级就会分裂成多个相差很小的能级，这些分裂出的能量相差很小的能级的集合被称为**允带**。孤立原子的能级图和能级分裂与展宽成能带的过程如图 1.21 所示。

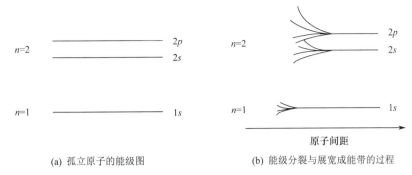

(a) 孤立原子的能级图　　　　　　　　(b) 能级分裂与展宽成能带的过程

图 1.21　孤立原子的能级图和能级分裂与展宽成能带的过程

从另一个角度看，这种能级分裂与展宽是发生共有化运动后的电子与孤立原子中电子的运动状态相比必然发生的变化，是出现共有化运动后其能级相应做了小的调整导致的。对某个由 N 个原子构成的晶体来说，在形成晶体前，这 N 个原子都是孤立的原子，其所有的能级都相同，是 N 度简并的，形成晶体后，N 度简并的能级必须分裂成 N 个彼此相距很近的能级。这些能级组成允带，允带是由多原子相互作用引起的能级分裂形成的。一般情况下，同一能级分裂成一个允带。不同的能级分裂形成不同的允带。相邻允带之间的能量区域被称为**禁带**，如图 1.22 所示。

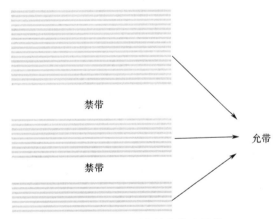

图 1.22　能带图中的允带和禁带

允带是能级分裂形成的。在允带中，能级仍然是分立的能级，只不过是能级差很小的分立能级，通常可视为准连续的。原子间距越小，共有化运动的程度越大，能带分裂程度越大。原子外层轨道的电子受到其他原子的影响较大，而处于内层轨道的电子受到的影响较小。因此，对于能级越高的允带，能级分裂越大，允带越宽；对于能级越低的允带，能级分裂越小，允带越窄，如图 1.22 所示。至此，本小节的问题①得以解决。

本小节要解决的问题②如下：**硅晶体的能带结构是什么样的？** 实际晶体中能带的分裂更复杂。孤立原子的能级和分裂与展宽后的能带不总是一一对应的，它们之间可能发生相互作用。例如，对于硅晶体，硅的 $1s$ 能级分裂成一个允带，$2s$ 能级分裂成一个允带，$3s$ 能级和 $3p$ 能级共同分裂出两个允带，这两个允带被称为 sp **杂化轨道**。

对于由 N 个硅原子形成的系统，重点关注价电子占据的能级分裂情况，由图 1.23 可以看出，随着原子间距的减小，硅的 $3s$ 和 $3p$ 能级开始分裂与展宽成允带，此时允带和能级是一一对应的，表现为 $3s$ 对应的允带包含 $2N$ 个量子态，$3p$ 对应的允带包含 $6N$ 个量子态。随着原子间距的进一步减小，出现两个允带拉通的一个大允带。当原子间距减小至硅的晶格常数时，又分裂形成两个允带，这两个允带中的任何一个都不是由 s 轨道或 p 轨道单独分裂形成的。

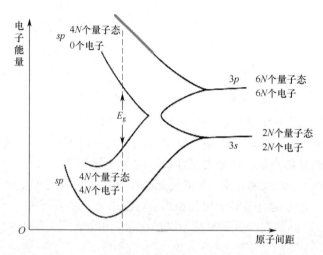

图 1.23　硅原子的 $3s$ 和 $3p$ 能级对应的允带随原子间距减小的演化过程

对由 N 个硅原子形成的晶体来说，sp 杂化轨道中能量低的允带含有 $4N$ 个量子态，能量高的允带也含有 $4N$ 个量子态。两个允带之间是一个禁带，其能量宽度用 E_g 表示，如图 1.24(a) 所示，这两个允带是 $3s$ 和 $3p$ 轨道杂化的结果。当 $T = 0K$ 时，N 个硅原子有 $4N$ 个价电子，按照能量最低原理，$4N$ 个价电子全部占据该能带的量子态，因此该能带被称为**价带**。上面的允带中的量子态全部空着，因为该允带存在电子后可导电，所以被称为**导带**，如图 1.24(b) 所示。实际中半导体的能带简化为用图 1.24(c) 表示，只留下导带底（用 E_c 表示）的位置和价带顶（用 E_v 表示）的位置，其中 E_c 和 E_v 之间的能量间隔为禁带宽度 E_g。能带图省略了横轴和纵轴，其中横轴表示位置轴，纵轴表示电子的能量轴。图 1.24(c) 所示为本书后面广泛采用的半导体能带结构的典型表达。至此，本小节的**问题②**得以解决。

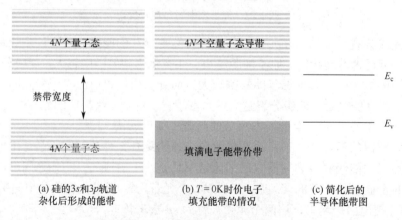

图 1.24　典型的半导体能带图

能带是能级分裂的结果，每个允带包含的量子态数与能级、原子数目和是否杂化有关。

若晶体无限大，即构成晶体的原子数目是无限的，则每个允带的量子态数目也是无限的。对一个能量范围确定的允带，这意味着能量是连续的。

1.3.2　一维无限晶体的能带

对于一维无限晶体，由于原子数目无限，因此在允带中能量是连续的。另外，电子的共有化运动是在一维空间进行的，所以描述电子共有化运动的波矢量是一维空间上的波矢量。前面定性地讨论了晶体中的能带形成，本小节的**任务①如下：利用薛定谔方程对一维无限晶体进行定量分析，得出一维无限晶体存在允带和禁带间隔分布的能带结构。**

1. 克龙尼克-潘纳模型

求解薛定谔方程时，首先要确定势函数。单个原子的势函数如图 1.25(a)所示。将多个原子在一维空间上按晶格常数等距排列时，各个原子的势函数发生交叠，如图 1.25(b)所示。将图 1.25(b)中交叠的势函数叠加后，得到图 1.25(c)所示的一维晶体的势函数。对图 1.25(c)所示的周期性势函数进行简化处理后，可以得到理想化后的一维晶体的周期性势场，即所谓的克龙尼克-潘纳模型，如图 1.25(d)所示。

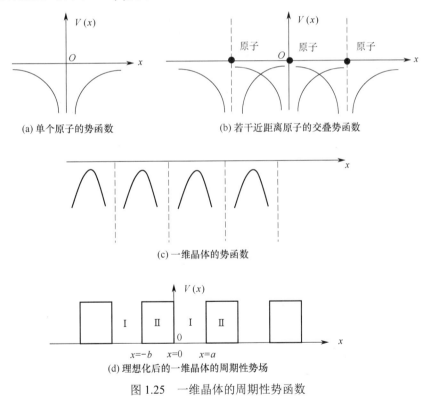

(a) 单个原子的势函数　　　　(b) 若干近距离原子的交叠势函数

(c) 一维晶体的势函数

(d) 理想化后的一维晶体的周期性势场

图 1.25　一维晶体的周期性势函数

2. 薛定谔方程及其解的条件

下面将理想化的一维晶体的周期性势场代入薛定谔方程，重点关注求解薛定谔方程的流程，并根据方程有解得出一维晶体存在允带和禁带构成的能带结构的结论。

布洛赫定理：所有周期性势函数的波函数都具有如下形式

$$\psi(x) = u(x)\mathrm{e}^{\mathrm{j}kx} \tag{1.50}$$

式中，k 为波数，$u(x)$ 是与势函数保持同样周期的周期函数。

I 区的势函数 $V = 0$，定态薛定谔方程为

$$\frac{\partial^2\psi_1(x)}{\partial x^2} + \frac{2mE}{\hbar^2}\psi_1(x) = 0 \tag{1.51}$$

II 区的势函数 $V = V_0$，定态薛定谔方程为

$$\frac{\partial^2\psi_2(x)}{\partial x^2} + \frac{2m}{\hbar^2}(E - V_0)\psi_2(x) = 0 \tag{1.52}$$

将式（1.50）代入式（1.51）和式（1.52），可得

$$\frac{\mathrm{d}^2 u_1(x)}{\mathrm{d}x^2} + 2\mathrm{j}k\frac{\mathrm{d}u_1(x)}{\mathrm{d}x} - \left(k^2 - \frac{2mE}{\hbar^2}\right)u_1(x) = 0 \tag{1.53}$$

$$\frac{\mathrm{d}^2 u_2(x)}{\mathrm{d}x^2} + 2\mathrm{j}k\frac{\mathrm{d}u_2(x)}{\mathrm{d}x} - \left(k^2 - \frac{2mE}{\hbar^2} + \frac{2mV_0}{\hbar^2}\right)u_2(x) = 0 \tag{1.54}$$

定义

$$\begin{cases} \alpha^2 = \dfrac{2mE}{\hbar^2} \\ \beta^2 = \dfrac{2m(E - V_0)}{\hbar^2} \end{cases} \tag{1.55}$$

I 区的势函数的解为

$$u_1(x) = A\mathrm{e}^{\mathrm{j}(\alpha - k)x} + B\mathrm{e}^{-\mathrm{j}(\alpha + k)x} \tag{1.56}$$

II 区的势函数的解为

$$u_2(x) = C\mathrm{e}^{\mathrm{j}(\beta - k)x} + D\mathrm{e}^{-\mathrm{j}(\beta + k)x} \tag{1.57}$$

3. 边界条件及其非零解条件

$x = 0$ 处的两个边界条件是

$$u_1(0) = \frac{\mathrm{d}u_1}{\mathrm{d}x}\Big|_{x=0}, \quad u_2(0) = \frac{\mathrm{d}u_2}{\mathrm{d}x}\Big|_{x=0} \tag{1.58}$$

分别应用这两个边界条件得

$$\begin{cases} A + B - C - D = 0 \\ (\alpha - k)A - (\alpha + k)B - (\beta - k)C + (\beta + k)D = 0 \end{cases} \tag{1.59}$$

周期性边界条件也可表示为

$$u_1(a) = u_2(-b), \quad \frac{\mathrm{d}u_1}{\mathrm{d}x}\Big|_{x=a} = \frac{\mathrm{d}u_2}{\mathrm{d}x}\Big|_{x=-b} \tag{1.60}$$

分别应用两个周期性边界条件得

$$\begin{cases} A\mathrm{e}^{\mathrm{j}(\alpha - k)a} + B\mathrm{e}^{-\mathrm{j}(\alpha + k)a} - C\mathrm{e}^{-\mathrm{j}(\beta - k)b} - D\mathrm{e}^{\mathrm{j}(\beta + k)b} = 0 \\ (\alpha - k)A\mathrm{e}^{\mathrm{j}(\alpha - k)a} - (\alpha + k)B\mathrm{e}^{-\mathrm{j}(\alpha + k)a} - (\beta - k)C\mathrm{e}^{-\mathrm{j}(\beta - k)b} + (\beta + k)D\mathrm{e}^{\mathrm{j}(\beta + k)b} = 0 \end{cases} \tag{1.61}$$

薛定谔方程的非零解对应电子的相应量子态，这意味着 A, B, C, D 不全为零，由式（1.59）

和式（1.61）可知，关于 A, B, C, D 的 4 个方程对应的系数行列式应为零，即

$$
\begin{vmatrix}
1 & 1 & -1 & -1 \\
\alpha - k & -(\alpha + k) & -(\beta - k) & (\beta + k) \\
e^{j(\alpha - k)a} & e^{-j(\alpha + k)a} & e^{-j(\beta - k)b} & e^{j(\beta + k)b} \\
(\alpha - k)e^{j(\alpha - k)a} & -(\alpha + k)e^{-j(\alpha + k)a} & -(\beta - k)e^{-j(\beta - k)b} & (\beta + k)e^{j(\beta + k)b}
\end{vmatrix} = 0
\tag{1.62}
$$

经过复杂运算，可得

$$
\frac{-(\alpha^2 + \beta^2)}{2\alpha\beta} \sin(\alpha a)\sin(\beta b) + \cos(\alpha a)\cos(\beta b) = \cos k(a + b)
\tag{1.63}
$$

其中，α 中含有电子能量 E，β 中含有 V_0。所以，式（1.63）将能量 E 和波数 k 联系起来了。若仅从能量的角度看，则电子的能量 E 必须满足式（1.63），或者说不满足式（1.63）的能量范围是禁带。

4. k 空间能带图

满足式（1.63）的能量范围是固体的允带。也可以由式（1.63）得到取不同能量值时对应的 k 值，所以固体中的一个量子态可以用一组 E, k 表示。可以绘制出能量 E 和波数 k 的关系图，被称为 **k 空间能带图**，能带图上的一个点代表固体中的一个量子态。

E 和 k 的关系隐含在式（1.63）中，为了得到它们的关系，先简化式（1.63）。假设 $b \to 0$，$V_0 \to \infty$，但 bV_0 有限。先让 $b \to 0$，且 bV_0 有限，对式（1.63）两边取极限，有

$$
\frac{-(\alpha^2 + \beta^2)b}{2\alpha} \sin(\alpha a) + \cos(\alpha a) = \cos ka
\tag{1.64}
$$

再让 $V_0 \to \infty$，但 bV_0 有限，经过运算可得

$$
P \frac{\sin \alpha a}{\alpha a} + \cos \alpha a = \cos ka
\tag{1.65}
$$

式中，

$$
P = \frac{mV_0 ab}{\hbar^2}
\tag{1.66}
$$

式（1.65）是一维无限晶体中电子能量和波数的关系式，能量 E 包含在 α 中。

【例 1.25】 由式（1.65）求自由电子的 k 空间能带图。

解：对自由电子，$V_0 = 0$，于是 $P = 0$。所以式（1.65）变为

$$
\cos \alpha a = \cos ka
$$

即有

$$
k = \alpha = \frac{\sqrt{2mE}}{\hbar}
$$

与式（1.24）一致。

通过例 1.25 可以看出，当固体中的周期性势场不存在时，电子就是自由电子，这说明式（1.24）是式（1.65）的特例。一般情况下，由式（1.65）不可能像自由电子那样得到 E 和 k 的显式关系，因此常用图解或数值解法得到 E 和 k 的关系。

【例 1.26】 求解式（1.65），绘制固体中 E 和 k 的关系图。

解：式（1.65）的左边为 αa 的函数，令

$$f(\alpha a) = P\frac{\sin \alpha a}{\alpha a} + \cos \alpha a \qquad (1.67)$$

分别绘制出第一项、第二项、二者之和随 αa 变化的函数图，如图 1.26(a)～(c)所示。因为横坐标为 αa，所以等式右边的 $\cos(ka)$ 无法在图 1.26(c)中绘出。考虑到余弦函数的值域为-1～+1，所以图 1.26(c)中阴影部分的 αa 是允许的取值，每段阴影部分的 αa 取值对应一个允带，即对应一段能量 E 的取值范围。不同的阴影区对应不同的允带，各阴影区中间间隔的 αa 段对应相应的禁带。确定每个允带的 αa 值，并转化为 E 的值域，就可将图 1.26(c)的允带能量与 k 对应起来，即得到 E-k 关系图，如图 1.27(b)所示。图 1.27(a)所示为 $\cos ka$ 的图形。

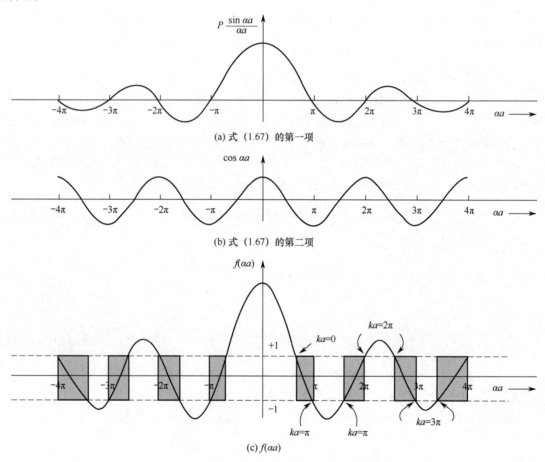

图 1.26　式（1.65）等式左边函数的图形化

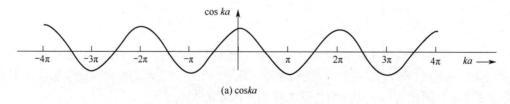

图 1.27　式（1.65）等式右边函数的图形化及求解式（1.65）得到的 E-k 关系

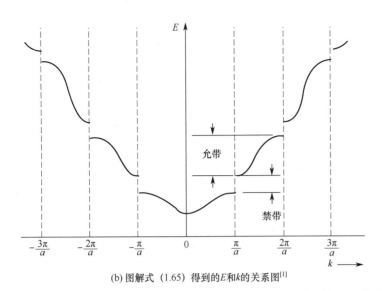

(b) 图解式（1.65）得到的 E 和 k 的关系图[1]

图 1.27　式（1.65）等式右边函数的图形化及求解式（1.65）得到的 E-k 关系（续）

平移后的 E-k 关系如图 1.28 所示。该图代表简约 k 空间曲线，或称**简约布里渊区**。

k 空间能带图反映了电子在所有原子和其他电子的势场作用下可能存在的状态，是细节满满的能带图。**晶体周期性的势场存在是产生能带的根本原因。**外力作用可使电子的状态发生改变，从原来的状态变成新的可能的状态，但是所有的状态都在 k 空间能带图中。至此，本小节的**任务①**完成，本节的**问题 1）**得以解决。

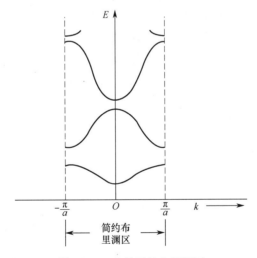

图 1.28　E-k 关系的布里渊区

1.3.3　半导体的价键模型和能带模型

本小节讨论在建立半导体的能带模型后半导体内的电流传输情况，将从半导体材料的价键模型和能带模型两个角度进行分析。电子在外力作用下定向运动会形成电流，晶体中不同允带的电子对电流的贡献不同，导带中电子是半导体中的一种载流子，价带中电子对电流的贡献用半导体中的另一种载流子空穴来描述。本小节要解决的**问题①**如下：**如何从新增加的**

能带的视角分析半导体中的电流传输情况？

1. 价键模型与能带模型

固体中的电子都会占据相应的量子态，对应于 E-k 曲线上的一点。每个硅原子都有 14 个电子，其中包括 4 个价电子，分别处在不同的量子态上。

当 $T = 0\text{K}$ 时，从价键模型角度看，每个硅原子和周围 4 个硅原子形成完整的 4 个共价键，如图 1.29(a)所示。从能带模型角度看，形成共价键的电子占据价带。价带的量子态全部被价电子占据，为满带，此时的导带为空带。$T = 0\text{K}$ 时的能带填充状态如图 1.29(b)所示。

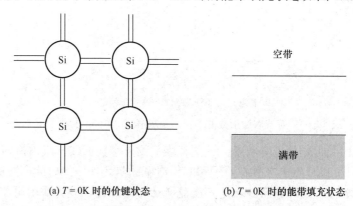

(a) $T = 0\text{K}$ 时的价键状态 (b) $T = 0\text{K}$ 时的能带填充状态

图 1.29 硅材料在 $T=0\text{K}$ 时的价键状态和能带填充状态

当 $T > 0\text{K}$ 时，价带的部分电子获得足够的热能，从价键角度看，这一跃迁过程破坏了共价键，被称为**键裂**，如图 1.30(a)中的箭头所示。从能带的角度看，价带的电子获得能量后可以跃迁到导带。跃迁到导带的电子不再受共价键的束缚，其能量比价带电子的大，运动能力也比价带电子强。也就是说，处在价带的电子是受共价键束缚的电子，处在导带的电子是键裂的电子。键裂后，导带不再是空带，价带也不再是满带，如图 1.30(b)所示。

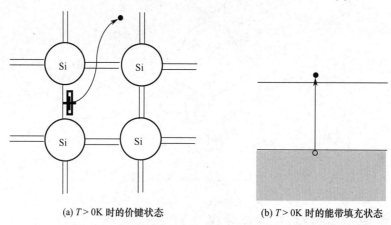

(a) $T > 0\text{K}$ 时的价键状态 (b) $T > 0\text{K}$ 时的能带填充状态

图 1.30 硅材料在 $T>0\text{K}$ 时的价键状态和能带填充状态

2. 漂移电流

固体中电子的定向运动形成电流。在热平衡状态下，电场作用下的半导体中没有电流形成，这一点可以从新增加的能带图视角（即 E-k 的关系图）出发得到很好的解释。

电流是由电荷的定向运动产生的，按照电流强度的定义及电流强度与电流密度的关系，有

$$J = env_d \tag{1.68}$$

式中，n 是电荷体密度，v_d 是电荷在电场作用下的平均运动速度。考虑每个电荷的运动速度不同，可将式（1.68）修正为

$$J = e\sum_{i=1}^{n} v_i \tag{1.69}$$

式中，v_i 是第 i 个电荷的运动速度。因此有电荷的定向运动，速度的求和不为零，存在电流。按照式（1.28）得出的自由电子的动量等于 $\hbar k$，可知电子的运动速度由其 k 值确定。

按照电子占据量子态的情况，可将允带分成 4 类：满带、空带、不满的带和不空的带，如图 1.31 所示。不满的带和不空的带只是电子占据概率上的差异，也可归为一类，即非满非空带。

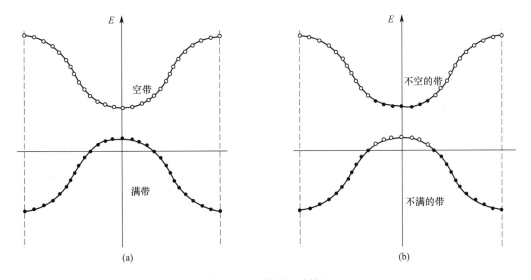

图 1.31　允带的几种情况

对于空带，如图 1.31(a)中上部的允带，由于没有电子占据，没有载体，因此对电流没有贡献。对于满带，如图 1.31(a)中下部的允带，所有量子态被占据，且在 E-k 关系图中呈现对称分布，即有一个 $+k$ 的电子，对应就有一个 $-k$ 的电子。每对电子的运动方向相反，运动速度相同，所以它们运动形成的电流总和为零。因此，在 E-k 关系图中，当电子占据情况呈对称分布时，这些电子对电流的总贡献为零。满带电子在 E-k 关系图中对称分布，所以对电流的贡献为零。

对于非满非空的允带，如图 1.31(b)中上部和下部的两个允带，当无外力作用时，根据能量最低原理，电子在 E-k 关系图中也呈对称分布，所以在无外力作用时，这样的允带中的电子也对电流无贡献。但是，若有外力存在，如对半导体施加外力，则可能破坏这种对称性，如图 1.32 所示。在电场作用下，在 E-k 关系图中出现非对称的电子，它们的定向运动对电流有贡献。电流的大小取决于非对称分布电子的数目和它们的速度。

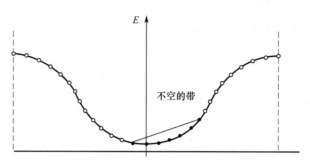

图 1.32　外力作用下半满带的电子分布

由此可以看出，由于满带和空带电子即使有外力作用，也不会对电流有贡献，因此讨论电流的形成时只需关注那些非满或非空的能带中的电子。对于半导体，例如硅，当 $T = 0K$ 时，其能带要么是满带，要么是空带，此时无论有无外力作用，对电流形成都没有帮助。当 $T > 0K$ 时，价带电子吸收热能后跃迁到导带，价带变成不满的带，导带也因为电子的跃入而变成不空的带。没有外力作用时不会形成电流，但在外力作用下一定会形成电流，而且两个能带的电子对电流皆有贡献。至此，本小节所提出的**问题①**的定性回答得以完成。

1.3.4　半导体的有效质量

在外力的作用下，电子运动形成的电流密度可以用外力作用下所有电子在确定方向的速度来计算，将式（1.69）细化为

$$J = -e\sum_i v_i' = -e\sum_i (v_i + \Delta v_i) \tag{1.70}$$

式中，v_i 是无外力作用时各电子在确定方向的速度，v_i' 是在外力作用下各电子在确定方向的速度，且

$$\Delta v_i = v_i' - v_i \tag{1.71}$$

Δv_i 是外力作用下电子在确定方向获得的速度增量。

由于无外力作用时电流为零，即有

$$J = -e\sum_i v_i = 0 \tag{1.72}$$

由式（1.70）和式（1.72）可得

$$J = -e\sum_i v_i' = -e\sum_i (v_i + \Delta v_i) = -e\sum_i \Delta v_i \tag{1.73}$$

因此，也可以用式（1.73）来计算外力作用下电子运动形成的电流密度。

用式（1.73）计算电子在外力作用下的电流密度时，需要获得外力作用下的速度增量，所以需要确定外力作用下的加速度。半导体中电子最常受到的外力是外加电场对电子的电场力作用。此时，对电子而言，除了受电场力这一外力作用，还受晶体中存在的原子核和其他电子对电子的作用，称这种作用力为**内力**。

此时，对电子来说，它受到的合力与加速度的关系为

$$F = F_{\text{ext}} + F_{\text{int}} = ma \tag{1.74}$$

式中，m 为电子的质量，a 为电子的加速度，F_{ext} 和 F_{int} 分别为电子所受的外力和内力。电子的质量和所加的外力是已知的，要求出加速度，还需要知道内力。为了避开求内力的麻烦，

对式（1.74）做变换，有

$$F_{\text{ext}} = \left(m - \frac{F_{\text{int}}}{a} \right) a = m_n^* a \tag{1.75}$$

式中，m_n^* 被称为电子的**有效质量**。显然，电子的有效质量同时包含电子惯性质量和内力的作用。也可以说，将内力的作用作为质量的一部分折合进去后，与电子惯性质量共同构成了有效质量。

由式（1.75）可以看出，引入有效质量后，可以用有效质量将外力和加速度直接联系起来，只要知道有效质量和外力，就可求出加速度。本小节要解决的**问题①**如下：**如何计算有效质量？**由于有效质量是折合了内力后的有效质量，所以其与晶体中存在的周期性势场密切相关，与前面推导出的 E-k 关系及能带图密不可分。

先从自由电子入手，有

$$E = \frac{\hbar^2 k^2}{2m} \tag{1.76}$$

求 E 对 k 的二阶导数，有

$$\frac{\mathrm{d}^2 E}{\mathrm{d} k^2} = \frac{\hbar^2}{m} \tag{1.77}$$

可见自由电子的质量可用其 E-k 关系来确定，同时对自由电子而言，因其不受内力作用，故其质量是一个正的常数。

将自由电子的结果推广到晶体中的电子，由周期性势场存在导致的内力作用体现在晶体的 E-k 关系上（见图 1.28，分成不同段的 E-k 关系，且每段 E-k 关系不是抛物线形状），也体现在有效质量中，所以晶体不同的 E-k 关系对应得到晶体中电子不同的有效质量，即

$$\frac{1}{\hbar^2} \frac{\mathrm{d}^2 E}{\mathrm{d} k^2} = \frac{1}{m_n^*} \tag{1.78}$$

显然，在用式（1.78）求晶体中电子的有效质量时，晶体的 E-k 关系中的不同量子态的电子具有不同的有效质量，这和自由电子有很大的区别。每种半导体材料由于其独有的周期性势场，导致其具备导带和价带的特有 E-k 关系。这说明处在不同量子态的电子受到的内力作用的影响是不同的，表现出不同的有效质量，这给有效质量的求解带来了困难。

【**例 1.27**】　比较同一个允带中底部电子和顶部电子的有效质量。

解：在固体的 E-k 关系图中，曲线的顶部和底部都是极点，一个是极大值点，另一个是极小值点。

在极小值处，有

$$\frac{\mathrm{d}^2 E}{\mathrm{d} k^2} > 0$$

所以

$$\frac{1}{m_n^*} = \frac{1}{\hbar^2} \frac{\mathrm{d}^2 E}{\mathrm{d} k^2} > 0 \Rightarrow m_n^* > 0$$

在极大值处，有

$$\frac{\mathrm{d}^2 E}{\mathrm{d} k^2} < 0$$

所以

$$\frac{1}{m_{\mathrm{n}}^{*}} = \frac{1}{\hbar^2}\frac{\mathrm{d}^2 E}{\mathrm{d}k^2} < 0 \Rightarrow m_{\mathrm{n}}^{*} < 0$$

因此在一个允带中，底部电子的有效质量大于顶部电子的有效质量，且底部电子的有效质量大于零，而顶部电子的有效质量小于零。

在半导体中，当 $T > 0\mathrm{K}$ 时，伴随着部分共价键的断裂，只有价带顶和导带顶电子填充的情况发生改变，变为不满或不空的允带，因此讨论半导体导电问题时，只涉及导带底和价带顶的状态。这里重点考察价带顶和导带底附近的 E-k 关系及对应的有效质量。

导带底的 E-k 关系可近似拟合为一条开口向上的抛物线，满足

$$E = E_{\mathrm{c}} + c_1 k^2 \tag{1.79}$$

式中，$c_1 > 0$ 为常数。由式（1.78）和式（1.79）有

$$\frac{1}{m_{\mathrm{n}}^{*}} = \frac{1}{\hbar^2}\frac{\mathrm{d}^2 E}{\mathrm{d}k^2} = \frac{2c_1}{\hbar^2} \Rightarrow m_{\mathrm{n}}^{*} = \frac{\hbar^2}{2c_1} > 0 \tag{1.80}$$

这说明导带底电子的有效质量是大于零的常数。因此，导带底的 E-k 关系可用导带底电子的有效质量表示为

$$E = E_{\mathrm{c}} + \frac{\hbar^2 k^2}{2m_{\mathrm{n}}^{*}} \tag{1.81}$$

导带底附近的电子有相同的大于零的有效质量，在外力作用下可获得相同的加速度和速度增量，因此在计算电流密度时，求出电子的数目即可。

类似地，价带顶的 E-k 关系可以拟合为一条开口向下的抛物线，满足

$$E - E_{\mathrm{v}} = c_2 k^2 \tag{1.82}$$

式中，$c_2 < 0$ 为常数。由式（1.78）和式（1.82）有

$$\frac{1}{m_{\mathrm{n}}^{*}} = \frac{1}{\hbar^2}\frac{\mathrm{d}^2 E}{\mathrm{d}k^2} = \frac{2c_2}{\hbar^2} \Rightarrow m_{\mathrm{n}}^{*} = \frac{\hbar^2}{2c_2} < 0 \tag{1.83}$$

这说明价带顶的电子有相同且小于零的有效质量。因此，价带顶的 E-k 关系可用价带顶电子的有效质量表示，即

$$E - E_{\mathrm{v}} = \frac{\hbar^2}{2m_{\mathrm{n}}^{*}} k^2 \tag{1.84}$$

至此，本小节的**问题①**得以解决。

1.3.5　空穴

价带在 $T > 0\mathrm{K}$ 时是不空的带，在外力的作用下，价带电子形成的电流密度可用式（1.73）计算。但是，这需要确定每个电子的有效质量，以便在确定的外力作用下得到其加速度，进而确定其速度增量。价带的电子数目众多，仅价带底的电子具有相同的有效质量，但是价带底之外的电子质量各不相同。要算出每个电子的有效质量，不仅麻烦，而且也不可能。本节要解决的**问题①**如下：**如何计算仅有少量电子空出的价带在外力作用下形成的电流密度？**

面对这个问题，我们需要转换视角，采用逆向思维来分析和解决问题。考虑一个只有一个空位的价带，为计算其在电场作用下产生的电流密度，做简单的减法，它等于满带减去一

个只在该空位处填充一个电子的能带，如图 1.33 所示。

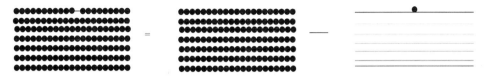

图 1.33　非满价带电流密度的等价计算方法示意图

相应地，等式左边的能带在电场力作用下定向运动产生的电流密度，等于等式右边两个能带在相同电场环境下定向运动产生的电流密度的差；由于满带不导电，因此等式右边第一项等于 0。外力作用下的价带形成的电流可表示为

$$J = -e \sum_{i=\text{filled}} \Delta v_i = -e \sum_{i=\text{full}} \Delta v_i - \left(-e \sum_{i=\text{empted}} \Delta v_i \right) \tag{1.85}$$

因为满带对电流的贡献为零，即

$$-e \sum_{i=\text{full}} \Delta v_i = 0 \tag{1.86}$$

所以式（1.85）变为

$$J = e \sum_{i=\text{empted}} \Delta v_i \tag{1.87}$$

对比式（1.73）和式（1.87）可以看出，二者只差一个负号，这意味着价带电子在外力作用下对电流的贡献，可以等效为只在价带顶空位置处填充电子后形成电流的负值，或者只在价带顶空位置处填充正电荷后形成的电流。空穴是在价带的空位置上填充正电荷等效出的新载流子（荷载电流），其带正电荷（事实上，从另外一个角度考虑共价键完整的半导体是电中性的，如果有一个电子摆脱共价键的束缚，空状态所在位置的电中性条件被破坏，是带正电荷的），数量取决于价带空位置的数目，习惯上用空心圆圈表示空穴，与用实心小黑点表示电子相对应。事实上，不仅是电流密度的计算，其他涉及价带的问题求解都可借助空穴的引入而简化。因为引入空穴后，可以将价带大量电子的贡献用少量空穴表达出来，如图 1.34 所示。至此，通过引入空穴，解决了本小节的**问题①**。

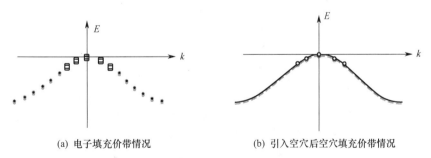

(a) 电子填充价带情况　　　　　　　　(b) 引入空穴后空穴填充价带情况

图 1.34　电子视角和空穴视角下的价带

本小节的**问题②**如下：**新引入的粒子空穴还具有哪些性质？**

由本小节的**问题①**的解决过程可以看出，由于空穴是为表示价带所有电子对电流贡献而等效出的新载流子，因此**空穴的数量等于价带的空位置数**。

考虑一个简单的二能级系统，低能级的电子获得能量后向高能级跃迁，如果从空穴的视角重新描述这个过程，则是如图 1.35 所示的高能级处的空穴同样获得能量后向低能级跃迁的过程，因此从这个简单的视角转换可以看出，对空穴而言，其能量的增加方向与电子的相反，对电子来说，其占据的能级越高，能量越高；**而对空穴来说情形正好相反，其占据的能级越低，能量越高**。因此，价带的空穴分布在价带顶附近，是空穴分布遵循能量最低原理的体现。默认的能带图的纵坐标方向是电子能量增加的方向，对空穴而言，向低能级跃迁是其能量增加的方向。

(a) 电子获得能量从低能级向高能级跃迁的过程　　　(b) 用空穴描述图(a)过程的图像

图 1.35　电子视角和空穴视角下的能级跃迁

将空穴的能量增加方向体现到价带的 $E\text{-}k$ 关系图中后，结果如图 1.36 所示。此时，重新考虑价带空穴的有效质量和前面讨论的价带顶电子有效质量的关系。将电子有效质量的公式推广至空穴，根据式（1.78）可得

$$\frac{1}{\hbar^2}\frac{\mathrm{d}^2 E'}{\mathrm{d}k^2}=\frac{1}{m_{\mathrm{p}}^*} \tag{1.88}$$

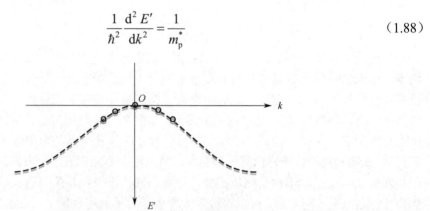

图 1.36　将空穴的能量增加方向体现在价带 $E\text{-}k$ 关系图中

和式（1.78）相比，式（1.88）发生了两点变化：一是有效质量的下标从 n 变为了 p（由电子变为空穴），二是 E 变为了 E'，因为 $E'=-E$，所以满足

$$\frac{1}{m_{\mathrm{p}}^*}=\frac{1}{\hbar^2}\frac{\mathrm{d}^2 E'}{\mathrm{d}k^2}=-\frac{1}{\hbar^2}\frac{\mathrm{d}^2 E}{\mathrm{d}k^2}=-\frac{1}{m_{\mathrm{n}}^*} \tag{1.89}$$

由式（1.89）得出结论：空穴的有效质量为该处电子有效质量的负值，由前面讨论的结果可知，价带顶的电子的有效质量近似为负的常数，**所以空穴的有效质量是正的常数**。

下面用另外一种思路得出空穴的有效质量是该处电子有效质量的负值。

【例 1.28】 证明价带同一量子态处电子的有效质量与空穴的有效质量互为相反数，且价带顶空穴的有效质量为正。

证明：设外加电场沿 x 方向，

$$E=E_x$$

电子和空穴在电场力作用下分别满足

$$-eE = -eE_x = m_n^* a_n = m_n^* \frac{\Delta v_n}{\Delta t}, \quad eE = eE_x = m_p^* a_p = m_p^* \frac{\Delta v_p}{\Delta t}$$

其中带有下标 n 和 p 的物理量分别对应电子和空穴的相应物理量。相同位置的电子和空穴在外电场作用下的电流分别为

$$J_n = -e \sum \Delta v_n = e \sum \frac{eE_x \Delta t}{m_n^*}, \quad J_p = e \sum \Delta v_p = e \sum \frac{eE_x \Delta t}{m_p^*}$$

由于在同一位置分别放电子和空穴，因此二者的电流密度的关系为

$$J_n = -J_p \quad e \sum \frac{eE_x \Delta t}{m_n^*} = -e \sum \frac{eE_x \Delta t}{m_p^*} \Rightarrow m_p^* = -m_n^*$$

得证。

用价带顶电子的有效质量表示的价带顶 E-k 关系为式（1.84）。若使用价带顶空穴的有效质量，则式（1.84）可表示为

$$E - E_v = \frac{\hbar^2 k^2}{2m_n^*} = -\frac{\hbar^2 k^2}{2m_p^*} \tag{1.90}$$

式（1.90）还可写为

$$E_v - E = \frac{\hbar^2 k^2}{2m_p^*} \tag{1.91}$$

将价带电子对电流的贡献等效为空穴对电流的贡献后，考虑的粒子数目变少了，更重要的是，价带顶的空穴具有相同的有效质量。这样，其在电场作用下的运动规律简单，较容易得出价带电子对电流的总贡献。

至此，本小节提出的**问题②**得以解决，空穴具有以下性质：①空穴是带正电荷的载流子；②其数量等于价带空位置的数量；③空穴的能量增加方向与电子的相反；④空穴的有效质量是该处电子的有效质量的负值。

对于半导体，通过本征激发，不空的导带和不满的价带都可以导电，其中导带中的电子是摆脱共价键束缚的准自由电子，其在电场力的作用下发生定向运动从而产生电流。不满的价带中的电子仍受共价键的束缚，因为在电场力的作用下，它会因共价键的等价位置之间的自由运动而导电。两个能带中电子的处境并不相同。为了描述半导体中两个可导电的能带中处境不同的电子，同时为了解决在处理价带时面临大量电子作为研究对象的困境，引入假想粒子——空穴。半导体中有两种载流子——**导带电子和价带空穴**（当然价带空穴是代表价带电子贡献的假想粒子，少量空穴代替多数电子能给我们带来很多便利），其中载流子是电荷承载电流粒子的简称。

【课程思政】

1.3.6　金属、半导体和绝缘体的能带与导电性能差异

金属、半导体和绝缘体的导电性能取决于其材料与结构，因此具有不同的能带结构。本节的**任务①**如下：**从金属、半导体和绝缘体的能带结构出发，解释它们的导电性能的差异。**

绝缘体的能带结构如图 1.37 所示，当 $T = 0K$ 时，它的允带要么为满带，要么为空带。其价带为满带，导带为空带，价带和导带之间的禁带宽度用 E_g 表示。由于满带和空带对电流没有贡献，因此绝缘体的导电性能很差。由于绝缘体的 E_g 很宽，因此当 $T > 0K$ 时，价带电子不

可能吸收大于或等于禁带宽度的能量而到达导带，使价带不满、导带不空，而只能保持和 $T =$ 0K 时相同的状态，如图 1.37(b)所示，所以绝缘体不导电。

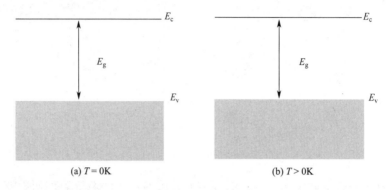

(a) $T = 0K$　　　　　　　　　　　(b) $T > 0K$

图 1.37　绝缘体的能带

　　半导体的能带如图 1.38 所示，当 $T = 0K$ 时，价带是满带，导带是空带，所以此时半导体不导电。但是当 $T > 0K$ 时，由于 E_g 较小，价带电子吸收能量后可以到达导带，使价带不满、导带不空，因此在外力的作用下，导带电子和价带空穴对电流均有贡献。半导体所处的环境越容易获得大于或等于禁带宽度的能量，导带电子和价带空穴数量越多，载流子数就越多，其导电性就越好。这也是图 1.1 中半导体表现出导电性能弹性的原因。半导体和绝缘体不存在明显的界限，一些原来被视为绝缘体的材料随着在高温器件等方面的应用，也可被视为宽禁带半导体。

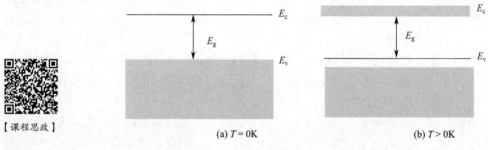

【课程思政】

(a) $T = 0K$　　　　　　　　　　　(b) $T > 0K$

图 1.38　半导体的能带

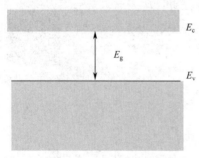

图 1.39　金属的能带

　　金属的能带如图 1.39 所示。无论是当 $T = 0K$ 时还是当 $T > 0K$ 时，金属都存在天然半满带，导带中有大量的电子，且是不满的带，在电场的作用下会形成很大的电流。可以看出，金属半满带中的电子数量不会因为外界条件而显著改变，其电子数的数量级与金属价电子总数的相同，所以金属具有良好的导电性能。本小节的**任务①**完成。

1.3.7　三维无限晶体的能带

　　实际的晶体是由原子或分子在三维空间中按照一定规律排列形成的，电子在晶体中的运动也是在三维空间中进行的。因此，三维空间中的电子运动可视为三个一维空间运动的合成。相应地，向不同方向运动时，其经历势场的周期是不同的，所以在不同的晶向，电子的 E-k 关系不同。如图 1.40 所示，简立方[100], [110]和[100]晶向的原子排列周期分别是 a，$\sqrt{2}a$ 和 $\sqrt{3}a$，所以各个方向的势场周期也不同。

图 1.41 是硅（Si）和砷化镓（GaAs）的 k 空间能带图。对于一维情形，$E\text{-}k$ 关系图是对称的，所以用半边 $E\text{-}k$ 关系就可反映一维 $E\text{-}k$ 关系。图 1.41 中，$+k$ 半边是[100]方向的 $E\text{-}k$ 关系，$-k$ 半边是[111]方向的 $E\text{-}k$ 关系。之所以挑选出这两个 k 方向，是因为对金刚石结构或闪锌矿结构的半导体材料，我们关注的 E_c 和 E_v 常出现在这两个方向上。

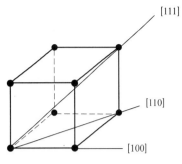

图 1.40 不同的原子排列周期

$E\text{-}k$ 关系反映了电子的量子状态，根据式（1.78），可以确定电子的有效质量。同时，根据式（1.28），可通过它确定电子的动量。了解一个半导体的能带结构时，主要关注以下三点：①根据导带最小值和价带最大值确定的禁带宽度；②能带在极值附近的分布，决定了载流子的有效质量；③导带极小值和价带最大值是否在同一个 k 值处，决定了半导体是直接带隙半导体还是间接带隙半导体。

图 1.41(a)所示为III-V族化合物半导体的代表——砷化镓的能带结构，可以看出其价带顶与导带底均位于 $k=0$ 处，涉及价带顶和导带底之间的能量变化最小的电子跃迁，在满足能量守恒的条件后，同时满足动量守恒。称具有砷化镓这种能带结构的半导体为**直接带隙半导体**，这种材料在光吸收、发光等方面具有较高的效率。

图 1.41(b)所示为元素半导体的代表——硅的能带结构，可以看出其价带顶在 $k=0$ 处，而导带底的 k 值不为零。涉及价带顶和导带底之间的能量变化最小的电子跃迁，满足能量守恒的条件，但不满足动量守恒。称具有硅这种能带结构的半导体为**间接带隙半导体**。为了在电子跃迁过程前、后满足动量守恒定律，需要第三方动量的加入与改变。因此，这种材料在光吸收、发光等方面具有很低的效率。至此，本章的**任务（三）**完成。

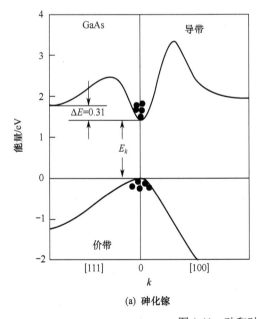

(a) 砷化镓

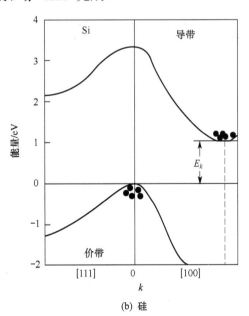

(b) 硅

图 1.41 硅和砷化镓的 k 空间能带图

无论是哪种半导体材料，不同的晶向都有不同的 *E-k* 关系，因此载流子有不同的有效质量。这样，对于同一种半导体材料来说，载流子的有效质量与其在能带中的位置和其运动的不同晶向都有关系。载流子在不同的晶向上有不同的有效质量，分别确定其有效质量在计算时很麻烦，因此更多地采用统计的平均有效质量来替代。

习 题 1

01. 1Å 等于多少厘米？

02. 某面心立方单晶材料的晶格常数为 5.4Å，计算晶体中的原子体密度。

03. 若晶格常数为 a，求体心立方和面心立方结构中的最近邻原子距离。

04. 对硅材料的(110)晶面：(a)画出其表面的原子分布；(b)求该表面的原子面密度。

05. 假设有一个立方晶系，画出下列晶面：(a) (123)；(b) (221)；(c) $(1\bar{1}0)$。

06. 将原子视为硬球，假设其半径值最大，是近邻原子距离的一半，求：(a)面心立方结构；(b)金刚石结构的原子占有率（晶胞中包含原子的体积除以晶胞的体积）。

07. 假设某单晶材料的晶胞如题 07 图所示，在一个立方体的中心有一个原子：(a)由它形成的晶体是什么结构？(b)求图中坐标系内从原点到中心原子的晶向的晶向指数。

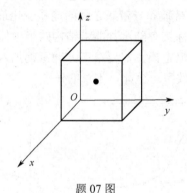

题 07 图

08. 推导金刚石结构键长与晶格常数 a 的关系，若该结构中某晶面沿三个坐标轴的截距分别是 10.86Å, 16.29Å 和 21.72Å，求该晶面的米勒指数。

09. 半导体的禁带宽度通常是温度的函数，可描述为

$$E_g = E_g(0) - \frac{\alpha T^2}{(\beta + T)}$$

式中，$E_g(0)$ 表示温度为 0K 时的禁带宽度，对硅来说，$E_g(0) = 1.17\text{eV}$，$\alpha = 4.73 \times 10^{-4}\text{eV/K}$，$\beta = 673\text{K}$，画出 0～600K 范围内禁带宽度的变化曲线，标出 300K 时的禁带宽度，解释禁带宽度随温度的变化趋势（提示：可借助 MATLAB 编程画图）。

10. 对于题 10 图中所示的材料 A 和 B，哪种对应的电子有效质量小？哪种对应的空穴有效质量小？

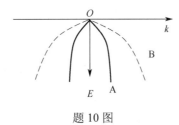

题 10 图

11. 根据题 11 图中两种不同半导体材料的 *E-k* 关系图，确定两种电子的有效质量（用自由电子质量表示）。

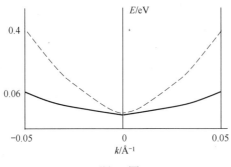

题 11 图

第2章　平衡半导体中的载流子浓度

由第 1 章可知半导体中存在两种载流子：导带的电子和价带的空穴。要分析任何半导体器件的工作原理、推导器件的电流-电压关系，首先要计算半导体在平衡状态下的电子和空穴这两种载流子浓度，因为电流是由载流子的定向运动产生的。本章需要解决的问题（一）如下：**如何计算各种半导体在平衡状态下的导带电子浓度和价带空穴浓度？**

平衡半导体

由第 1 章可知，在一定的温度下，受共价键束缚的价带电子可从外界获得能量，发生本征激发，产生电子-空穴对。但也存在与本征激发相反的过程，即导带电子跃迁至价带空穴处，电子-空穴对消失，同时释放能量的过程（载流子的复合）。在一定温度下，这两个过程达到动态平衡，即单位体积、单位时间内产生和消失的电子-空穴对相等，此时的半导体称为**平衡状态的半导体**，其具有不随时间变化、稳定的载流子浓度。需要注意的是，当外界温度变化时，半导体的平衡状态会被破坏，需要经过一段时间的自我修复才能达到新的平衡状态，具有新的平衡载流子浓度。因为这种平衡与温度有关，所以也称**热平衡**。

所有半导体材料和器件的计算均以热平衡状态作为参考。

2.1　状态密度函数

半导体中的电子是费米子。一方面，电子是不可分辨的；另一方面，电子填充能级时遵循泡利不相容原理，即一个量子态仅允许被一个电子占据。因此，要计算半导体导带的电子浓度和价带的空穴浓度，就要计算被电子或空穴占据的量子态数量。这个问题类似于统计进入剧院的总人数，总人数就是被人占据的座位数（假设剧院中的每人都坐在独立的座椅上）。

如何获得大剧院中被人占据的座位数呢？因为人数众多，排除人工数的方法后，解决该问题可以分成两步：① 先了解剧院能提供的总座位数；② 通过技术手段检查剧院的上座率。只需将以上两个数字相乘，即可获得剧院中被人占据的座位数，这个数字就是剧院中的人数。

推广以上经验，我们来计算导带的电子浓度。首先，要了解量子态的分布情况。由于量子态的分布与能量有关，因此需要知道导带中能量 E 附近的单位能量间隔 dE 内有多少量子态，称为**状态密度函数**。其次，由于这些量子态并不都被电子占据，因此还要知道电子在量子态上的分布概率，即费米分布函数。最后，将状态密度函数和费米分布函数相乘，得到单位能量间隔内的电子浓度，在整个导带范围内积分，就可算出导带电子浓度。空穴浓度的计算与此类似——首先将状态密度函数和空穴占据量子态的概率相乘，然后对整个价带能量范围积分。于是，就可得到计算导带电子浓度和价带空穴浓度的公式。

本节要解决的**问题 1）**如下：**如何计算半导体的状态密度函数？**

状态密度的定义是单位体积、单位能量间隔中存在的量子态数，其定义式为

$$g(E) = \frac{\mathrm{d}Z(E)}{\mathrm{d}E} \tag{2.1}$$

式中，$Z(E)$ 是量子态数按照能量变化的函数。要计算状态密度，关键是得到 $Z(E)$ 的表达式。本小节的**问题①**如下：**如何得到量子态数随能量变化的函数 $Z(E)$？**对于第 1 章讨论的一维无限深势阱中的电子，其量子态是按照其 k 值在一维空间均匀分布的。这种均匀分布非常有利于计算其量子态数目。为与晶体相比拟，我们将一维无限深势阱推广至三维无限深势阱，很容易得到此时其量子态是按照其 k 值在三维空间各独立方向上周期均匀分布的。

假设由周期性排列的原子构成三维的晶体结构，类比于一个三维无限深势阱（这个类比会引入一定的误差，导致实验结果和推导出的理论函数不完全吻合），在这个势阱中，与一维无限深势阱的结论类似，k 只能取分立值，设当晶体的三个方向的线度均为 a 时，k_x, k_y, k_z 均是 π/a 的整数倍，满足

$$\frac{2mE}{\hbar^2} = k_x^2 + k_y^2 + k_z^2 = \left(n_x^2 + n_y^2 + n_z^2\right)(\pi/a)^2 \tag{2.2}$$

式中，n_x, n_y, n_z 均只能为正整数。于是在 k 空间中，k_x, k_y, k_z 的值是均匀分布的，图 2.1 所示为二维 k 空间的量子态分布示意图，其中的每个黑点都表示一个允许的量子态，可以看出量子态在 k 空间中是均匀分布的。

因此，解决本节的**问题①**的步骤如下：

（1）利用 k 空间的量子态均匀分布的特点，计算出单位 k 空间的量子态数；

（2）根据半导体最关注的两个能带局部——导带底附近和价带顶附近的 E-k 关系，计算出相应能带附近 $E \sim E + \mathrm{d}E$ 范围内对应的 k 空间体积；

（3）将步骤（1）和（2）中的结果相乘，得到两个能带局部 $E \sim E + \mathrm{d}E$ 范围内存在的量子态数 $Z(E)$。

从图 2.1 可以看出，相邻两个量子态的间隔为 π/a，可以认为在二维 k 空间中每个量子态均有一个专属的面积为 $(\pi/a)^2$ 的区域与其对应，因此推广至三维 k 空间后，可以认为每个允许的量子态对应占据的 k 空间体积为

$$V = (\pi/a)^3 \tag{2.3}$$

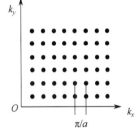

图 2.1　二维 k 空间的量子态分布示意图

单位 k 空间包含的量子态数为 $\dfrac{1}{V} = \left(\dfrac{a}{\pi}\right)^3$，至此解决本小节问**题①的步骤（1）**完成。

接下来根据已知半导体导带底附近的 E-k 关系，求出能量在 $E \sim E + \mathrm{d}E$ 范围内对应的 k 空间体积。由于 $E = E_c + \dfrac{\hbar k^2}{2m_n^*}$，因此其在 k 空间的等能面为球面，当能量从 E 增至 $E + \mathrm{d}E$ 时，在 k 空间对应两个半径分别为 k 和 $k + \mathrm{d}k$ 的球面之间的夹层体积。由前面的结论可知，在 k 的表达式中，n 的取值只能为正整数，为负整数时并不给出新的解。在保持 k_x, k_y, k_z 均为正值的情况下，当能量从 E 增至 $E + \mathrm{d}E$ 时，对应 k 空间的体积增量缩减为八分之一两球面夹层之

间的体积，即 $\frac{1}{8} \times 4\pi k^2 \mathrm{d}k$，其中 $4\pi k^2 \mathrm{d}k$ 是当能量从 E 增至 $E + \mathrm{d}E$ 时，在 k 空间对应的两个球体之间夹层对应的体积。至此本小节问题①的步骤（**2**）完成。

结合前两个步骤的结果可知，当能量从 E 增至 $E + \mathrm{d}E$ 时，在 k 空间中对应存在的量子态数为

$$\mathrm{d}Z = 2 \times \frac{1}{8} \times 4\pi k^2 \mathrm{d}k \left(\frac{a}{\pi}\right)^3 \tag{2.4}$$

其中，2 是考虑到每个量子态可以容纳两个自旋相反的电子而引入的。但式（2.4）中仍然保留 k 的痕迹，需要利用半导体中导带底附近的 $E\text{-}k$ 关系将式（2.4）中出现的 k^2 及 $\mathrm{d}k$ 用 E 及 $\mathrm{d}E$ 替换。

对于导带底附近的电子，其 $E\text{-}k$ 关系为

$$E = E_{\mathrm{c}} + \frac{\hbar^2 k^2}{2m_{\mathrm{n}}^*} \tag{2.5}$$

式中，E_{c} 是导带底的能量，m_{n}^* 是导带底附近电子的有效质量，变换后得

$$k = \frac{\sqrt{2m_{\mathrm{n}}^* (E - E_{\mathrm{c}})}}{\hbar} \tag{2.6}$$

同时有

$$\mathrm{d}k = \frac{1}{\hbar} \sqrt{\frac{m_{\mathrm{n}}^*}{2(E - E_{\mathrm{c}})}} \mathrm{d}E \tag{2.7}$$

将式（2.6）和式（2.7）代入式（2.4），得

$$\mathrm{d}Z = \frac{4\pi a^3 \left(2m_{\mathrm{n}}^*\right)^{\frac{3}{2}} \sqrt{E - E_{\mathrm{c}}}}{h^3} \mathrm{d}E \tag{2.8}$$

式（2.8）给出了在体积为 a^3 的晶体中，半导体导带底附近能量在 E 到 $E + \mathrm{d}E$ 之间的量子态数。本小节问题①中关于半导体导带部分的**步骤（3）**完成。

类似地，也可推出价带空穴的状态密度函数。对于价带顶附近的空穴，其 $E\text{-}k$ 关系为 $E = E_{\mathrm{v}} - \frac{\hbar^2 k^2}{2m_{\mathrm{p}}^*}$，价带顶附近的量子态函数 $\mathrm{d}Z$ 为

$$\mathrm{d}Z = \frac{4\pi a^3 \left(2m_{\mathrm{p}}^*\right)^{3/2} \sqrt{E_{\mathrm{v}} - E}}{h^3} \mathrm{d}E \tag{2.9}$$

至此，本节的**问题①**中关于半导体价带部分的**步骤（3）**完成，本小节的**问题①**得以解决。下面只需按照式（2.1）将量子态函数 Z 对 E 求导，就可求出半导体的状态密度函数。

按照状态密度的定义，在单位体积、单位能量间隔中的导带电子的状态密度函数为

$$g_{\mathrm{c}}(E) = \frac{4\pi \left(2m_{\mathrm{n}}^*\right)^{3/2} \sqrt{E - E_{\mathrm{c}}}}{h^3} \tag{2.10}$$

需要说明的是，式（2.10）只在 $E \geqslant E_{\mathrm{c}}$ 时的导带底附近成立，用 g 的下标 c 来标识。状态密度同时是体积密度和能量密度，是双重密度函数，状态密度的值和载流子的有效质量及

量子态的能量有关。

价带的状态密度函数为

$$g_{v}(E) = \frac{4\pi\left(2m_{p}^{*}\right)^{3/2}\sqrt{E_{v}-E}}{h^{3}} \tag{2.11}$$

同样，式（2.11）只在 $E \leqslant E_{v}$ 时的价带顶附近成立，用 g 的下标 v 来标识。

为了更直观地感受式（2.10）和式（2.11）中的状态密度函数 $g_{c}(E), g_{v}(E)$ 随 E 的变化规律，图 2.2 中画出了 $g_{c}(E), g_{v}(E)$ 随能量 E 的变化规律。为了与常用的能带图保持一致，将本来是自变量的能量 E 作为纵坐标，并按照能带图的习惯定义从下到上为能量 E 的增加方向，同时标出导带底 E_{c} 和价带顶 E_{v} 的位置，而将状态密度函数 $g_{c}(E), g_{v}(E)$ 作为横坐标。

从图 2.2 可以看出，禁带中的"禁"字对应图中的状态密度函数为零，与前面的能带理论的结果一致。当电子有效质量和空穴有效质量相等时，$g_{c}(E)$ 和 $g_{v}(E)$ 两条曲线严格关于禁带中央对称分布。一般情况下，电子的有效质量不等于空穴的有效质量，因此这两条曲线也不对称。2.3 节的图示法中会再次用到图 2.2。至此，本节的**问题 1）**得以解决。

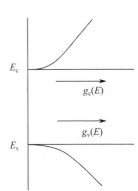

图 2.2　导带和价带的状态密度函数随能量 E 的变化

【例 2.1】 设室温 $T = 300\text{K}$，计算半导体材料硅中从 E_{c} 到 $E_{c} + kT$ 所包含的量子态总数。

解：导带电子的状态密度公式为

$$g_{c}(E) = \frac{4\pi\left(2m_{n}^{*}\right)^{3/2}\sqrt{E-E_{c}}}{h^{3}}$$

对其积分，积分上限、下限分别为 E_{c} 和 $E_{c} + kT$，有

$$g_{c}(E) = \int_{E_{c}}^{E_{c}+kT}\frac{4\pi(2m_{n}^{*})^{3/2}\sqrt{E-E_{c}}}{h^{3}}\mathrm{d}E = \frac{4\pi(2m_{n}^{*})^{3/2}}{h^{3}}\frac{2}{3}(kT)^{3/2}$$

$$g_{c}(E) = \frac{4\pi\times(2\times9.11\times10^{-31}\times1.08)^{3/2}}{(6.625\times10^{-34})^{3}}\times\frac{2}{3}\times(0.0259\times1.6\times10^{-19})^{3/2}$$

$$= 2.12\times10^{25}\ \mathrm{m}^{-3} = 2.12\times10^{19}\ \mathrm{cm}^{-3}$$

说明：计算 $g_{c}(E)$ 时，代入的各个参数的单位均为国际单位，由计算可知量子态数目是一个很大的值，与半导体中的原子密度相当。

2.2　费米-狄拉克分布函数

求出状态密度函数后，就确定了已知能量范围内存在的量子态数目。要了解导带电子浓度，还需要了解电子在量子态上的分布情况，即电子在量子态上的分布概率，也就是前面所说的上座率。因为这是一个包含大量电子的系统，我们没办法掌握其中每个电子的量子态占据的情况，而只能确定其整体的统计特征。由于晶体中的电子是不可分辨的，并且是遵循泡利不相容原理的费米子，因此一个量子态仅允许被一个电子占据。借用量子统计理论得出的

结论，对于电子占据能量为 E 的量子态概率，其统计特征符合**费米-狄拉克（Fermi-Dirac）分布函数**，其表达式为

$$\frac{N(E)}{g(E)} = f(E) = \frac{1}{1 + \exp\left(\dfrac{E - E_F}{kT}\right)} \tag{2.12}$$

式中，$g(E)$ 是单位体积单位能量间隔的量子态数；$N(E)$ 是单位体积单位能量间隔的粒子数；$f(E)$ 称为**费米-狄拉克分布函数**，也称费米分布函数，它描述的是在热平衡状态下，能量为 E 的量子态被电子占据的概率；E_F 是新参量，称为**费米能级**；k 是玻尔兹曼常数（1.38×10^{-23} J/K 或 8.62×10^{-5} eV/K）；T 是热力学温度（单位为 K）。

由于费米分布函数和其中出现的费米能级是空降的，因此本节的**任务 1）**如下：**对费米分布函数做试探计算**，以了解更多关于费米分布函数和费米能级的信息。首先研究不同温度时 $f(E)$ 值的大小与 E_F 位置的关系。

当 $T = 0$ K 时，根据式（2.12）容易得出 $f(E)$ 只有两种取值，即 0 和 1。

当 $E > E_F$ 时，$\dfrac{E - E_F}{kT} \to +\infty$，

$$f(E > E_F) \to \frac{1}{\left[1 + \exp(+\infty)\right]} = 0$$

当 $E < E_F$ 时，$\dfrac{E - E_F}{kT} \to -\infty$，

$$f(E < E_F) \to \frac{1}{\left[1 + \exp(-\infty)\right]} = 1$$

当 $T = 0$ K 时，$f(E)$ 随量子态能量 E 的变化如图 2.3 所示。也就是说，当温度为热力学零度时，能量比费米能级低的量子态全被电子占据，而能量比费米能级高的量子态没有电子，全部为空。此时，费米能级是量子态全部被占据和量子态为空这两种状态的界限。这种状态与第 1 章中半导体在热力学零度时价带全满和导带全空的能带填充情况相对应，可知此时半导体的费米能级只能位于禁带内，也就是说，费米能级的位置不一定与某量子态的能级相对应。事实上，在多数情况下，半导体的费米能级均位于禁带内。

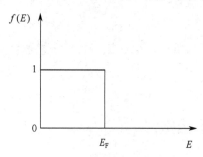

图 2.3　$f(E)$ 随量子态能量 E 的变化

当温度升高到大于热力学零度（$T > 0$ K）时，电子获得一定的能量，向更高的能级跃迁，相应的电子在量子态的分布情况也发生变化。由式（2.12）可知，当 $E = E_F$ 时，费米分布函数为

$$f(E_F) = \frac{1}{1 + \exp(0)} = \frac{1}{2}$$

若某量子态的能量恰好与费米能级重合，则其被电子占据的概率恰好为 1/2。当 $E > E_F$ 时，费米分布函数 $f(E) < 1/2$，也就是说，对于 $E > E_F$ 的能级，其被电子占据的概率小于其空着的概率，且随着 E 的增大，电子占据能量为 E 的量子态的概率近乎按指数减小。

当 $E < E_F$ 时，费米分布函数 $f(E) > 1/2$，也就是说，对于 $E < E_F$ 的能级，其被电子占据

的概率大于其空着的概率，且随着 E 的减小，电子占据能量为 E 的量子态的概率趋近于 1。图 2.4 所示为在 $T > 0K$ 时费米分布函数随能量变化的关系曲线，它是本征激发的结果。

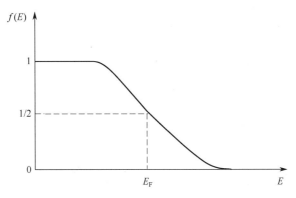

图 2.4　$T > 0K$ 时费米分布函数随能量变化的关系曲线

为了获得 $T > 0K$ 时电子占据比费米能级高或低的量子态的直观数据，下面以室温 $T = 300K$（$kT = 8.62 \times 10^{-5}$ eV/K $\times 300K = 0.0259$eV）下的半导体硅为例。经计算，得到比费米能级高 $4kT$ 和低 $4kT$ 的量子态被电子占据的概率分别为

$$\frac{1}{1 + \exp(4)} = 0.0179 \quad 和 \quad \frac{1}{1 + \exp(-4)} = 0.982$$

这里 $4kT$ 的值 0.1036eV 与硅的禁带宽度 1.12eV 相比很小。

根据上面的试算，可以认为当 $T > 0K$ 但不是很高时，费米能级以上的量子态被电子占据的概率很小，几乎全空，而费米能级以下的量子态基本被电子占据，几乎全满。综上所述，可以认为：**费米能级是电子占据能级水平高低的标志或度量。费米能级低，电子占据高能级的概率较小，在高能级上的电子数较少；费米能级高，电子占据高能级的概率较大，在高能级上的电子数较多。**

既然 $f(E)$ 表示的是电子占据某个能量为 E 的量子态的概率，那么 $1 - f(E)$ 表示某个能量为 E 的量子态空着的概率，也可以说是空穴占据某个能量为 E 的量子态的概率。对 $1 - f(E)$ 进行简单运算得

$$1 - f(E) = \frac{1}{1 + \exp\left(\dfrac{E_F - E}{kT}\right)} \tag{2.13}$$

【例 2.2】　证明费米能级以上 ΔE 的量子态被电子占据的概率，与费米能级以下 ΔE 的量子态为空状态的概率相等。

解：已知费米分布函数 $f(E)$，于是能量为 E 的量子态空着的概率为 $1 - f(E)$。

费米能级以上 ΔE 的量子态满足 $E - E_F = \Delta E$，其被电子占据的概率为

$$f(E) = \frac{1}{1 + \exp\left(\dfrac{\Delta E}{kT}\right)}$$

而费米能级以下 ΔE 的量子态满足 $E_F - E = \Delta E$，其被空穴占据的概率为

$$1 - f(E) = \cfrac{1}{1 + \exp\left(\cfrac{E_{\mathrm{F}} - E}{kT}\right)} = \cfrac{1}{1 + \exp\left(\cfrac{\Delta E}{kT}\right)}$$

以上两式的结果相等，命题得证。

　　如例 2.2 所示，$f(E)$ 和 $1 - f(E)$ 函数关于费米能级 E_{F} 是对称的，如图 2.5 所示，其中实线和虚线分别对应 $f(E)$ 函数和 $1 - f(E)$ 函数。在 2.3 节中将旋转图 2.5 中的坐标系后使用。

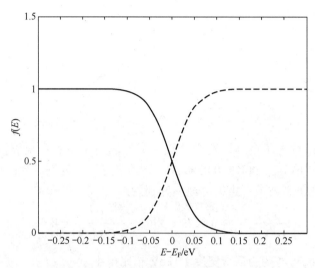

图 2.5　当 $T = 300\mathrm{K}$ 时，$1 - f(E)$（虚线）和 $f(E)$（实线）与能量的关系

　　【例 2.3】　利用 MATLAB 编程，画出费米分布函数在 300K、400K 和 500K 时于范围 $-0.3\mathrm{eV} < E - E_{\mathrm{F}} < 0.3\mathrm{eV}$ 内随能量变化的曲线，并画出 $1 - f(E)$ 在这三个温度与同样能量范围内变化的曲线。

　　解：费米分布函数的 MATLAB 程序如下。

```
k=8.617e-5;
T1=100*3;
kT1=k*T1;
dE=linspace(-0.3,0.3,100);
f1=1./(1+exp(dE./kT1));
plot(dE,f1,'--');hold on grid on
T2=100*4;
kT2=k*T2;
f2=1./(1+exp(dE./kT2));
plot(dE,f2);hold on
T3=100*5;
kT3=k*T3;
f3=1./(1+exp(dE./kT3));
plot(dE,f3,'.');hold on
text(.1,.1,'T=500K');text(0,.1,'T=300K');
axis([-0.3,0.3 0 1]);
```

```
xlabel('E-Ef(ev)');
ylabel('f(E)');
```

计算后得到的结果如图 2.6 所示，图中的虚线表示温度为 300K 时的结果，实线表示温度为 400K 时的结果，点线表示温度为 500K 时的结果。

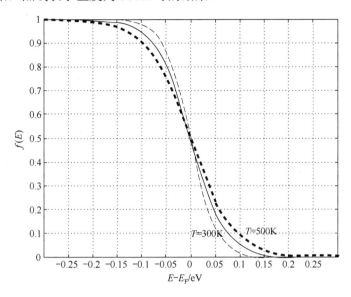

图 2.6　$f(E)$ 的计算结果

计算 $1-f(E)$ 时，只需对上述程序稍做调整，结果如图 2.7 所示。

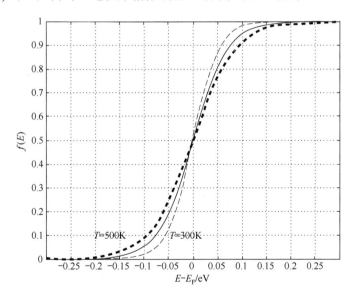

图 2.7　$1-f(E)$ 的计算结果

【例 2.4】　对于某半导体，其导带底 E_c 被占据的概率恰好等于其价带顶 E_v 被空出的概率，求满足此条件的半导体的费米能级位置。

解：根据费米分布函数，电子占据导带底 E_c 的概率为 $f(E_c)$，空穴占据价带顶 E_v 的概率

为 $1-f(E_v)$，于是有

$$f(E_c)=\frac{1}{1+\exp\left(\dfrac{E_c-E_F}{kT}\right)}, \quad 1-f(E_v)=\frac{1}{1+\exp\left(\dfrac{E_F-E_v}{kT}\right)}$$

$$\frac{1}{1+\exp\left(\dfrac{E_c-E_F}{kT}\right)}=\frac{1}{1+\exp\left(\dfrac{E_F-E_v}{kT}\right)}$$

$$\frac{E_c-E_F}{kT}=\frac{E_F-E_v}{kT}, \quad E_F=\frac{E_c+E_v}{2}$$

满足此条件的半导体费米能级恰好在禁带中央，对应本征半导体。

至此，本节关于了解费米分布函数和费米能级的**任务** 1）完成。随着学习的深入，我们对费米能级的认识将会不断刷新。

下面讨论关于费米分布函数在 2.3 节中发挥重要作用的一个近似——**麦克斯韦-玻尔兹曼近似**。

如前所述，对于半导体的多数情况，费米能级位于禁带中，且与导带底 E_c 或价带顶 E_v 的距离较远，同时考虑到当温度不是很高时，kT 的值远小于半导体的禁带宽度。对导带的量子态来说，很容易满足条件 $E-E_F\gg kT$（导带量子态的最低能量满足 $E_c-E_F\gg kT$），于是费米分布函数可做如下近似

$$f(E)=\frac{1}{1+\exp\left(\dfrac{E-E_F}{kT}\right)}\approx\frac{1}{\exp\left(\dfrac{E-E_F}{kT}\right)}\approx\exp\left[\frac{-(E-E_F)}{kT}\right] \tag{2.14}$$

因为近似后的函数形式就是另一类微观粒子遵循的统计分布函数——麦克斯韦-玻尔兹曼分布函数，将近似后的函数称为**麦克斯韦-玻尔兹曼近似下的费米分布函数**，简称**玻尔兹曼近似**，如图 2.8 所示。

【课程思政】

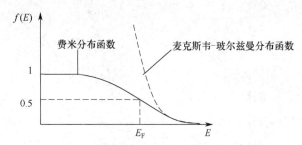

图 2.8　费米分布函数与玻尔兹曼近似

实际中，为了确定量子态的能量比费米能级高多少才能称为远大于，以便应用玻尔兹曼近似，我们做了一个简单的估算。一般来说，只要近似引起的误差在 5% 以内，就可采用这种近似。以 $E-E_F=3kT$ 为例，费米分布函数计算的结果为

$$\frac{1}{1+\exp(3)}=4.74\%$$

若采用玻尔兹曼近似下的费米分布函数，将分母中的 1 略去，则计算结果为

$$\frac{1}{\exp(3)} = 4.97\%$$

由此引起的误差

$$\frac{4.97\% - 4.74\%}{4.74\%} \times 100\% = 4.8\% < 5\%$$

所以一般认为 $E - E_F = 3kT$ 满足 $E - E_F \gg kT$ 的条件，这样的试算为我们应用玻尔兹曼近似提供了**操作指南**。

类似地，根据式（2.13），对于空穴占据价带能为 E 的量子态的概率 $1 - f(E)$ 函数，容易满足 $E_F - E \gg kT$ （价带顶的最高能量满足 $E_F - E_v \gg kT$ ），也可将分母中的 1 略去，此时采用玻尔兹曼近似有

$$1 - f(E) = \frac{1}{1 + \exp\left(\dfrac{E_F - E}{kT}\right)} \approx \frac{1}{\exp\left(\dfrac{E_F - E}{kT}\right)} \approx \exp\left[\dfrac{-(E_F - E)}{kT}\right] \qquad (2.15)$$

式（2.14）和式（2.15）将在 2.3 节的计算中发挥重要作用。

【例 2.5】 对于某半导体，其导带底 E_c 被占据的概率恰好等于其价带顶 E_v 被空出的概率的 10^{10} 倍，求满足此条件的半导体的费米能级位置（假设该状态下的半导体满足玻尔兹曼近似）。

解：

$$f(E_c) = \frac{1}{1 + \exp\left(\dfrac{E_c - E_F}{kT}\right)} \approx \frac{1}{\exp\left(\dfrac{E_c - E_F}{kT}\right)}$$

$$1 - f(E_v) = \frac{1}{1 + \exp\left(\dfrac{E_F - E_v}{kT}\right)} \approx \frac{1}{\exp\left(\dfrac{E_F - E_v}{kT}\right)}$$

$$\frac{1}{\exp\left(\dfrac{E_c - E_F}{kT}\right)} = 10^{10} \times \frac{1}{\exp\left(\dfrac{E_F - E_v}{kT}\right)}$$

整理后得

$$E_F = \frac{E_c + E_v}{2} + 0.298\,\text{eV}$$

说明：比较例 2.4 与例 2.5 可以看出，费米能级的位置对我们关注的导带底附近的量子态被电子占据的概率和价带顶附近的量子态被空穴占据的概率有重大影响，费米能级向上移动仅 0.298eV，二者的概率由相等变为差 10 个数量级。

2.3　平衡载流子浓度

有了 2.1 节和 2.2 节介绍的准备知识，就可以计算平衡半导体的载流子浓度。导带电子浓度是指导带中单位体积内的电子数，其数值往往较大，因此常用单位是"个/cm^3"。例如，要计算导带的电子浓度，只需首先将导带电子的状态密度函数与费米分布函数相乘，然后对整

个导带能量范围进行积分。类似地，价带空穴浓度是指价带中单位体积内的空穴数，单位也是 "个/cm"。要计算价带的空穴浓度，只需首先将价带空穴的状态密度函数与能量为 E 的量子态不被电子占据的概率相乘，然后对整个价带能量范围进行积分。

在具体计算导带电子浓度和价带空穴浓度之前，先来看一种定性的图示解法，以便直观了解半导体中载流子浓度大小和费米能级位置之间的关系。设导带电子有效质量和价带空穴有效质量相等，此时状态密度函数 $g_c(E), g_v(E)$ 关于禁带中央对称，如图 2.9 中的第二列所示。如前所述，要得出载流子浓度，还需要 $f(E), 1-f(E)$ 的信息，参考图 2.5，与能带图保持一致，将 E 作为纵坐标，将从下到上设为 E 的正方向，并将始终关于 E_F 对称的 $f(E), 1-f(E)$ 图像重新画在图 2.9 中的第三列，注意 $f(E), 1-f(E)$ 的整体位置随着 E_F 的移动而移动。由于我们关注的是导带电子浓度和价带空穴浓度，因此只需关注 E_F 以上的实线 [对应 $f(E)$] 和 E_F 以下的虚线 [对应 $1-f(E)$]。

目前，我们了解和熟悉的只有本征半导体。如第 1 章所述，本征半导体是指既未掺入其他杂质又无晶格缺陷的纯净半导体，其导电性能完全由半导体本身的性质决定。在本征半导体中，价带的电子吸收外界的能量后，摆脱共价键的束缚，向导带跃迁，这个过程被称为**本征激发**。在本征激发下，导带电子和价带空穴是成对产生的，因此用本章的语言表达就是：它的导带电子浓度和价带空穴浓度的值相等。下面按照这个结论向前反推，以便得出关于本征半导体费米能级位置的信息。

图 2.9 中的第四列是导带电子的状态密度函数 g_c 与费米分布函数 $f(E)$ 相乘后得到的函数及其积分后的结果示意图，对应第四列中的阴影部分是导带电子浓度，相应地，价带顶附近的曲线是 $g_v(E)$ 与 $1-f(E)$ 相乘的结果，其下包含的白色面积表示空穴浓度。

为了保证本征半导体的导带电子浓度和价带空穴浓度相等，要求图 2.9 中第四列得到的导带底和价带顶附近的两条曲线的形貌相同，进而要求其下包含的面积相等。由于已经假设状态密度函数 $g_c(E), g_v(E)$ 关于禁带中央对称，若 E_F 位于禁带中央，根据例 2.2 的结论，则关于 E_F 对称的 $f(E), 1-f(E)$ 函数也关于禁带中央对称，如图 2.9(b)所示。容易看出，此时 $g_c(E)f(E)$ 与 $g_v(E)[1-f(E)]$ 函数的形貌相同，其下包围的面积也相同，满足本征半导体的导带电子浓度等于价带空穴浓度的条件。也就是说，**本征半导体的费米能级只能位于禁带中央**。

当两种载流子的有效质量不等时，要得到相等的电子浓度和空穴浓度，费米能级的位置需要相应地在禁带中央附近发生移动，保证导带电子浓度和价带空穴浓度相等。关于这个问题的定量计算，将在本章后面展开讨论。

在此基础上，考虑费米能级位置分别在禁带上部和禁带下部时，图 2.9 中第三列图出现的 $f(E), 1-f(E)$ 位置随费米能级位置的移动而相应发生整体移动，且保持形貌不变的现象。

当费米能级位于禁带上部时，电子的分布概率大于空穴的分布概率，$g_c(E)$ 和 $f(E)$ 的重合较多，二者相乘并积分后得到的导带电子浓度较大，如图 2.9(a)所示。类似地，当费米能级位于禁带的下部时，空穴的分布概率大于电子的分布概率，$g_v(E)$ 和 $1-f(E)$ 的重合较多，二者相乘并积分后得到的价带空穴的浓度较大，如图 2.9(c)所示。

由图 2.9 所示的定性图示求解导带电子浓度和价带空穴浓度的过程，我们发现费米能级的位置对载流子浓度的影响很大。**应该如何调控费米能级的位置以改善半导体的载流子浓度呢？** 本章后面的内容将回答这个问题。下面将讨论已知费米能级时，如何求出导带电子浓度和价带空穴浓度。

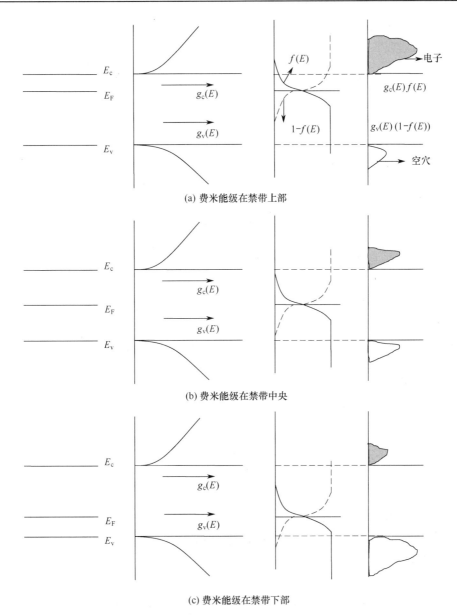

(a) 费米能级在禁带上部

(b) 费米能级在禁带中央

(c) 费米能级在禁带下部

图 2.9　费米能级的位置不同时，载流子浓度的变化情况

　　下面综合 2.1 节和 2.2 节的成果，完成本节的**任务 1）：推导定量计算导带电子浓度和价带空穴浓度的表达式。**

2.3.1　平衡半导体中载流子浓度的公式

　　按照前面的思路，有

$$n_0 = \int_{E_c}^{E_c'} g_c(E) f(E)\, \mathrm{d}E\,, \qquad p_0 = \int_{E_v'}^{E_v} g_v(E)\big(1 - f(E)\big)\, \mathrm{d}E$$

　　以上两式中的 E_c' 和 E_v' 表示导带顶和价带底，n 和 p 的下标 0 特指平衡状态下的导带电子浓度和价带空穴浓度。一般情况下，费米能级位于禁带中，对导带的量子态均满足条件

$E - E_F \gg kT$，采用玻尔兹曼近似，将导带电子的状态密度函数代入，得到

$$n_0 = \int_{E_c}^{E_c'} \frac{4\pi\left(2m_n^*\right)^{3/2}}{h^3} \sqrt{E - E_c} \exp\left[\frac{-\left(E - E_F\right)}{kT}\right] \mathrm{d}E \tag{2.16}$$

令 $\eta = \dfrac{E - E_c}{kT}$，有

$$\exp\left[\frac{-\left(E - E_F\right)}{kT}\right] = \exp\left[\frac{-\left(E_c - E_F\right)}{kT}\right] \exp\left[\frac{-\eta}{kT}\right]$$

$$E_c' \to \infty$$

将积分变量由 E 变为 η，则式（2.16）变为

$$n_0 = \frac{4\pi\left(2m_n^* kT\right)^{3/2}}{h^3} \exp\left[\frac{-\left(E_c - E_F\right)}{kT}\right] \int_0^\infty \eta^{1/2} \exp(-\eta) \mathrm{d}\eta \tag{2.17}$$

导带的宽度是有限的。之所以将式（2.17）中的积分上限变为无限大，是因为如图 2.5 所示，$f(E)$ 随着 E 的增加而迅速减小，在量子态能量 E 比导带底 E_c 高几个 kT 后就趋于零，因此这种变换不会给积分计算的结果产生明显影响。但是，这种变换会将式（2.17）中的积分变换为数学上可以求解的伽马函数，其积分计算结果为

$$\int_0^\infty \eta^{1/2} \exp(-\eta) \mathrm{d}\eta = \frac{\sqrt{\pi}}{2} \tag{2.18}$$

将式（2.18）代入式（2.17），得

$$n_0 = \frac{2\left(2\pi m_n^* kT\right)^{3/2}}{h^3} \exp\left[\frac{-\left(E_c - E_F\right)}{kT}\right] \tag{2.19}$$

在式（2.19）中，令

$$N_c = \frac{2\left(2\pi m_n^* kT\right)^{3/2}}{h^3} \tag{2.20}$$

则式（2.19）可以表示为

$$n_0 = N_c \exp\left[\frac{-\left(E_c - E_F\right)}{kT}\right] \tag{2.21}$$

由于 $\exp\left[\dfrac{-\left(E_c - E_F\right)}{kT}\right]$ 代表满足玻尔兹曼近似时导带底 E_c 被电子占据的概率，因此将参数 N_c 称为**导带有效状态密度**，表示将导带所有的量子态等价到导带底时，对应导带底具有的量子态密度，它是温度和电子有效质量的函数。

类似地，可以计算价带空穴的浓度值。在

$$p_0 = \int_{E_v'}^{E_v} g_v(E)\left(1 - f(E)\right) \mathrm{d}E$$

中，将 $g_v(E)$ 和 $1 - f(E)$ 的表达式代入，可得

$$p_0 = \int_{E_v'}^{E_v} \frac{4\pi\left(2m_p^*\right)^{3/2}}{h^3} \sqrt{E_v - E} \, \frac{1}{1 + \exp\left[\dfrac{E_F - E}{kT}\right]} \mathrm{d}E \tag{2.22}$$

若满足 $E_F - E_v \gg kT$ ，则有下面的近似式成立

$$\frac{1}{1 + \exp\left[\dfrac{E_F - E}{kT}\right]} \approx \exp\left[-\frac{(E_F - E)}{kT}\right] \tag{2.23}$$

将式（2.23）代入式（2.22），并令

$$\eta' = \frac{E_v - E}{kT}$$

则有

$$\exp\left[-\frac{(E_F - E)}{kT}\right] = \exp\left[-\eta'\right]\exp\left[-\frac{(E_F - E_v)}{kT}\right], \quad E_v' \to -\infty$$

同理，由于 $1 - f(E)$ 中的指数项同样随量子态能量 E 的减小而快速衰减，因此将积分下限由 E_v' 变为 $-\infty$ 不会对积分计算产生明显影响。

由于 $\mathrm{d}E = -kT\mathrm{d}\eta'$ ，因此有

$$p_0 = \frac{-4\pi\left(2m_p^* kT\right)^{3/2}}{h^3} \exp\left[\frac{-(E_F - E_v)}{kT}\right] \int_{\infty}^{0} \left(\eta'\right)^{1/2} \exp\left(-\eta'\right)\mathrm{d}\eta' \tag{2.24}$$

变换积分次序后，式（2.24）变为

$$p_0 = \frac{4\pi\left(2m_p^* kT\right)^{3/2}}{h^3} \exp\left[\frac{-(E_F - E_v)}{kT}\right] \int_{0}^{\infty} \left(\eta'\right)^{1/2} \exp\left(-\eta'\right)\mathrm{d}\eta' \tag{2.25}$$

利用式（2.18），得到

$$p_0 = \frac{2\left(2\pi m_p^* kT\right)^{3/2}}{h^3} \exp\left[\frac{-(E_F - E_v)}{kT}\right] \tag{2.26}$$

令

$$N_v = \frac{2\left(2\pi m_p^* kT\right)^{3/2}}{h^3} \tag{2.27}$$

则式（2.26）变为

$$p_0 = N_v \exp\left[\frac{-(E_F - E_v)}{kT}\right] \tag{2.28}$$

由于 $\exp\left[\dfrac{-(E_F - E_v)}{kT}\right]$ 代表满足玻尔兹曼近似下价带顶 E_v 被空穴占据的概率，因此将参数 N_v 称为**价带有效状态密度**，表示将价带所有的量子态等价到价带顶时，对应价带顶具有的量子态密度，它是温度和空穴有效质量的函数。

至此，本节的**任务** 1）完成，式（2.21）和式（2.28）是本章最重要、最基础的两个公式。由这两个表达式可以看出，除了验证图 2.9 所示图示法得到的直观结论——导带电子浓度和价

带空穴浓度随费米能级位置的不同而变化，还可以看出温度对载流子浓度的影响，其中温度的影响一方面来自 N_c 或 N_v 的表达式正比于 $T^{3/2}$，另一方面来自指数分母处的温度。表 2.1 列出了计算载流子浓度时三种常见半导体材料的相关参数。

表 2.1　三种常见半导体材料的相关参数（$T = 300\text{K}$）

	m_n^*/m_0	m_p^*/m_0	N_c/cm^{-3}	N_v/cm^{-3}	E_g/eV	n_i/cm^{-3}
硅（Si）	1.08	0.56	2.8×10^{19}	1.04×10^{19}	1.12	1.5×10^{10}
砷化镓（GaAs）	0.067	0.48	4.7×10^{17}	7×10^{18}	1.428	1.8×10^{6}
锗（Ge）	0.55	0.37	1.04×10^{19}	6.0×10^{18}	0.67	2.4×10^{13}

下面通过一个利用式（2.21）和式（2.28）进行计算的实例，感受费米能级位置移动对导带电子浓度和价带空穴浓度的影响，进而验证图 2.7 的结论。

【例 2.6】　当 $T = 300\text{K}$ 时，半导体硅的费米能级位于导带底下方 0.3eV 处，已知 $N_c = 2.8\times10^{19}\,\text{cm}^{-3}$，$N_v = 1.04\times10^{19}\,\text{cm}^{-3}$，求导带电子浓度和价带空穴浓度。

解：导带电子浓度的计算公式是

$$n_0 = N_c \exp\left[\frac{-(E_c - E_F)}{kT}\right]$$

代入数值后得

$$n_0 = \left(2.8\times10^{19}\right)\exp\left[\frac{-0.3}{0.0259}\right] \approx 2.61\times10^{14}\,\text{cm}^{-3}$$

同理，价带空穴浓度的计算公式为

$$p_0 = N_v \exp\left[\frac{-(E_F - E_v)}{kT}\right]$$

根据表 2.1，硅的禁带宽度是 1.12eV，故 $E_F - E_v = 1.12 - 0.3 = 0.82\text{eV}$，代入数值得

$$p_0 \approx \left(1.04\times10^{19}\right)\exp\left(\frac{-0.82}{0.0259}\right) \approx 1.84\times10^{5}\,\text{cm}^{-3}$$

说明：该例与图 2.9(a) 中的状态对应，费米能级位于禁带上部。定量计算结果表明，与图 2.9(a) 一样，导带电子浓度大于价带空穴浓度。然而，通过数值计算，可以更强烈地感受到此时的导带电子浓度远大于价带空穴浓度，导带电子浓度要比价带空穴浓度高几个数量级。费米能级在禁带中的移动量虽然只有零点几电子伏特，但这种移动引起的载流子浓度变化是很大的。

2.3.2　本征半导体中的载流子浓度

下面将式（2.21）和式（2.28）应用到目前我们唯一熟悉的本征半导体上，完成本小节的**任务①：得出本征半导体的导带电子浓度和价带空穴浓度**。用下标 i 表示本征半导体，于是 n_i，p_i 分别表示本征半导体的电子浓度和空穴浓度，由于 $n_i = p_i$，因此可以用 n_i 或 p_i 表示本征半导体的载流子浓度，也称本征载流子浓度，用 E_{Fi} 表示本征费米能级。根据式（2.21）和式（2.28），有

$$p_0 = p_i = N_v \exp\left[\frac{-(E_{Fi} - E_v)}{kT}\right] \tag{2.29}$$

$$n_0 = n_i = N_c \exp\left[\frac{-(E_c - E_{Fi})}{kT}\right] \tag{2.30}$$

仔细观察式（2.29）和式（2.30），发现将式（2.29）和式（2.30）相乘，可消去我们不熟悉的 E_{Fi}，得到

$$n_i^2 = N_c N_v \exp\left[\frac{-(E_{Fi} - E_v)}{kT}\right] \exp\left[\frac{-(E_c - E_{Fi})}{kT}\right]$$
$$= N_c N_v \exp\left[\frac{-(E_c - E_v)}{kT}\right] = N_c N_v \exp\left[\frac{-E_g}{kT}\right] \tag{2.31}$$

式（2.31）表明，对处于平衡状态下的本征半导体来说，其本征载流子浓度仅与温度和半导体的禁带宽度有关，而与费米能级无关。对式（2.31）取平方根，得

$$n_i = (N_c N_v)^{1/2} \exp\left[\frac{-E_g}{2kT}\right] \tag{2.32}$$

【例 2.7】 画出三种常见半导体材料硅、锗和砷化镓的本征载流子浓度在温度范围 200～600K 内的变化曲线。

解：本征载流子浓度的计算公式为

$$n_i = (N_c N_v)^{1/2} \exp\left[\frac{-E_g}{2kT}\right] = 2\frac{(2\pi k)^{3/2}}{h^3}\left(m_n^* m_p^*\right)^{1/2} T^{3/2} \exp\left[\frac{-E_g}{2kT}\right]$$

计算本征载流子浓度的 MATLAB 程序如下。

```
%si
k=8.617e-5;
e=1.6e-19;
nc=2.8e19;
nv=1.04e19;
eg=1.12;
T=linspace(250,600,200);
ni=(sqrt(nc*nv).*(T./300).^1.5).*exp(-eg./(2*k.*T));
semilogy(T,ni)
hold on
%GaAs
nc1=4.7e17;
nv1=7.01e18;
eg1=1.428;
T=linspace(250,600,200);
ni1=(sqrt(nc1*nv1).*(T./300).^1.5).*exp(-eg1./(2*k.*T));
semilogy(T,ni1)
hold on
%Ge
nc2=1.04e19;
```

```
nv2=6e18;
eg2=0.67;
T=linspace(250,600,200);
ni2=(sqrt(nc2*nv2).*(T./300).^1.5).*exp(-eg2./(2*k.*T));
semilogy(T,ni2)
xlabel('T/K');
ylabel('ni/cm-3')
text(300,1e4,'GaAS')
text(270,1e8,'Si')
text(270,1e14,'Ge')
```

得到的图形如图 2.10 所示。

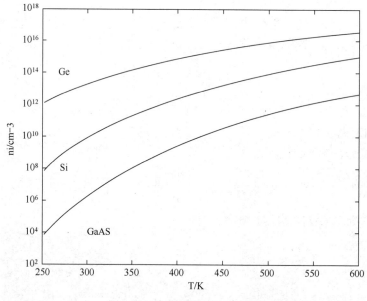

图 2.10　本征载流子浓度曲线

　　图 2.10 中的纵坐标是对数坐标，从图中可以看出，本征载流子浓度随外界温度的增加而按指数增大。例如，对于室温 300K 附近的本征硅，温度每升高约 8K，本征载流子浓度就增大为原来的 2 倍；而对于本征锗，温度每升高约 12K，本征载流子浓度就增大为原来的 2 倍。

　　在同一温度下，本征载流子浓度与半导体的禁带宽度有关。由式（2.32）可以看出，禁带宽度大的材料，其本征载流子浓度小。这一点与定性分析的结果相符，即在同一温度下，禁带宽度大的材料发生本征激发需要的能量大，难度大，产生的本征载流子浓度小。

　　对于 $T = 300\text{K}$ 下的硅，将其禁带宽度 1.12eV 代入式（2.32），算出其本征载流子浓度为 $6.95 \times 10^{9}\,\text{cm}^{-3}$，与表 2.1 中给出的硅在 $T = 300\text{K}$ 下本征载流子浓度的测量值 $1.5 \times 10^{10}\,\text{cm}^{-3}$ 有差别。这种差别主要来自 N_c，N_v 公式中出现的电子有效质量、空穴有效质量 m_n^*，m_p^* 的理论值与实验值的差别，以及计算状态密度时所用的简单三维无限深势阱模型与实际晶体势场的差异导致的误差。在以后计算及应用时，如果要用到本征载流子浓度，选取其测量值即可。因此，在后面的分析计算中，将只与半导体材料及温度有关的本征载流子浓度作为已知值，认为其是已知温度下半导体材料的一个重要基本参数。三种常见半导体材料在室温 300K 下的本征载流子浓度如表 2.1 中的最后一列所示。至此，本小节的**任务①**完成。

2.3.3　载流子浓度的乘积

受 2.3.2 节的启发，对于不是本征半导体的其他半导体情况，仍可将式（2.21）和式（2.28）相乘后，消去我们不熟悉的费米能级 E_F，得到

$$n_0 p_0 = N_c N_v \exp\left[\frac{-(E_F - E_v)}{kT}\right] \exp\left[\frac{-(E_c - E_F)}{kT}\right] = N_c N_v \exp\left[\frac{-E_g}{kT}\right] = n_i^2$$

对于热平衡状态下的半导体，有

$$n_0 p_0 = n_i^2 \tag{2.33}$$

式（2.33）说明某一温度下的热平衡半导体，其导带电子浓度和价带空穴浓度的乘积是一个常数。式（2.33）在实际计算中很有用，在算出其中一种载流子的浓度后，就可以利用式（2.33）计算出另一种载流子的浓度。但式（2.33）是在式（2.21）和式（2.28）的基础上得出的结论，而式（2.21）和式（2.28）成立的前提是满足玻尔兹曼近似。因此，式（2.33）是仅适用于满足玻尔兹曼近似前提下的热平衡半导体的公式，与半导体是否含杂质无关，也就是说，式（2.33）不仅适用于本征半导体，也适用于下面讨论的非简并杂质半导体。

还可以等价地利用 n_i 或 p_i 表示载流子浓度 n_0 或 p_0 而不用 N_c 或 N_v 表示。在式（2.21）的指数项上加上本征费米能级，再减去本征费米能级，结果保持不变，即有

$$n_0 = N_c \exp\left[\frac{-(E_c - E_{Fi}) + (E_F - E_{Fi})}{kT}\right]$$

$$= N_c \exp\left[\frac{-(E_c - E_{Fi})}{kT}\right] \exp\left[\frac{(E_F - E_{Fi})}{kT}\right]$$

$$= n_i \exp\left[\frac{(E_F - E_{Fi})}{kT}\right]$$

则热平衡载流子浓度还可以表示为

$$n_0 = n_i \exp\left[\frac{E_F - E_{Fi}}{kT}\right] \tag{2.34}$$

$$p_0 = n_i \exp\left[-\frac{(E_F - E_{Fi})}{kT}\right] \tag{2.35}$$

实际中，式（2.21）和式（2.28）与式（2.34）和式（2.35）是等价的，在使用时可以根据方便选择相应的公式。

2.3.4　本征费米能级位置

通过前面对图 2.9(b)的定性分析，已经知道本征半导体的费米能级在禁带中央附近，于是提出本小节的**问题①**：**本征费米能级的精确位置到底是哪里？** 下面将基于式（2.21）和式（2.28），通过严格的推导得出本征半导体费米能级的精确位置。

因为 $n_i = p_i$，所以式（2.29）与式（2.30）相等，即有

$$N_v \exp\left[\frac{-(E_{Fi} - E_v)}{kT}\right] = N_c \exp\left[\frac{-(E_c - E_{Fi})}{kT}\right] \tag{2.36}$$

将式（2.36）视为一个关于本征费米能级 E_{Fi} 的方程，两边同时取对数，变换得

$$E_{Fi} = \frac{(E_c + E_v)}{2} + \frac{kT}{2}\ln\left(\frac{N_v}{N_c}\right) \tag{2.37}$$

将 N_c 和 N_v 的表达式［式（2.20）和式（2.27）］代入式（2.37）得

$$E_{Fi} = \frac{(E_c + E_v)}{2} + \frac{3kT}{4}\ln\left(\frac{m_p^*}{m_n^*}\right) \tag{2.38}$$

将式（2.38）变形为

$$E_{Fi} - E_{mid} = \frac{3kT}{4}\ln\left(\frac{m_p^*}{m_n^*}\right) \tag{2.39}$$

式（2.39）表明，当电子有效质量和空穴有效质量严格相等时，本征费米能级严格在禁带中央，如图 2.9(b)所示，这与前面定性分析的结论相同。当电子有效质量和空穴有效质量不相等时，会使导带电子的状态密度函数和价带空穴的状态密度函数不对称，为了使本征电子浓度和本征空穴浓度相等，本征费米能级也相应地要在禁带中央附近发生移动。

当电子有效质量大于空穴有效质量时，式（2.39）右边的表达式为负值，意味着本征费米能级低于禁带中央；当空穴有效质量大于电子有效质量时，式（2.39）右边的表达式为正值，本征费米能级高于禁带中央。实际中，半导体材料的导带电子有效质量和价带空穴有效质量不相等，严格地说，此时本征费米能级的位置偏离了禁带中央，但由于半导体材料的电子有效质量和空穴有效质量的差别不大，经过取对数和乘以 kT 运算后得到的偏离量很小，因此在以后的计算和应用中可忽略这种偏离，近似地认为本征费米能级就在禁带中央。至此，本小节的**问题**①得到解决。在以后的能带图中，位于禁带中央的本征费米能级常用虚线表示，同时它的出现自然地将禁带分成了禁带上部和下部两部分，如图 2.11 所示。

图 2.11 本征费米能级将禁带分成两部分

2.4 只含一种杂质的杂质半导体中的载流子浓度

在 2.3 节中推导了适用于平衡半导体的电子浓度和空穴浓度的一般公式，并应用到了本征半导体这种特殊对象中，讨论了其载流子浓度和费米能级位置。而在实际应用中，本征半导体由于对温度的变化很敏感，用其制作的器件性能很不稳定，因此很少用来制作器件。实际中，制造半导体器件的材料一般使用掺杂半导体。可以说，掺杂是改善半导体电学性质的有效手段，掺入定量的特定杂质后才能真正显示出半导体的能力。本节将利用上节中得出的公式完成本节的**任务** 1）：**计算掺杂半导体中的载流子浓度**。

2.4.1 施主杂质和受主杂质

在实际中常使用掺杂后的半导体，半导体的真正魅力也是在掺杂后表现出来的，通过掺杂这种手段可以有效改变半导体的电学特性。与本征半导体相对应，将掺杂的半导体称为**非本征半导体**。本小节的**问题**①如下：**在半导体中掺入哪些杂质可有效改善其电学性质？**

以Ⅳ族的典型元素半导体硅为例，它以共价键的方式结合在一起，图 2.12 所示为硅晶体结构的二维示意图。从图中可以看出每个硅原子周围都有 4 个硅原子，两两之间共用一个电子对，形成最外层 8 个电子的稳定结构。

根据杂质在半导体晶格中的不同位置，掺杂可分为替位式掺杂和间隙式掺杂。替位式掺杂是指杂质代替半导体原子的位置，实际中发现，只有当杂质原子和半导体原子大小相近且最外壳层结构相似时才可采用替位式掺杂。而间隙式掺杂是杂质原子和半导体原子相比很小时的最佳选择。替位式掺杂是杂质原子改善半导体电学性质的物理基础，下面只讨论替位式掺杂。

假定元素周期表中有一个与硅元素相邻的Ⅴ族元素，当满足替位式掺杂条件的杂质磷掺入硅半导体中时，其取代硅的位置，由于磷元素的最外层有 5 个电子，因此除了 4 个与相邻的硅原子形成共用电子对，还剩余一个电子，这个电子仍受到磷原子的束缚，但这种依靠弱库仑作用的束缚和其他 4 个电子的共价键的束缚相比要弱得多，如图 2.13 所示，相应的第 5 个电子也具有更大的轨道半径。

图 2.12 硅晶体结构的二维示意图　　图 2.13 掺入磷原子后的硅晶体二维示意图

由于那个多余的第 5 个电子摆脱磷原子的束缚较为容易，因此只需要很小的能量即可成为自由电子，这个过程称为**电离**，第 5 个电子摆脱磷原子束缚所需的能量称为施主杂质的**电离能**。这种小的电离能与室温下的热能量 kT 相比拟，通常认为在室温下杂质完全电离。这个电子是由杂质的引入产生的，称为**施主电子**，这里的"施"是给予、提供的意思，"主"在这里代指电子。对应的掺入硅中的元素磷被称为**施主杂质**，电离后的磷原子带正电，因还受 4 个共价键的束缚而不能移动。

上面的这个过程也可从能带图的角度来解释。施主杂质电离后成为自由电子，即能带图中导带底的电子。由此反推，由于电离能很小，电离前的施主原子的能级位置应该在离导带底较近的禁带之中，图 2.14(a)和(b)所示分别是施主杂质电离前和电离后的能带图，用一组分立的小线段表示施主杂质，因为通常情况下掺入半导体的杂质浓度不高，杂质原子可认为是高度局域化的、孤立的。电离前电子束缚在施主杂质能级，电离后施主杂质带正电。电离是施主杂质在半导体中最重要的行为，通过电离，将杂质携带的电子转化为半导体导带电子，从而改善半导体的导电性能。由于"施主"的英文为 Donor，因此和施主杂质有关的参量都用"D"来表示，如图 2.14 中用 E_D 来表示施主能级。

在半导体中掺入一定量的施主杂质后，施主杂质的电离会给导带提供很多电子，但是同时并不产生价带空穴。这种半导体中的电子浓度大于空穴浓度，由于电子带负电（negative），因此称其为 **n 型半导体**。将 n 型半导体中的电子称为**多数载流子**，简称**多子**；将 n 型半导体中的空穴称为**少数载流子**，简称**少子**。用施主杂质浓度（N_D）衡量单位体积内掺入的施主杂质的原子个数，其常用单位为"个/cm^3"。

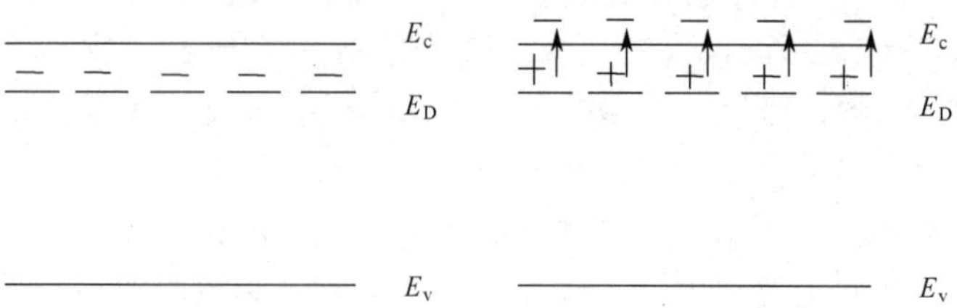

图中能带图（电离前和电离后的施主杂质的能带图）

（a）电离前的施主杂质的能带图　　　　（b）电离后的施主杂质的能带图

图 2.14　施主杂质电离前和电离后的能带图

类似地，假定在元素周期表中与硅相邻的另一侧的Ⅲ族的一个元素硼掺入半导体硅中，成为替位式杂质，由于硼元素最外层只有三个电子，因此其只与相邻的三个硅原子之间共用电子对，形成共价键，有一个应该形成共价键的位置是空的，如图 2.15 所示。

由于硼原子周围的一个共价键是空的，因此它可以抢夺其他共价键位置的电子而在该电子的原有位置产生空穴，与此同时，硼由于得到一个电子而带负电。此时，带负电的硼离子和空穴之间存在弱库仑作用，与磷离子和第 5 个电子之间的作用类似，由于这种束缚作用比较弱，因此这个空穴很容易从外界获得能量摆脱束缚成为自由空穴。这个过程也是电离，由于这种杂质的电离可以接受电子而产生空穴，因此称其为**受主杂质**，"受"是接受的意思，"主"同样代指电子。

与施主杂质的分析类似，对于受主杂质，也可以从能带图的角度来解释。价带顶的电子需要很小的能量就可以跃迁到受主杂质上，或者受主能级上的空穴只需要很小的能量就可以跃迁到价带顶。由此反推，受主杂质的能级位置应该在禁带中靠近价带顶的位置，如图 2.16 所示。在图 2.17(b)中，箭头表示电子的运动方向，空穴的运动方向和电子的运动方向相反。由于受主的英文单词是 Accepter，因此与受主杂质有关的参量都用其首字母 "A" 来表示，如图 2.17 中用 E_A 来表示受主能级。

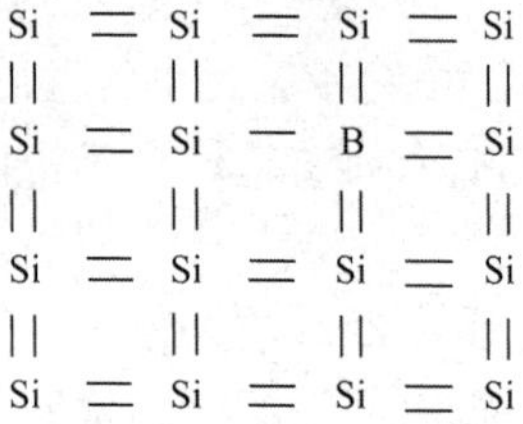

图 2.15　掺入硼原子的硅晶体共价键二维示意图 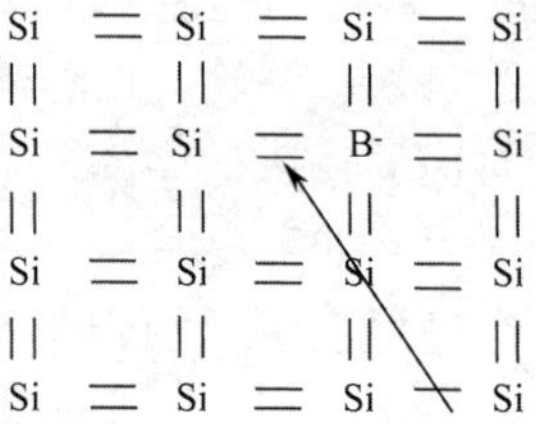　　图 2.16　硼原子抢夺其他共价键电子示意图

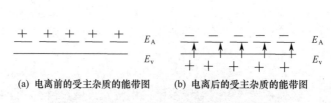

（a）电离前的受主杂质的能带图　　（b）电离后的受主杂质的能带图

图 2.17　受主杂质电离前和电离后的能带图

在半导体中掺入一定量的受主杂质后，受主杂质的电离会给价带提供很多空穴，但同时并不产生导带电子。这种半导体中的空穴浓度大于电子浓度，由于空穴带正电（positive），因

此被称为 **p 型半导体**。类似地，将 p 型半导体中的空穴称为**多数载流子**，简称**多子**；将 p 型半导体中的电子称为**少数载流子**，简称**少子**。用受主杂质浓度（N_A）衡量单位体积内掺入的受主杂质的原子个数，其常用单位是"个/cm³"。

实际中，对于半导体中掺入的杂质，在判断其是施主型还是受主型时，情况要比在硅中掺磷或硼的情况复杂一些。如果半导体是化合物半导体，因为存在两种位置供杂质替位，情况较为复杂，需要根据杂质最外层的电子数和其取代的原子最外层电子数的多少关系来判断其杂质类型。当硅作为杂质掺入化合物半导体砷化镓中时，由于其既可以取代砷原子表现为受主杂质，又可以取代镓原子表现为施主杂质，因此表现出双性杂质的行为。至此，本小节中的**问题①**得到解决，在半导体中掺入与半导体基本原子大小相近、最外壳层结构相似的杂质时，若杂质的最外层电子比半导体基本原子多或少，则可以电离产生导带电子和价带空穴（施主杂质和受主杂质），改善半导体的导电性能。

将 Ⅴ 族的磷原子和 Ⅲ 族的硼原子掺入半导体硅材料中时，我们知道其施主能级或受主能级非常靠近导带底或价带顶，因此施主杂质或受主杂质电离所需的能量较小，较容易电离，电离能小。下面利用一个简单的理论模型定量地估算杂质的电离能（这个理论模型被称为**类氢原子模型**），并将理论估算值与实际值进行对比，以衡量其有效性。

对于掺入硅中的磷原子，其最外层中的 4 个电子形成共价键，只留下一个电子，这个电子受到磷原子的束缚，围绕磷原子转动。这种情况和氢原子核外的一个电子围绕带正电的原子核运动的情况类似，相当于掺杂后额外增加了一个"氢原子"，可以用玻尔理论来估算施主杂质或受主杂质的电离能。根据玻尔理论，氢原子核外的电子具有量子化的能量，其表达式为

$$E = \frac{-me^4}{8n^2h^2\varepsilon_0^2}$$

当 $n = 1$（对应为基态）时，对氢原子计算得到 -13.6eV；当 $n = \infty$ 时，对应氢原子的电离态能量为 0，因此氢原子的最低能级电离所需的电离能为 13.6eV。当将这一结果应用到半导体中的施主杂质或受主杂质时，需要做两个方面的修正。

（1）因为公式中出现了介电常数，氢原子计算时采用的是真空的介电常数，而不同半导体材料的相对介电常数是不同的，比如半导体硅的相对介电常数为 11.7，因此应该根据计算的半导体材料的介电常数进行修正。

（2）因为公式中出现了电子的质量，而在半导体中需要根据杂质是施主杂质还是受主杂质而将其变为电子有效质量或空穴有效质量。

经过以上两点修正后，将施主杂质的电离能用 ΔE_d 表示，其值为 $E_\text{c} - E_\text{d}$，则有

$$\Delta E_\text{d} = \frac{m_\text{n}^*}{m}\frac{E}{\varepsilon_\text{r}^2}$$

类似地，受主杂质的电离能 $\Delta E_\text{a} = E_\text{a} - E_\text{v}$ 可以表示为

$$\Delta E_\text{a} = \frac{m_\text{p}^*}{m}\frac{E}{\varepsilon_\text{r}^2}$$

使用上面的类氢原子模型，对半导体硅中掺入的施主杂质估算出其电离能为 0.0258eV。表 2.2 列出了在半导体硅和锗中几种施主杂质和受主杂质的电离能，可以看出电离能的数值

和禁带宽度相比是很小的，而不同材料和不同载流子的有效质量导致表中的每个电离能都不同，与前面氢原子模型估算的数量级相同，证明了类氢原子模型的有效性。但是，在类氢原子模型中无法体现不同杂质原子掺入同种半导体材料的影响，导致对确定的半导体材料的施主杂质和受主杂质的杂质电离能计算结果都是一样的，与测量值有差异。

表 2.2　杂质电离能

杂　质	硅/eV	锗/eV
磷	0.045	0.012
砷	0.05	0.0127
硼	0.045	0.0104
铝	0.06	0.0102

【课程思政】

　　将电离能比半导体的禁带宽度小得多的这种杂质称为浅施主杂质或浅受主杂质。

　　下面提出本小节的问题②：在本征半导体中同时掺入施主杂质和受主杂质时，应该分几种情况？如何确定半导体的导电类型？

　　在半导体器件的制作工艺中，存在于大量已掺入某种杂质类型的半导体衬底上再掺入另一种类型杂质的情形。那么对于受主杂质和施主杂质共存的半导体，应该如何分情况讨论半导体的导电类型呢？

　　下面来做一个简单的思想实验。假设在某本征半导体中掺入一种浅施主杂质和一种浅受主杂质，看看可能会发生哪些过程，并判断这些过程发生的优先级。很明显，如前所述，可能发生施主杂质的电离或受主杂质的电离，同时由于二者的共存还可能发生一种过程，即施主能级的电子向下跃迁至受主能级占据其空位。与前两个过程不同的是，该过程不需吸收外界能量，且会在跃迁的同时向外释放能量，因此该过程的优先级最高。这个过程相当于施主杂质和受主杂质的抵消作用，称为**杂质的补偿作用**。将两种杂质共存的半导体称为**补偿半导体**。对补偿半导体，优先发生杂质补偿，多余的施主杂质或受主杂质电离以改善半导体的导电性能。

　　在分析补偿半导体的导电类型时，可以根据掺入半导体的施主杂质浓度 N_D 和受主杂质浓度 N_A 的大小关系，分为 $N_D > N_A$、$N_D < N_A$ 和 $N_D = N_A$ 三种情况讨论，对应的半导体分别称为**n 型补偿半导体、p 型补偿半导体**和**完全补偿半导体**。

　　上一节讨论了纯净半导体即本征半导体的载流子浓度，其导带电子浓度和价带空穴浓度相等。当半导体中引入施主杂质或者受主杂质时，其变为 n 型半导体或 p 型半导体，其多子为电子或空穴，将掺入杂质（施主杂质或受主杂质）的半导体统称为**非本征半导体**，本节讨论如何求解只含一种杂质的非本征半导体的载流子浓度。

基于杂质电离的非本征半导体红外探测器

　　红外探测器在天文观测、生物探测和夜间探测等方面均有较多的应用，其核心是红外光电探测器，最初在第二次世界大战期间由德军研制，并在 20 世纪五六十年代随着半导体的发展而得到发展。由于红外线对应的频率小，因此用于制作红外光电探测器的半导体禁带宽度较小，典型的有锑化铟（InSb）、碲镉汞（HgCdTe）等。也可利用非本征半导体中的杂质电离，即杂质能级上的电子或空穴吸收光子的能量产生载流子，或者改变半导体的电阻产生光电流。

2.4.2　施主杂质能级上的电子和受主杂质能级上的空穴

2.4.1 节中的定性描述让我们认为浅施主杂质或浅受主杂质在室温下完全电离。事实上，并非所有杂质在任何条件下都完全电离，杂质能级是否被电子或空穴占据（电离与否）与杂质能级和环境温度有关。与 2.1 节中引入费米分布函数来描述某一量子态被电子占据的概率类似，本节讨论的问题①如下：**求解施主杂质能级被电子占据（未电离）的概率、电离的概率和受主杂质能级被空穴占据（未电离）的概率、电离的概率。**

与费米分布函数的引入类似，直接给出电子占据施主能级的概率函数为

$$f_{\mathrm{D}}(E) = \frac{1}{1 + \dfrac{1}{2} \exp\left(\dfrac{E_{\mathrm{D}} - E_{\mathrm{F}}}{kT}\right)} \tag{2.40}$$

类似地，空穴占据受主能级的概率函数为

$$f_{\mathrm{A}}(E) = \frac{1}{1 + \dfrac{1}{4} \exp\left(\dfrac{E_{\mathrm{F}} - E_{\mathrm{A}}}{kT}\right)} \tag{2.41}$$

施主杂质的浓度用 N_{D} 表示，受主杂质的浓度用 N_{A} 表示，则 N_{D} 就是施主杂质的量子态密度，N_{A} 就是受主杂质的量子态密度，于是有

$$n_{\mathrm{D}} = \frac{N_{\mathrm{D}}}{1 + \dfrac{1}{2} \exp\left(\dfrac{E_{\mathrm{D}} - E_{\mathrm{F}}}{kT}\right)} \tag{2.42}$$

式（2.42）中的 n_{D} 表示占据施主能级的电子浓度，即保持在施主杂质上没有电离的施主杂质浓度。于是，电离的施主杂质浓度可表示为

$$N_{\mathrm{D}}^{+} = N_{\mathrm{D}} - \frac{N_{\mathrm{D}}}{1 + \dfrac{1}{2} \exp\left(\dfrac{E_{\mathrm{D}} - E_{\mathrm{F}}}{kT}\right)} = \frac{N_{\mathrm{D}}}{1 + 2 \exp\left(\dfrac{E_{\mathrm{F}} - E_{\mathrm{D}}}{kT}\right)} \tag{2.43}$$

式中，N_{D}^{+} 表示电离的施主杂质浓度，上标"+"表示施主杂质电离后带正电。

类似地，有

$$p_{\mathrm{A}} = \frac{N_{\mathrm{A}}}{1 + \dfrac{1}{4} \exp\left(\dfrac{E_{\mathrm{F}} - E_{\mathrm{A}}}{kT}\right)} \tag{2.44}$$

$$N_{\mathrm{A}}^{-} = N_{\mathrm{A}} - \frac{N_{\mathrm{A}}}{1 + \dfrac{1}{4} \exp\left(\dfrac{E_{\mathrm{F}} - E_{\mathrm{A}}}{kT}\right)} = \frac{N_{\mathrm{A}}}{1 + 4 \exp\left(\dfrac{E_{\mathrm{A}} - E_{\mathrm{F}}}{kT}\right)} \tag{2.45}$$

式（2.44）和式（2.45）中的 p_{A} 表示占据受主能级的空穴浓度，N_{A}^{-} 表示电离受主浓度。由式（2.42）～式（2.45）可以看出，杂质能级相对于费米能级的位置决定了杂质电离的情况。从式（2.42）可以看出，若满足 $E_{\mathrm{D}} - E_{\mathrm{F}} \gg kT$，则式（2.42）近似等于零，表明施主杂质完全电离；若满足 $E_{\mathrm{F}} - E_{\mathrm{D}} \gg kT$，则式（2.42）近似等于 N_{D}，表明施主杂质完全没有电离。从物

理上理解，要满足 $E_F - E_D \gg kT$，只能在热力学零度附近。类似地，若 $E_F - E_A \gg kT$，则式（2.44）近似等于零，表明受主杂质完全电离；若满足 $E_A - E_F \gg kT$，则式（2.44）近似等于 N_A，表明受主杂质完全没有电离。以上情况分别如图 2.18(a)和(b)及图 2.19(a)和(b)所示。

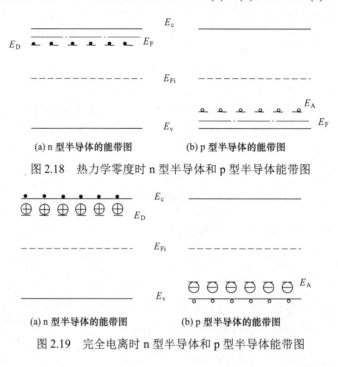

(a) n 型半导体的能带图　　　　　(b) p 型半导体的能带图

图 2.18　热力学零度时 n 型半导体和 p 型半导体能带图

(a) n 型半导体的能带图　　　　　(b) p 型半导体的能带图

图 2.19　完全电离时 n 型半导体和 p 型半导体能带图

2.4.3　电中性条件

回到本章的主题，本小节的问题①如下：**对于只掺一种杂质的非本征半导体，如何计算其和本征半导体相比已经发生很大变化的载流子分布？** 对于接下来讨论的半导体中的掺杂浓度和载流子浓度之间的关系，我们找到了一个抓手，对前面讨论的两种产生载流子的方式——本征激发和杂质电离，其产生载流子前后均保持电中性，因此，在热平衡条件下，考虑均匀掺杂（半导体内杂质原子的体密度在任何地方都相等）的半导体，其内部是电中性的，不存在净电荷。所谓电中性条件，是指在均匀掺杂的热平衡半导体内部存在的所有带正电的电荷密度等于所有带负电的电荷密度。电中性条件是将半导体中的掺杂浓度和载流子浓度联系起来的桥梁。

现在考虑一种半导体，当在其中掺入一种施主杂质和一种受主杂质时，其满足的电中性条件为

$$p_0 + N_D^+ - n_0 - N_A^- = 0 \tag{2.46}$$

式中，N_A^-, N_D^+ 分别是电离受主杂质和电离施主杂质，n_0, p_0 分别是平衡时的电子浓度和空穴浓度。假设半导体中掺入了 m 种施主杂质和 p 种受主杂质，则更一般的电中性条件表示为

$$p_0 + \sum_{i=1}^{m} N_{Dm}^+ - n_0 - \sum_{j=1}^{p} N_{Ap}^- = 0 \tag{2.47}$$

下面以电中性条件最简单的情况之一（即只掺入一种施主杂质的 n 型半导体）为例，解决已知掺杂浓度时如何求出热平衡的载流子浓度的问题。

对于只掺入一种施主杂质的 n 型半导体，其电中性条件简化为

$$p_0 + N_D^+ = n_0 \tag{2.48}$$

式（2.48）理解起来更容易一些，等式左边是单位体积中的正电荷，它由空穴和电离施主共同决定，等式右边是单位体积中的负电荷，完全为导带的电子浓度。也可将式（2.48）理解为导带电子有两个方面的来源：一个来源是杂质电离［式（2.48）中的 N_D^+］，另一个来源是本征激发［式（2.48）中的 p_0］，如图 2.20 所示，由二者共同决定半导体中的电子浓度。将前面推导出的 n_0, p_0, N_D^+ 的表达式代入式（2.48），得到

$$\frac{N_D}{1 + 2\exp\left(\dfrac{E_F - E_D}{kT}\right)} + N_v\exp\left[-\frac{\left(E_F - E_v\right)}{kT}\right] = N_c\exp\left[-\frac{\left(E_c - E_F\right)}{kT}\right] \tag{2.49}$$

可以将式（2.49）视为一个关于费米能级 E_F 的方程，如果可以从式（2.49）中解出 E_F，再代入 n_0, p_0 的表达式，就可以得到 n 型半导体的载流子浓度。但是，仔细观察式（2.49）后可发现，要想严格求解式（2.49）还是比较困难的。为了简化运算，下面按温度划分区间，在不同的区间中对电中性条件进行适合该区间的不同简化，以求出非本征半导体的载流子浓度。

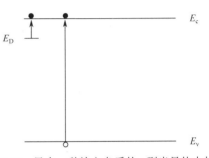

图2.20　只含一种施主杂质的 n 型半导体中的杂质电离和本征激发

1. 低温弱电离区

这一阶段的温度非常低，不仅本征激发产生的载流子浓度近似为零，而且施主杂质也仅有少量能发生电离，于是电中性条件简化为

$$n_0 = N_D^+ \tag{2.50}$$

$$N_c\exp\left[\frac{-\left(E_c - E_F\right)}{kT}\right] = \frac{N_D}{1 + 2\exp\left(\dfrac{E_F - E_D}{kT}\right)} \tag{2.51}$$

在此温度区间，杂质原子电离的比例很小，满足 $E_D - E_F \gg kT$，可对式（2.51）右边的表达式做近似，将分母中的 1 略去，进而从式（2.51）中求解出该温度区间的费米能级的表达式

$$E_F = \frac{E_c + E_d}{2} + \frac{kT}{2}\ln\left(\frac{N_d}{2N_c}\right) \tag{2.52}$$

这个费米能级的结果与图 2.18(a)中 $T = 0K$ 的费米能级的位置是相一致的。

2. 中间电离区

这一区间的温度与低温弱电离区相比温度升高，施主杂质电离比例有所提高，但温度总体还是很低的，本征激发产生的载流子浓度仍近似为零。因此，这一区间简化后的电中性条件仍为式（2.51），但由于温度的升高，杂质原子电离比例增大，式（2.51）右边分母中的 1 不可略去，所以式（2.52）对本温度区间不再成立。

3. 完全电离区（强电离区）

随着温度的升高，此时掺入的施主杂质已完全电离，但本征激发产生的载流子浓度仍近

似为零，即满足 $N_D \gg n_i$（此温度下），于是电中性条件简化为

$$n_0 = N_D$$

$$N_D = N_c \exp\left[-\frac{(E_c - E_F)}{kT}\right] \tag{2.53}$$

由式（2.53）可以反推出此温度区间的费米能级的表达式为

$$E_c - E_F = kT \ln\left(\frac{N_c}{N_D}\right) \tag{2.54}$$

可以看出，在此温度区间内，n 型半导体的载流子浓度只由掺杂浓度决定，而与温度无关，在很宽的温度范围内，电子浓度基本保持恒定，通常半导体器件均工作在该温度区间。可以通过掺杂这种外部手段有效地调控半导体中的载流子浓度，这也是半导体这种材料的魅力所在。

4. 过渡区

随着温度的进一步升高，在杂质完全电离的同时，已经不能忽略本征激发产生的本征载流子浓度，即当 N_D 与某温度下的 n_i 相当时，电中性条件近似为

$$p_0 + N_D = n_0 \tag{2.55}$$

将式（2.33）变形为

$$p_0 = \frac{n_i^2}{n_0}$$

代入式（2.55）得

$$n_0^2 - N_D n_0 - n_i^2 = 0 \tag{2.56}$$

解式（2.56）得

$$n_0 = \frac{N_D}{2} + \sqrt{\left(\frac{N_D}{2}\right)^2 + n_i^2} \tag{2.57}$$

在解式（2.56）时，其解可以取负号，但为保证计算得到的电子浓度为正值，式（2.57）的解只取正号。

5. 本征激发区

继续升高温度，此时施主杂质的能力已在完全电离区全部发挥，但本征载流子浓度随着温度的升高而迅速增大，本征激发产生的载流子浓度远大于杂质电离产生的载流子浓度，因此在这个温度区间内的电中性条件简化为

$$p_0 = n_0 \tag{2.58}$$

需要说明的是，对于任何掺入一种施主杂质的 n 型半导体，随着温度由低到高，其变化都存在以上 5 个区间，但对于不同掺杂浓度的同种半导体材料来说，对应每个区间的温度范围并不相同。一般来说，掺杂浓度越高，进入下一个区域的温度就越高。因此，对不同掺杂浓度的同种半导体来说，进入本征激发区的温度不相同。杂质浓度越高，进入本征激发区的

温度就越高。

图 2.21 所示为某一施主掺杂浓度下的 n 型半导体的导带电子浓度随温度变化的曲线示意图，在图中可以清楚地看出存在上面讨论的 4 个区间（因为低温弱电离区和中间电离区无法明显区分，可视为一个区）。由图 2.21 还可以看出，在本征激发区，电子浓度随温度的升高也按指数增大，与本征载流子浓度随温度的变化（图中的虚线）趋于一致。

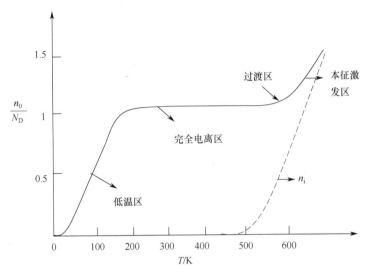

图 2.21　某一施主掺杂浓度下的 n 型半导体的导带电子浓度随温度变化的曲线示意图

由于在实际中半导体器件的工作温度都高于低温区对应的温度范围，因此在实际中主要考虑后三个区域。对于完全电离区、过渡区和本征激发区，式（2.55）是它们共同满足的电中性条件，因此在计算载流子浓度时，可以先不判断半导体的情况属于哪个温度区间，而统一利用式（2.57）计算，至此本小节的**问题①**得到了解决。

最后要强调的是，对于不同的半导体材料，其禁带宽度不同，在其他条件相同的前提下，相同掺杂状况的不同半导体材料进入本征激发区的温度不同，与本节前面所说的类似，定义半导体器件的工作温度上限是其进入本征激发区的温度，因此不同半导体材料的最大工作温度不同。

【**例 2.8**】　对掺入相同施主杂质的半导体硅、锗和砷化镓，设 $N_D = 1 \times 10^{15} \, \text{cm}^{-3}$，求这三种材料各自的最大工作温度。

解：可认为进入本征激发区的标志是 n_i 在某个温度下为 N_D，因此可以由例 2.7 的程序得到。对于硅、锗和砷化镓，在此掺杂浓度下的最大工作温度（达到掺杂浓度同样水平的本征载流子浓度对应的温度）分别为 540K、390K 和 700K 以上。

【**例 2.9**】　当 $T = 300\text{K}$ 时，半导体硅中掺入磷元素，掺杂浓度为 $N_D = 1 \times 10^{15} \, \text{cm}^{-3}$，已知此温度下 $n_i = 1.5 \times 10^{10} \, \text{cm}^{-3}$，求半导体在该温度下的载流子浓度。

解：对于只掺入一种施主杂质的 n 型半导体，利用式（2.57）

$$n_0 = \frac{N_D}{2} + \sqrt{\left(\frac{N_D}{2}\right)^2 + n_i^2}$$

代入数据后得

$$n_0 = \frac{1 \times 10^{15}}{2} + \sqrt{\left(\frac{1 \times 10^{15}}{2}\right)^2 + \left(1.5 \times 10^{10}\right)^2} = 1 \times 10^{15}\,\mathrm{cm}^{-3}$$

利用 $p_0 = \dfrac{n_i^2}{n_0}$ 计算出价带空穴浓度为

$$p_0 = \frac{n_i^2}{n_0} = \frac{(1.5 \times 10^{10})^2}{1 \times 10^{15}} = 2.25 \times 10^5\,\mathrm{cm}^{-3}$$

说明：从计算结果可以看出，计算出的半导体载流子浓度等于掺入的施主杂质浓度，属于完全电离区。掺杂浓度 $N_D = 1 \times 10^{15}\,\mathrm{cm}^{-3}$ 和 $T = 300\mathrm{K}$ 下本征载流子浓度 $n_i = 1.5 \times 10^{10}\,\mathrm{cm}^{-3}$ 之间相差 5 个数量级，满足 $N_D \gg n_i$（此温度下），可以看出电子浓度由掺杂浓度决定，属于完全电离区。从导带电子和价带空穴的浓度值对比可以看出，导带电子浓度和价带空穴浓度数量悬殊。

图 2.22 是前面讨论的 4 个温度区间中相应杂质电离和本征激发的示意图，从图 2.22(a)中的杂质部分电离到图 2.22(b)中的杂质完全电离，再到图 2.22(c)中的杂质完全电离，考虑本征激发，最后到图 2.22(d)中忽略杂质电离而只考虑本征激发，与前面定量的讨论结果一致。

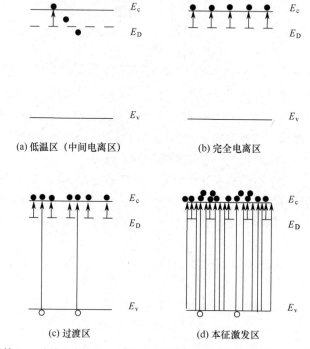

(a) 低温区（中间电离区）　　　　　(b) 完全电离区

(c) 过渡区　　　　　　　　(d) 本征激发区

图 2.22　只掺入一种施主杂质的 n 型半导体在低温区（中间电离区）、完全电离区、
过渡区和本征激发区的杂质电离与本征激发情况

对于在半导体中只掺入一种受主杂质的 p 型半导体，也可以进行类似的分析与计算。其满足的电中性条件为

$$p_0 = n_0 + N_A^- \tag{2.59}$$

在低温区中，式（2.59）简化为

$$p_0 = N_A^- \tag{2.60}$$

在完全电离区，式（2.59）简化为

$$p_0 = N_A \tag{2.61}$$

在过渡区，式（2.59）简化为

$$p_0 = N_A + n_0 \tag{2.62}$$

式（2.62）与式（2.33）联立得

$$p_0 = \frac{N_A}{2} + \sqrt{\left(\frac{N_A}{2}\right)^2 + n_i^2} \tag{2.63}$$

在本征激发区，式（2.59）简化为

$$p_0 = n_0 \tag{2.64}$$

与前面 n 型半导体的讨论类似，由于实际半导体器件的工作温度均大于低温区的温度，对于后三个区间都满足式（2.62）这个电中性条件，因此在实际计算价带空穴浓度时，可以不用先判断属于哪个温度区间，而直接利用式（2.63）计算。

【例 2.10】 当 $T = 300K$ 时，在半导体锗中掺入受主杂质，掺杂浓度为 $N_D = 4 \times 10^{13} \, \text{cm}^{-3}$，此温度下的 $n_i = 2.4 \times 10^{13} \, \text{cm}^{-3}$，求解半导体的载流子浓度。

解：对于只掺入一种受主杂质的 p 型半导体，利用式（2.63）

$$p_0 = \frac{N_A}{2} + \sqrt{\left(\frac{N_A}{2}\right)^2 + n_i^2}$$

将已知的数据代入上式，得

$$p_0 = \frac{4 \times 10^{13}}{2} + \sqrt{\left(\frac{4 \times 10^{13}}{2}\right)^2 + \left(2.4 \times 10^{13}\right)^2} \approx 5.12 \times 10^{13} \, \text{cm}^{-3}$$

利用 $n_0 = \dfrac{n_i^2}{p_0}$ 计算出导带电子浓度为

$$n_0 = \frac{n_i^2}{p_0} = \frac{\left(2.4 \times 10^{13}\right)^2}{5.12 \times 10^{13}} = 1.125 \times 10^{13} \, \text{cm}^{-3}$$

说明：从计算结果可以看出，计算出的价带空穴浓度既有掺入的受主杂质的贡献，又有本征激发的载流子的贡献，属于过渡区，此温度区间的重要特征是杂质电离与本征激发产生的价带空穴作用相当。对比掺杂浓度 $N_A = 4 \times 10^{13} \, \text{cm}^{-3}$ 和 $T = 300K$ 下的本征载流子浓度 $n_i = 2.4 \times 10^{13} \, \text{cm}^{-3}$ 可以看出，不能忽略任何一方。从求出的导带电子和价带空穴的浓度值对比可以看出，此时导带电子浓度和价带空穴浓度相差不大。

【例 2.11】 某半导体硅掺入了浓度为 $10^{14}/\text{cm}^3$ 的磷原子，在室温 300K 下，该半导体的载流子浓度分别是多少？将温度提升至 450K 时，该半导体的载流子浓度又分别是多少？

解：（1）在室温 300K 下，本征载流子浓度为 $1.5 \times 10^{10}/\text{cm}^3$，满足 $N_D \gg n_i$，因此属于完全电离区，其电子浓度为 $n_0 = 1 \times 10^{14}/\text{cm}^3$，空穴浓度为 $p_0 = n_i^2/n_0 = 2.25 \times 10^6/\text{cm}^3$。

（2）在 450K 下，本征载流子浓度为 $3.69 \times 10^{13}/\text{cm}^3$，此时不可忽略本征载流子浓度的贡献，用过渡区的计算公式可得 $n_0 = 1.12 \times 10^{14}/\text{cm}^3$，$p_0 = n_i^2/n_0 = 1.22 \times 10^{13}/\text{cm}^3$。

说明：在本题中，当同一块半导体处于不同的环境温度时，它分别属于前面讨论的完全电离区和过渡区，因此其多子和少子的浓度也相应地发生变化。

2.5　补偿半导体的载流子浓度

2.4 节讨论了只含一种杂质的杂质半导体的载流子浓度的计算，在 2.4 节的基础上，提出本节的问题 1）：**如何计算补偿半导体中的载流子浓度？** 我们知道，所谓补偿半导体，是指在半导体中既含有施主杂质又含有受主杂质的半导体，是施主作用和受主作用相互抵消的半导体。在事先已经掺入施主杂质的 n 型半导体中掺入受主杂质，或者在事先已经掺入受主杂质的 p 型半导体中掺入施主杂质，都可以形成补偿半导体。根据补偿半导体中掺入的两种杂质的大小关系可以对其进行分类：$N_A > N_D$ 时，称为 **p 型补偿半导体**；$N_D > N_A$ 时，称为 **n 型补偿半导体**，也可以将 $N_A - N_D$ 或 $N_A - N_D$ 称为**有效的受主杂质浓度**或**有效的施主杂质浓度**；$N_A = N_D$ 时，称为**完全补偿半导体**，完全补偿半导体的载流子浓度与同温度下本征半导体的一样，杂质的掺入没有起到改善半导体电学性能的目的。

根据 2.4 节讨论的经验，我们先从电中性条件入手。对含一种施主和一种受主的补偿半导体，其电中性条件为式（2.46），即

$$p_0 + N_D^+ = n_0 + N_A^-$$

由于实际中半导体器件的使用温度高于低温区，因此对后三个区间（强电离区、过渡区和本征激发区）来说，杂质均已完全电离，式（2.46）可以简化为

$$p_0 + N_D = n_0 + N_A \tag{2.65}$$

下面分别对 n 型补偿半导体和 p 型补偿半导体进行讨论。对于 n 型补偿半导体，因为 $N_D > N_A$，在式（2.65）中用 $\dfrac{n_i^2}{n_0}$ 表示 p_0，得到

$$n_0 + N_A - N_D - \frac{n_i^2}{n_0} = 0 \tag{2.66}$$

将式（2.66）两边同乘以 n_0，得到

$$n_0^2 - (N_D - N_A)n_0 - n_i^2 = 0 \tag{2.67}$$

解式（2.67），并且只取正号，确保电子浓度为正值，得到

$$n_0 = \frac{(N_D - N_A)}{2} + \sqrt{\left(\frac{N_D - N_A}{2}\right)^2 + n_i^2} \tag{2.68}$$

式（2.68）只用来计算 $N_D > N_A$ 的 n 型补偿半导体的多数载流子电子的浓度，若在式（2.68）中令 $N_A = 0$，则简化为只含一种施主杂质的 n 型半导体，简化后的形式与式（2.57）一致。在温度区间满足 $N_D - N_A \gg n_i$ 时，式（2.68）简化为 $n_0 = N_D - N_A$，与完全电离区的结果一致。当温度增至使 $n_i \gg N_D - N_A$ 时，式（2.68）简化为 $n_0 = n_i = p_i$，与本征激发区的结果一致。

类似地，可以讨论 $N_A > N_D$ 的 p 型补偿半导体。在式（2.65）中用 $\dfrac{n_i^2}{p_0}$ 表示 n_0，得到

$$p_0^2 - (N_A - N_D)p_0 - n_i^2 = 0 \tag{2.69}$$

解式（2.69）得

$$p_0 = \frac{(N_A - N_D)}{2} + \sqrt{\left(\frac{N_A - N_D}{2}\right)^2 + n_i^2} \tag{2.70}$$

式（2.70）只用来计算 $N_A > N_D$ 的 p 型补偿半导体的多数载流子电子的浓度，若在式（2.70）中令 $N_D = 0$，则简化为只含一种受主杂质的 p 型半导体，简化后的形式与式（2.65）一致。在温度区间满足 $N_A - N_D \gg n_i$ 时，式（2.70）简化为 $p_0 = N_A - N_D$，与完全电离区的结果一致。当温度增至使 $n_i \gg N_A - N_D$ 时，式（2.70）简化为 $p_0 = n_i = p_i$，与本征激发区的结果一致。至此本节的问题 1）得到解决。

【例 2.12】 已知室温 $T = 300\mathrm{K}$ 下硅 p 型补偿半导体的 $N_D = 6 \times 10^{15}\,\mathrm{cm}^{-3}$，$N_A = 1 \times 10^{16}\,\mathrm{cm}^{-3}$，$n_i = 1.5 \times 10^{10}\,\mathrm{cm}^{-3}$，求半导体的载流子浓度。

解：该半导体属于 p 型补偿半导体，利用式（2.70）

$$p_0 = \frac{(N_A - N_D)}{2} + \sqrt{\left(\frac{N_A - N_D}{2}\right)^2 + n_i^2}$$

代入数据得

$$p_0 = \frac{(4 \times 10^{15})}{2} + \sqrt{\left(\frac{4 \times 10^{15}}{2}\right)^2 + \left(1.5 \times 10^{10}\right)^2} \approx 4 \times 10^{15}\,\mathrm{cm}^{-3}$$

$$n_0 = \frac{n_i^2}{p_0} = \frac{2.25 \times 10^{20}}{4 \times 10^{15}} = 5.625 \times 10^4\,\mathrm{cm}^{-3}$$

说明：从计算结果可以看出，该 p 型补偿半导体在此温度下属于完全电离区，多子浓度等于补偿后有效的受主杂质浓度，即 $N_A - N_D$。

利用式（2.68）和式（2.70），也可以将目前讨论的含一种施主杂质和一种受主杂质的补偿半导体结果推广至含 m 种施主杂质和 p 种受主杂质的补偿半导体，这里不再讲述。

2.6　费米能级的位置

在前面的讨论中，我们仅确定了本征费米能级的位置，它由式（2.38）决定。在本节中，我们将利用 2.4 节和 2.5 节的结论，在计算出各种半导体的载流子浓度后，根据本章最重要的式（2.21）和式（2.28）来反推半导体的费米能级位置。本节专门讨论的**任务 1）**如下：**分析非本征半导体的费米能级位置及其影响因素。**

处于完全电离区的只含一种施主杂质的 n 型半导体满足式（2.53）

$$N_D = N_c \exp\left[-\frac{(E_c - E_F)}{kT}\right]$$

由式（2.53）得

$$E_c - E_F = kT \ln\left(\frac{N_c}{N_D}\right) \tag{2.71}$$

利用式（2.34）得

$$E_F - E_{Fi} = kT \ln\left(\frac{N_D}{n_i}\right) \tag{2.72}$$

因为非简并半导体在常温下通常满足 $n_i < N_D < N_c$，从式（2.71）和式（2.72）可以看出，两个等式右边的值均为正数，因此只含一种施主杂质的 n 型半导体的费米能级高于本征费米能级、低于导带底，即处于禁带上部。也可以将式（2.71）和式（2.72）的结果推广至 n 型补偿半导体，只需将两式中的 N_D 用有效施主杂质浓度 $N_D - N_A$ 代替。

若 n 型半导体属于过渡区或本征激发区，则只需将式（2.71）和式（2.72）中的 N_D 用该温度下的电子浓度 n_0 代替。

类似地，处于完全电离区的只含一种受主杂质的 p 型半导体满足

$$N_A = N_v \exp\left[-\frac{\left(E_F - E_v\right)}{kT}\right]$$

变换得

$$E_F - E_v = kT \ln\left(\frac{N_v}{N_A}\right) \tag{2.73}$$

利用式（2.35）得

$$E_{Fi} - E_F = kT \ln\left(\frac{N_A}{n_i}\right) \tag{2.74}$$

同样，非简并半导体常温下通常满足 $n_i < N_A < N_v$。类似地，式（2.73）和式（2.74）右边的部分均为正值，可以看出只含一种受主杂质的 p 型半导体的费米能级低于本征费米能级、高于价带顶，处于禁带下部。也可以将式（2.73）和式（2.74）的结果推广至 p 型补偿半导体，只需将两式中的 N_A 用有效受主杂质浓度 $N_A - N_D$ 代替。

若 p 型半导体属于过渡区或本征激发区，只需将式（2.73）和式（2.74）中的 N_A 用该温度下的电子浓度 p_0 代替。

从式（2.71）～式（2.74）可以看出，n 型半导体和 p 型半导体的费米能级主要受温度与掺杂浓度的影响。首先在固定温度的前提下，考察费米能级随掺杂浓度的变化。

【例 2.13】 利用 MATLAB 编程，画出 $T = 300\text{K}$ 时硅的费米能级位置随掺杂浓度 N_D, N_A 的变化曲线，其中 N_D, N_A 的变化范围是 $1 \times 10^{13} \sim 1 \times 10^{18} \text{cm}^{-3}$。

解：MATLAB 程序如下。

```
kT=0.0259;
nc=2.8e19;
Nd=linspace(1e13,1e18,200);
y1=0.56;
y2=-0.56;
semilogx(Nd,y1);
semilogx(Nd,y2);
Efn=y1-kT*log(nc./Nd);
semilogx(Nd,Efn,'-');
axis([1e13 1e18 -0.56 0.56])
hold on
```

```
nv=1.04e19;
Na=linspace(1e13,1e18,200);
y3=0;
semilogx(Na,y3);
Efp=y2+kT*log(nv./Na);
semilogx(Na,Efp,'--');
axis([1e13 1e18 -0.56 0.56])
```

计算得到的图形如图 2.23 所示。

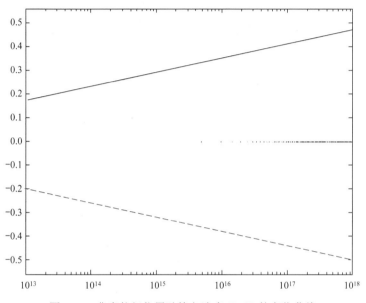

图 2.23　费米能级位置随掺杂浓度 $N_{\mathrm{D}}, N_{\mathrm{A}}$ 的变化曲线

在图 2.23 中，实线表示掺入施主杂质 N_{D} 后 n 型半导体的费米能级随掺杂浓度的变化，虚线表示掺入施主杂质 N_{A} 后 p 型半导体的费米能级随掺杂浓度的变化。结果表明，费米能级随掺杂浓度的增大向禁带两边移动。

从式（2.71）～式（2.74）可以看出，费米能级同时也随温度的变化而变化。随着温度的升高，不管是 n 型半导体还是 p 型半导体，其费米能级都向禁带中央靠拢，这样的结果也与半导体在温度最高的本征激发区中的行为是一致的，因为满足 $n_0 = p_0$，所以费米能级也趋近于本征费米能级，即禁带中央。同时将温度和掺杂浓度对费米能级的影响画在一幅图中，得到如图 2.24 所示的结果，从图 2.24 还可看出禁带宽度随温度的升高而变小。最后要强调的是，式（2.71）～式（2.74）对满足玻尔兹曼近似的非简并半导体都成立，对于简并半导体的相关情况，2.7 节中将做专门讨论。通常情况下，可使用非简并半导体费米能级的式（2.71）～式（2.74）来计算给定半导体的费米能级，若计算得到的结果表明其位于简并半导体区域（见 2.7 节中的讨论），则可换用更复杂的公式重新计算其费米能级。

经过在费米分布函数中第一次接触费米能级，在本章中随着学习的深入，我们回头梳理一下费米能级位置对半导体的意义。当半导体的导电类型经历从强 p 型、弱 p 型、本征型、弱 n 型到强 n 型的变化，费米能级的位置在禁带中从靠近价带顶逐渐增至靠近导带底，其能带图及相应载流子分布的示意图如图 2.25 所示。

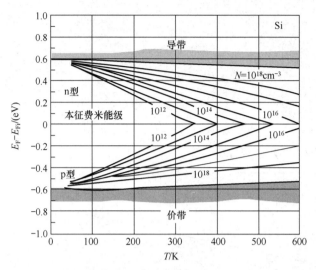

图 2.24　费米能级位置随杂质浓度和温度变化而变化的关系

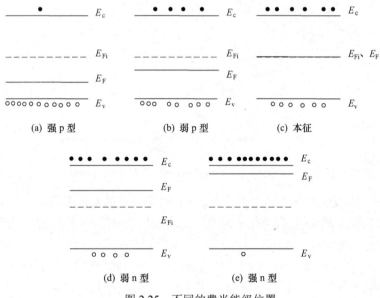

图 2.25　不同的费米能级位置

费米能级的位置可以同时反映半导体的掺杂情况和导电类型。当费米能级在禁带上部时，为 n 型半导体，掺入的施主杂质越多，费米能级的位置越高，越接近导带底。当费米能级的位置在禁带下部时，为 p 型半导体，掺入的受主杂质越多，费米能级的位置越低，越接近价带顶。当费米能级的位置在禁带中央时，为本征半导体。

从图 2.25(a)可以看出，在强 p 型中，费米能级在靠近价带顶，此时导带仅有少量电子，而价带则有大量空穴，表明此时费米能级较低，导带和价带中电子占据较高能级的概率均较小，导带和价带中较高能级上的电子数量均较少。图 2.25(b)中的弱 p 型和图 2.25(a)中的强 p 型相比，费米能级向上移动，相应的导带和价带中电子占据较高能级的概率增大，导带和价带中较高能级上的电子数量增加。在图 2.25(c)中，费米能级位于禁带中央，导带和价带的载流子数相等，导带和价带中较高能级上的电子数量与图 2.25(a)和图 2.25(b)中的相比增加。在

图 2.25(d)的弱 n 型中，费米能级进一步提升，导带和价带中的电子进一步增多。在图 2.25(e)的强 n 型中，费米能级位置最高，导带和价带中的电子最多。从图 2.25 中的对比可以进一步体会到，费米能级的位置是电子占据能级水平高低的度量，这与前面的结论一致。至此，本小节的**任务** 1）得到完成。

【**例 2.14**】　对于 $T = 300\text{K}$ 下的本征硅材料，为使其费米能级位于导带底下方 0.3eV 处，所需掺入的杂质浓度是多少？若 $N_\text{A} = 1 \times 10^{15}\,\text{cm}^{-3}$，则所需掺入的杂质浓度又是多少？

解：费米能级与导带底之间的距离公式为

$$E_\text{c} - E_\text{F} = kT \ln\left(\frac{N_\text{c}}{N_\text{D}}\right)$$

将其变形为

$$N_\text{D} = \frac{N_\text{c}}{\exp\left(\dfrac{E_\text{c} - E_\text{F}}{kT}\right)}$$

代入已知数据得

$$N_\text{D} = \frac{2.8 \times 10^{19}}{\exp\left(\dfrac{0.3}{0.0259}\right)} \approx 2.61 \times 10^{14}\,\text{cm}^{-3}$$

将本征硅材料换为 $N_\text{A} = 1 \times 10^{15}\,\text{cm}^{-3}$ 的材料后，调整为

$$E_\text{c} - E_\text{F} = kT \ln\left(\frac{N_\text{c}}{N_\text{D} - N_\text{A}}\right)$$

$$N_\text{D} - N_\text{A} = \frac{2.8 \times 10^{19}}{\exp\left(\dfrac{0.3}{0.0259}\right)} \approx 2.61 \times 10^{14}\,\text{cm}^{-3}$$

$N_\text{A} = 1 \times 10^{15}\,\text{cm}^{-3}$ 时，应掺入的施主杂质浓度为

$$N_\text{D} = 1 \times 10^{15} + 2.61 \times 10^{14} \approx 1.26 \times 10^{15}\,\text{cm}^{-3}$$

【**例 2.15**】　计算例 2.11 中的半导体样品在两个不同温度下的费米能级位置：（1）300K；（2）450K。

解：（1）当温度为 300K 时，由例 2.11 的计算可知其属于完全电离区，此时有

$$E_\text{i} - E_\text{F} = kT \ln\left(\frac{N_\text{A}}{n_\text{i}}\right) = 0.0259 \times \ln\frac{1 \times 10^{14}}{1.5 \times 10^{10}} \approx 0.228\text{eV}$$

（2）当温度为 450K 时，由例 2.11 的计算可知其属于过渡区，此时有

$$E_\text{i} - E_\text{F} = kT \ln\left(\frac{p_0}{n_\text{i}}\right) = 0.03885 \times \ln\frac{1.12 \times 10^{14}}{3.69 \times 10^{13}} \approx 0.043\text{eV}$$

说明：同一半导体样品在不同温度下，其费米能级的位置发生了很大的变化。

最后，我们将证明一个关于费米能级的重要结论，这个结论在后续章节的很多地方都会用到。这一重要结论是：针对一个处于热平衡状态的半导体，其费米能级的位置是恒定的、不变的。为了证明这个结论，我们考虑半导体 A 和半导体 B，它们各自独立时费米能级的位置不相同。假设半导体 A 的费米能级高，电子占据能级的情况如图 2.26(a)所示；半导体 B 的

费米能级低，电子占据能级的情况如图 2.26(b)所示。当半导体 A 和半导体 B 形成紧密接触时，因为半导体 A 中的较高能级上的电子数多，电子将从半导体 A 流向半导体 B，如图 2.26(c) 所示，直到达到热平衡状态，使得二者具有相同的费米能级为止，如图 2.26(d)所示。平衡时，净电流为零，也就是说，单位时间内有多少电子从半导体 A 流向半导体 B，就有相同数量的电子从半导体 B 流向半导体 A。

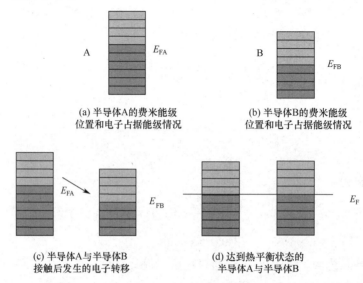

(a) 半导体A的费米能级
位置和电子占据能级情况

(b) 半导体B的费米能级
位置和电子占据能级情况

(c) 半导体A与半导体B
接触后发生的电子转移

(d) 达到热平衡状态的
半导体A与半导体B

图 2.26　两个费米能级不同的系统形成紧密接触后发生的变化示意图

对于处于图 2.26(d)所示状态的系统，设半导体 A 中的状态密度函数为 $g_A(E)$，电子占据量子态的概率密度函数为 $f_A(E)$，则在能量为 E 的量子态上的电子数为 $g_A(E)f_A(E)$；类似地，设半导体 B 中的状态密度函数为 $g_B(E)$，电子占据量子态的概率密度函数为 $f_B(E)$，则在能量为 E 的量子态上的电子数为 $g_B(E)f_B(E)$。当电子从半导体 A 向半导体 B 转移时，要满足两个条件：一是半导体 A 中要有一些处于较高能级的电子；二是半导体 B 中要有相应的空状态去接受半导体 A 中转移来的电子。因此在能量范围为 $\mathrm{d}E$ 的区间内从半导体 A 向半导体 B 转移的载流子数 $n_{A\to B}$ 为

$$n_{A\to B} = Cg_A(E)f_A(E)g_B(E)\big(1-f_B(E)\big)\mathrm{d}E \qquad (2.75)$$

式中，C 为常数。类似地，在能量范围为 $\mathrm{d}E$ 的区间内从半导体 B 向半导体 A 转移的载流子数 $n_{B\to A}$ 为

$$n_{B\to A} = Cg_B(E)f_B(E)g_A(E)\big(1-f_A(E)\big)\mathrm{d}E \qquad (2.76)$$

处于平衡状态时，应有

$$n_{A\to B} = n_{B\to A} \qquad (2.77)$$

即

$$g_A(E)f_A(E)g_B(E)\big(1-f_B(E)\big) = g_B(E)f_B(E)g_A(E)\big(1-f_A(E)\big) \qquad (2.78)$$

化简得

$$f_A(E)\big(1-f_B(E)\big) = f_B(E)\big(1-f_A(E)\big) \qquad (2.79)$$

即

$$f_A(E) = f_B(E) \tag{2.80}$$

将 $f_A(E)$ 和 $f_B(E)$ 的表达式代入式（2.80），得

$$\frac{1}{1+\exp\left(\dfrac{E-E_{FA}}{kT}\right)} = \frac{1}{1+\exp\left(\dfrac{E-E_{FB}}{kT}\right)}$$

即

$$E_{FA} = E_{FB} \tag{2.81}$$

式（2.81）的结论与图 2.26(d)的结果是一致的。这就证明了结论：处于热平衡状态的半导体，其费米能级的位置是恒定的、不变的。也就是说，在一个平衡的半导体系统中，费米能级处处相等，或者说平衡的半导体系统具有统一的费米能级。

2.7　简并半导体

前面讨论的式（2.21）和式（2.28）是在玻尔兹曼近似成立的前提下推导出的热平衡载流子的公式。由 2.6 节中的讨论结果可知，对于 n 型半导体，掺入的施主杂质越多，费米能级越靠近导带底。在式（2.71）中，由于一般有 $N_D < N_c$，因此费米能级仍处在禁带中；当 $N_D > N_c$ 时，费米能级可以超过导带底而进入导带。对于 p 型半导体，情况也是类似的。掺入的受主杂质越多，费米能级越靠近价带顶。在式（2.73）中，由于一般有 $N_A < N_v$，因此费米能级仍处在禁带之中；当 $N_A > N_v$ 时，费米能级可以低于价带顶而进入价带。在这种情况下，由于掺杂浓度很大，导致导带电子或价带空穴的浓度增大，费米能级进入导带或价带内，前面假设的 $f(E)$ 满足玻尔兹曼假设成立的前提 $E - E_F \gg kT$ 不再满足，同样，$1 - f(E)$ 满足玻尔兹曼假设成立的前提 $E_F - E_v \gg kT$ 也不再满足。此时利用玻尔兹曼分布函数计算得到的概率将大于费米分布函数的计算值，正是在这种情况下表现出了电子的量子统计性质，即费米子的性质。

本节要解决的问题 1）如下：**如何计算简并半导体的载流子浓度？**

一般来说，对于 n 型半导体，根据费米能级与导带底的位置关系，可以将半导体分为非简并、弱简并和简并三种情况（以 n 型半导体为例）：

$$\left.\begin{array}{l} E_c - E_F > 2kT,\ \text{非简并} \\ 0 < E_c - E_F < 2kT,\ \text{弱简并} \\ E_c - E_F < 0,\ \text{简并} \end{array}\right\}$$

当掺入的杂质浓度（与 N_v, N_c 相比）较小时，称为**非简并半导体**。相应地，当掺入的杂质浓度（与 N_v, N_c 相比）较大时，称为**简并半导体**，鉴于二者之间的半导体称为**弱简并半导体**，如图 2.27 所示。n 型简并半导体和 p 型简并半导体的能带图如图 2.28 所示。

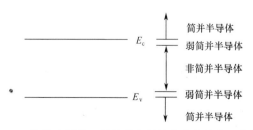

图 2.27　简并半导体、弱简并半导体和非简并半导体的定义

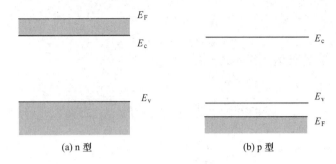

图 2.28　简并半导体的能带图

2.7.1　简并半导体的载流子浓度

根据式

$$n_0 = \int_{E_c}^{E_t} g_c(E) f(E) \mathrm{d}E$$

将状态密度函数和费米分布函数代入后，得到

$$n_0 = \int_{E_c}^{E_t} \frac{4\pi\left(2m_n^*\right)^{3/2}}{h^3} \frac{\sqrt{E - E_c}}{1 + \exp\left[\dfrac{\left(E - E_F\right)}{kT}\right]} \mathrm{d}E \tag{2.82}$$

同样做变量代换，令

$$\eta = \frac{E - E_c}{kT}, \qquad \eta_F = \frac{E_F - E_c}{kT}$$

则式（2.82）变为

$$n_0 = \frac{4\pi\left(2m_n^* kT\right)^{3/2}}{h^3} \int_0^\infty \frac{\eta^{1/2}}{1 + \exp[\eta - \eta_F]} \mathrm{d}\eta \tag{2.83}$$

将式（2.83）中的积分定义为费米积分，图 2.29 所示为费米积分与 η_F 之间关系的曲线。

采用类似的方法可以计算热平衡状态下的空穴浓度，得到

$$p_0 = \frac{4\pi\left(2m_p^* kT\right)^{3/2}}{h^3} \int_0^\infty \frac{\left(\eta'\right)^{1/2}}{1 + \exp[\eta' - \eta_F']} \mathrm{d}\eta' \tag{2.84}$$

式中，

$$\eta' = \frac{E_v - E}{kT}, \quad \eta_F' = \frac{E_v - E_F}{kT}$$

式（2.84）中的积分函数与费米积分相同，只是变量不同，因此同样可以参考图 2.29。至此，本节的**问题 1**）得以解决。

因为前面的载流子浓度的乘积式（2.33）是在满足式（2.21）和式（2.28）的前提下推导出来的，所以只适用于满足玻尔兹曼近似的非简并半导体，这一结论对简并半导体不再适用。至此，可以求解本征半导体、非本征半导体和简并半导体的载流子浓度，本章的**问题（一）**得以解决。

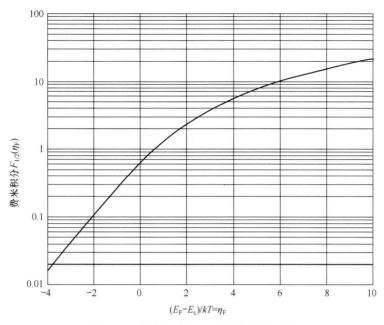

图 2.29 费米积分与 η_F 之间关系的曲线

2.7.2 禁带变窄效应

第 1 章中讲过,当构成半导体的原子相距足够近时,相邻原子之间发生共有化运动,孤立原子的能级展宽成能带。其实,类似这样的过程对掺入半导体中的杂质原子来说也是存在的。之前一直没有考虑这个问题的原因是,在掺杂浓度较低的情况下,相邻杂质原子之间的距离较远,可以将杂质原子视为局域化的、孤立的,这种能级展宽成能带的现象可以忽略。但在简并半导体中,掺杂浓度非常高,杂质原子之间靠得足够近,以至于必须考虑杂质能级分裂为杂质能带的过程,此时束缚于杂质能级上的电子也可在不同杂质原子之间转移,杂质能带也表现出一定的导电性。

从图 2.30(a)可以看出,此时掺杂浓度较低,杂质原子之间的距离较大,杂质能级是分立的能级 E_D;变为重掺杂后,杂质能级展宽成能带,由于施主杂质能级 E_D 本身与导带底 E_c 相距较近,发生杂质能级展宽后,展宽后的杂质能带和导带相互重叠,可以认为重叠后的能带的最低位置是新的导带底。如图 2.30(b)所示,这相当于导带底的位置降低,禁带宽度变窄,这种现象被称为**禁带变窄效应**。

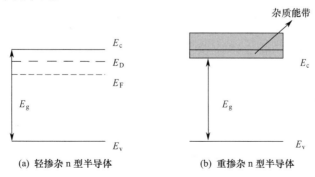

图 2.30 轻掺杂半导体和重掺杂半导体的能带

习 题 2

01. 什么是本征半导体？什么是非本征半导体？二者的区别是什么？

02. 什么是简并半导体？什么是非简并半导体？

03. 在什么条件下可以对费米分布函数使用玻尔兹曼近似？为什么？

04. 以半导体硅材料为例，计算 $T = 300K$ 时从本征费米能级到禁带中央的距离。

05. 在室温 $T = 300K$ 下，计算半导体材料砷化镓在 $E_c \sim E_c + kT$ 范围内包含的量子态总数。

06. 证明导带有效状态密度和价带有效状态密度的单位为"个/ cm^3"。

07. 当 $T = 300K$ 时，费米能级以上 0.15eV 的能级被电子占据的概率是多少？费米能级以下 0.15eV 的能级被电子占据的概率又是多少？

08. 假设某一温度下的非简并半导体的导带有效状态密度函数是价带有效状态密度函数的两倍，求该温度下的本征费米能级位置。

09. (a)设半导体 A 的带隙为 1eV，半导体 B 的带隙为 2 eV，室温下两种材料的本征载流子浓度之比 n_{iA}/n_{iB} 是多少？假定载流子的有效质量的差可以忽略。(b)设硅和砷化镓的本征载流子浓度等于室温下（300K）锗的本征载流子浓度，求硅和砷化镓对应的温度。

10. 不同掺杂浓度（同一杂质）的 n 型半导体的电子浓度和温度的关系曲线如题 10 图所示，左方曲线彼此重合，最右方两条曲线平行，说明理由。左方曲线的斜率由什么决定？右方曲线的斜率由什么决定？

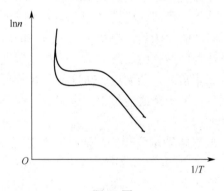

题 10 图

11. 当 $T = 300K$ 时，在半导体硅中掺入硼，其杂质浓度为 $2 \times 10^{15} cm^{-3}$，求半导体中的电子浓度和空穴浓度，并确定费米能级的位置，画出能带的示意图。

12. 当 $T = 300K$ 时，在一块掺杂浓度为 $1 \times 10^{15} cm^{-3}$ 的 n 型硅中又掺入了浓度为 $3 \times 10^{16} cm^{-3}$ 的受主杂质，求半导体的电子浓度和空穴浓度。

13. 以 $T = 300K$ 时的 n 型硅为例，估算当掺入的施主杂质的浓度达到多少时不能将其视为非简并半导体。

14. 一补偿硅半导体材料，掺入的受主杂质浓度为 $10^{15} cm^{-3}$，其费米能级与施主杂质能级重合，其电子浓度为 $5 \times 10^{15} cm^{-3}$，已知本征载流子浓度为 $1.5 \times 10^{10} cm^{-3}$，求：(a)平衡少子浓度；(b)掺入施主杂质浓度；(c)电离的杂质浓度。

15. 对于 $T = 300K$ 时的半导体硅材料，实验测得其电子浓度为 $1 \times 10^7 cm^{-3}$，求空穴浓度，假设该半导体已掺入施主杂质，其浓度为 $2 \times 10^{15} cm^{-3}$，求半导体中掺入的受主杂质浓度。

16. 对非简并半导体材料硅，利用 MATLAB 编写程序，在输入的环境温度、施主杂质和受主杂质浓度已知时，计算出该半导体的电子浓度和空穴浓度，并将前面各题的计算结果与程序的计算结果对比。将材料换为锗和砷化镓，重新进行上述计算。

17. 一块半导体硅材料，其中掺入的施主杂质浓度为 $1\times10^{16}\mathrm{cm}^{-3}$。当 $T\to0\mathrm{K}$ 时，半导体的费米能级的位置在那个区域随着温度的变化不断升高，这块半导体的费米能级将发生怎样的移动？

18. 假设在某半导体材料中掺入了一种施主杂质和一种受主杂质，其浓度分别为 N_D 和 N_A，根据 N_D 和 N_A 的大小关系，写出求解半导体的电子浓度和空穴浓度的公式。

19. 如果室温下费米能级位于本征费米能级以上的 0.3eV 处，分别对硅、锗及砷化镓计算它们的电子浓度和空穴浓度。

20. 已知室温下半导体的受主杂质浓度为 $2\times10^{15}\mathrm{cm}^{-3}$，为使其变为 n 型半导体，且费米能级在导带底以下的 0.3eV 处，应该加入多大浓度的施主杂质？

21. 对于只含一种施主杂质的 n 型硅，当掺入的施主杂质浓度分别为 $1\times10^{14}\mathrm{cm}^{-3}$、$1\times10^{15}\mathrm{cm}^{-3}$ 和 $1\times10^{16}\mathrm{cm}^{-3}$ 时，大致估算它们分别进入本征激发区的温度。

22. 对于一块室温下的 n 型硅，若将其费米能级移动到关于 E_{Fi} 对称的禁带的下部，则应向该半导体中掺入何种类型的杂质？掺入的杂质浓度应为多少？

23. 当 $T=300\mathrm{K}$ 时，在 n 型硅中，如果施主杂质浓度增大为原来的 10 倍，那么硅中的电子浓度和空穴浓度怎样变化？费米能级怎么移动？移动量是多少？

24. 对于室温下的本征硅，如果通过掺入某种杂质使其费米能级位置提升 0.15eV，那么应掺入哪种类型的杂质？掺杂浓度是多少？如果使其费米能级位置降低 0.15eV，结果又如何？

25. 对掺入施主浓度为 $1.874\times10^{13}\mathrm{cm}^{-3}$ 的施主杂质和施主浓度为 $3.748\times10^{12}\mathrm{cm}^{-3}$ 的硅样品，在温度为 500K 时，证明该材料是本征导电的。

26. 某半导体硅样品的含磷浓度为 $10^{16}\mathrm{cm}^{-3}$，含硼的浓度为 $2\times10^{15}\mathrm{cm}^{-3}$，已知 $T=260\mathrm{K}$ 时本征载流子浓度为 $2\times10^9\mathrm{cm}^{-3}$，磷的电离能为 0.045eV，费米能级与主杂质能级重合，求：(a)未电离的施主杂质浓度；(b)多子浓度和少子浓度。

27. 实际中半导体器件多数工作在完全电离区。假设半导体在最低工作温度时满足 $n_0=0.9N_\mathrm{D}$，在最高温度的工作时满足 $n_0=1.1N_\mathrm{D}$，假设半导体是只掺入一种施主杂质的 n 型半导体（可以使用教材中的任何参数、图形和结论），参考例 2.7 中的程序：(a)求给定施主杂质浓度的半导体的最低工作温度；(b)求掺杂浓度分别为 $10^{15}\mathrm{cm}^{-3}$、$10^{16}\mathrm{cm}^{-3}$ 和 $10^{17}\mathrm{cm}^{-3}$ 时的半导体硅的最高工作温度；(c)求具有(b)中掺杂浓度的半导体砷化镓的最高工作温度。

28. 已知室温下只掺入一种施主杂质的锗半导体样品的本征载流子浓度为 $2.4\times10^{13}\mathrm{cm}^{-3}$，若满足 $n_0=2p_0$，求该半导体的载流子浓度和施主杂质浓度。

29. 在本征硅中掺入杂质硼，其浓度为 $1\times10^{16}\mathrm{cm}^{-3}$。(a)确定该半导体的导电类型；(b)求该半导体在室温 300K 下的电子浓度、空穴浓度和费米能级位置，并将温度提升至 600K，重新计算载流子浓度和费米能级位置；(c)解释高温下载流子浓度增大的原因。

30. 对于常见的三种半导体材料 Si、Ge 和 GaAs，假设室温 300K 下它们均被掺入一种施主杂质，掺杂浓度均为 $5\times10^{15}\mathrm{cm}^{-3}$，讨论在室温附近发生环境温度的小变化 ΔT 时，其少子浓度对温度变化的敏感度，并分析这种敏感度不同的原因。

31. 在室温下的两块本征半导体硅中分别掺入 $1\times10^{18}\mathrm{cm}^{-3}$ 的磷杂质和 $1\times10^{15}\mathrm{cm}^{-3}$ 的硼杂质，对这两块样品计算：(a)本征载流子浓度比杂质浓度高一个数量级的温度；(b)假设杂质完全电离，计算载流子浓度和费米能级的位置；(c)将这两种杂质掺入一块本征半导体硅中，重新计算载流子浓度及费米能级的位置。

32. 在室温 300K 下的两块半导体本征硅中分别掺入 $1\times10^{18}\,\mathrm{cm^{-3}}$ 和 $1\times10^{15}\,\mathrm{cm^{-3}}$ 的同一浅施主杂质（杂质电离能为 0.05eV），假设杂质全部电离，计算费米能级的位置，并将算得的费米能级位置代回电子占据施主能级的概率公式中，以验证完全电离的假设正确与否。当假设不正确时，E_{D} 和 E_{F} 的位置关系如何？

33. 证明当费米–狄拉克分布函数满足波尔兹曼近似时，导带中电子和价带中空穴的分布峰值分别位于 $E_{\mathrm{c}}+\frac{1}{2}kT$ 和 $E_{\mathrm{v}}-\frac{1}{2}kT$ 处。

第3章 载流子的输运

第2章中计算得到了热平衡半导体的导带电子浓度和价带空穴浓度。将载流子的运动称为**输运**，载流子的输运现象是决定半导体器件工作的电流电压特性的重要基础。从半导体器件的角度考虑，本章将讨论载流子的输运现象及由载流子的输运在半导体内所产生的电流。半导体中的载流子存在两种输运机制：一种是漂移，是指载流子在电场作用下的运动；另一种是扩散，是指载流子在浓度梯度作用下的运动。在本章中，我们讨论载流子输运的前提是，假设热平衡状态的载流子分布不受影响，载流子的输运仅在导带或价带内发生，因此可以沿用第2章中关于载流子浓度的公式。

本章要解决的问题（一）如下：**根据载流子存在的两种输运机制，写出半导体中存在的总电流密度的表达式。**

3.1 载流子的热运动

本节要解决的问题1）如下：**在均匀、不受外力的半导体中，载流子是否运动？若运动，其运动速度由什么决定？其运动特点是什么？**

对于半导体的载流子，只要其环境温度不是热力学零度（$T \neq 0K$）（即使其不受外力作用），其中的载流子就不静止，而具有一定的运动速度和一定的动能。根据热力学统计物理的估算，载流子具有的动能与环境温度有关，即 $\frac{1}{2}m^*v^2 = \frac{3}{2}kT$，所以被称为**热运动**（其中 k 仍为第2章中提及的玻尔兹曼常数，T 为热力学温度），这个表达式对半导体中的两种载流子（即电子和空穴）都成立。可以利用其估算确定温度下半导体中的两种载流子热运动的平均速度。

热探针法测半导体的导电类型

根据例3.1的估算，在不同的环境温度下，半导体中的载流子具有不同的平均热运动速度。可以利用这一特性设计热探针法测量半导体的导电类型。如附图所示，当半导体上两个形成欧姆接触的探针附近的温度相差 25～100℃时，由于热探针附近的多子具有更高的平均热运动速度，因此按照系统自发向平衡状态过渡的特点，从热探针一侧向冷探针一侧运动的电子多于反向运动的电子，造成多子在冷探针一侧积累，若用电压表跨接在两探针之间，则可由电压表极性的指示判断半导体的导电类型。

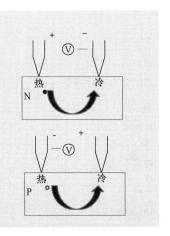

【例3.1】 估算室温 300K 下硅半导体中的电子的平均热运动速度。

解：根据公式 $\frac{1}{2}m_n^* v^2 = \frac{3}{2}kT$ 得

$$v = \sqrt{\frac{3kT}{m_n^*}} = \sqrt{\frac{3\times 0.0259\times 1.6\times 10^{-19}\,\mathrm{J}}{1.08\times 9.1\times 10^{-31}\,\mathrm{kg}}} \approx 1.12\times 10^7\,\mathrm{cm/s}$$

类似地，代入空穴有效质量，得到其平均热运动速度为 $1.56\times 10^7\,\mathrm{cm/s}$。

说明：从计算结果看，室温 300K 下载流子的平均热运动速度在 $10^7\,\mathrm{cm/s}$ 数量级，比光速小三个数量级。

若半导体晶体是理想晶体，则理想晶体具有理想的周期性势场，按照量子力学的理论，位于理想周期性势场中的电子不会改变自己的运动速度和运动方向，因此不会被散射，且一直将这种运动状态保持下去。然而，实际存在的晶体都不是理想晶体，与理想晶体相比会发生种种偏离，譬如存在各种缺陷，同时晶格本身也在不断地热振动，每个原子不在理想晶体规定的标准位置，而在标准位置附近振动。从势场的角度看，此时不再是理想的周期性势场，可视为在周期性势场的基础上叠加了一个附加势场。附加势场的存在使得运动的载流子产生散射作用，即不断改变载流子的运动状态，类似于在宏观物体中观察到的不断改变物体速度大小和方向的碰撞过程。

散射的存在使得运动的载流子不做简单的直线运动，而做紊乱的运动，如图 3.1 所示，相当于由于碰撞或散射作用，空穴不断改变运动的方向和大小。这种碰撞或散射的频率很高，平均 10^{-13} s 散射一次。由于每个载流子都具有类似的运动，在半导体内通过任一截面发生相反运动的电子数量相等，因此大量载流子的平均热运动速度为零，不产生宏观的净电流。至此，本节的**问题 1）**得以解决。

图 3.1 空穴在半导体中的运动
（圆代表空穴）

3.2 载流子的漂移运动

由于载流子带电，其在电场的作用下受电场力的作用而运动，这种运动被称为**漂移运动**。载流子的漂移运动如图 3.2(a)所示，与前面的规定一致，用空心圆代表空穴，用实心圆代表电子，二者在同一电场作用下的运动方向相反。由于载流子的漂移运动产生漂移电流，因此二者产生的电流方向是一致的。

然而，由 3.1 节可知，类似于载流子的热运动，位于非理想晶体势场中且在电场作用下做漂移运动的载流子，同样受到附加势场对其的散射作用，因此实际载流子的漂移运动不像图 3.2(a)所示的那么理想和简单，而表现为电场加速运动和势场散射作用的叠加，如图 3.2(b)所示。也就是说，实际载流子的运动表现为不断被散射打断的加速运动，或者说表现为利用散射的间隙来加速的运动。但此时与载流子的热运动不同，叠加的总效果存在沿外电场方向的净载流子流动，相应地有净电流产生。

此时，追踪半导体中每个载流子的运动细节是复杂的和无法完成的。对于半导体中包含的大量载流子在电场作用下的运动，有意义的是它们的整体平均行为，这种整体平均行为决定了半导体对外表现出的宏观特性。实际发现，半导体中每种载流子的整体行为表现为其具有一个固定的漂移运动速度。对于空穴，该漂移运动速度的方向是外电场的方向，而电子漂移运动速度的方向与外电场的方向相反。

对于外加电场作用下的载流子运动，还应叠加 3.1 节中描述的载流子热运动，此时载流子的运动情况更加复杂，包括热运动、漂移运动，以及附加势场对这两种运动的散射作用。载流子的这种运动情况可用图 3.3 来示意性地描述，为方便对比，虚线表示无外场情况下载流子的运动轨迹。从图中可以看出，此时存在抵消后的净电荷流动。

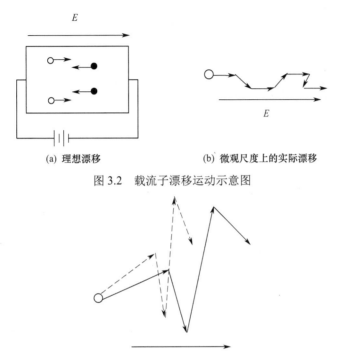

(a) 理想漂移　　　　　　　　　(b) 微观尺度上的实际漂移

图 3.2　载流子漂移运动示意图

图 3.3　有电场时空穴在半导体中的运动（圆代表空穴）

3.2.1　漂移电流密度

本小节要解决的问题①如下：如何计算由载流子漂移运动产生的漂移电流密度？

载流子漂移运动的结果是在半导体中产生电流，按照电流的定义，其数值等于单位时间内流过垂直电流方向的任意面积上的电荷数，如图 3.4 所示。

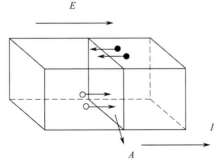

图 3.4　漂移电流定义的示意图

因此，空穴的漂移电流的表达式为

$$I_{\mathrm{pdrf}} = \rho v_{\mathrm{dp}} A \tag{3.1}$$

式中，I_{pdrf} 是空穴漂移电流，下标 p 表示空穴，下标 drf 是漂移的英文 drift 的缩写；A 是横截面积；v_{dp} 是空穴平均漂移速度；ρ 是电荷密度。式（3.1）可以进一步变形为

$$I_{\mathrm{pdrf}} = epv_{\mathrm{dp}} A \tag{3.2}$$

对应的空穴漂移电流密度为（J 的方向与电流方向一致且满足 $J = I/A$）

$$J_{\mathrm{pdrf}} = epv_{\mathrm{dp}} \tag{3.3}$$

类似地，电子漂移电流密度为［思考式（3.4）中负号的含义］

$$J_{\mathrm{ndrf}} = -env_{\mathrm{dn}} \tag{3.4}$$

虽然我们知道这里的电子或空穴漂移速度是由外加电场引发的，但是具体的**平均漂移速度和外加电场强度的关系如何呢**？实验证实，在外加电场的强度较弱时，平均漂移速度和外加电场强度之间满足简单的正比关系，如图 3.5 所示。

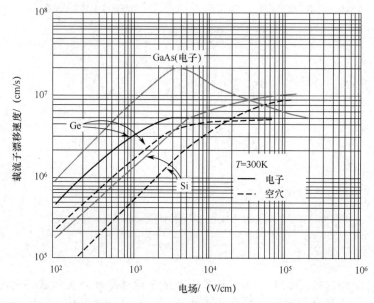

图 3.5　硅、锗和砷化镓中电子和空穴的漂移速度与外加电场的关系曲线

也就是说，载流子的散射使载流子不断地与半导体内部的电离杂质和晶格中热振动的原子碰撞，而碰撞后改变了载流子原来的加速度和速度。当载流子同时存在电场作用下的加速运动和散射运动时，载流子的运动变为两次散射间隔中的加速运动，因为散射，载流子失去从电场中获得的能量，然后开始下次加速并再次散射，这样的过程一直重复。因此，最终的结果是载流子的速度在给定的电场强度下，保持稳定的平均漂移速度。

因此，在电场强度较弱时，平均漂移速度与外加电场强度成正比，即

$$v_{\mathrm{dp}} = \mu_{\mathrm{p}} E \tag{3.5}$$

类似地，有［思考式（3.6）中负号的含义］

$$v_{\mathrm{dn}} = -\mu_{\mathrm{n}} E \tag{3.6}$$

式（3.5）和式（3.6）中的 $\mu_{\mathrm{n}}, \mu_{\mathrm{p}}$ 分别是电子迁移率和空穴迁移率。迁移率描述载流子在

电场作用下的运动情况，其物理意义是在单位电场强度下电子和空穴获得的平均漂移速度的大小，恒取正值，是衡量由漂移引发的载流子运动性质的重要参数。由迁移率的定义可知，迁移率的单位是 $cm^2/(V \cdot s)$。将式（3.5）、式（3.6）分别代入式（3.3）、式（3.4）得

$$J_{pdrf} = epv_{dp} = ep\mu_p E \tag{3.7}$$

$$J_{ndrf} = -env_{dn} = -en(-\mu_n E) = en\mu_n E \tag{3.8}$$

电子和空穴两种载流子所带的电量相反，在电场作用下的运动方向也相反，但是运动产生的电流方向相同。因此，总漂移电流密度为

$$J_{drf} = J_{ndrf} + J_{pdrf} = eE(n\mu_n + p\mu_p) \tag{3.9}$$

至此，本小节的问题①得以解决。

3.2.2　迁移率

表 3.1 列出了温度为 300K 时三种常见半导体材料的载流子迁移率。可以看出，在不同的晶体中，迁移率可在很大的范围内变化，常见半导体的迁移率变化范围为 $10^2 \sim 10^4 \, cm^2/(V \cdot s)$，同时电子和空穴的迁移率不同，且电子迁移率均大于空穴迁移率。研究载流子的漂移运动，就是研究载流子在电场作用下响应得到的平均漂移速度，即研究迁移率。由式（3.9）可以看出，迁移率是决定漂移电流的重要参数。

表 3.1　温度为 300K 时三种常见半导体材料的载流子迁移率

材　料	电子迁移率/（$cm^2/(V \cdot s)$）	空穴迁移率/（$cm^2/(V \cdot s)$）
硅	1350	500
锗	3900	1900
砷化镓	8000	500

本小节要解决的问题①和问题②分别如下：**迁移率和散射之间的关系是什么？迁移率受哪些参数的影响？这些参数又是如何影响迁移率的？**

【课程思政】

1. 散射和迁移率

上一节中计算出了漂移电流密度，并给出了迁移率的定义。这一节将讨论载流子的散射及迁移率与散射的关系。迁移率描述的是载流子在电场作用下获得的平均漂移速度的大小，也就是半导体中的载流子在电场作用下运动的难易程度。因为载流子是利用两次散射之间的平均自由时间进行加速的，所以半导体内部载流子的散射越多，载流子获得的沿电场方向的平均漂移速度就越小。总体来说，载流子迁移率的大小与单位时间内载流子受到散射的次数成反比。

达到稳态状况后，半导体中的载流子具有不随时间变化的稳定平均漂移速度，假设每次由散射作用导致的碰撞过程使载流子失去其全部动量，而它在碰撞后紧接着的电场作用下的加速运动中，获得的动量是电场力乘以平均自由时间，失去和获得的动量相等，才能达到稳定的平均漂移速度，即满足

$$m_p^* v = eE\tau_p \tag{3.10}$$

可得

$$\mu_p = \frac{e\tau_p}{m_p^*} . \tag{3.11}$$

式（3.10）和式（3.11）中的 τ_p 是载流子空穴在半导体中的平均自由时间。类似地，可以写出

$$\mu_n = \frac{e\tau_n}{m_n^*} \tag{3.12}$$

根据牛顿运动定律，有

$$F = eE = m_p^* a = m_p^* \frac{dv}{dt} \tag{3.13}$$

设载流子的初速度为零，对式（3.13）积分得

$$v = \frac{eEt}{m_p^*} \tag{3.14}$$

因为载流子只在两次散射之间的平均自由时间内加速，将式（3.14）中的 t 变为平均自由时间 τ_p 或 τ_n 并利用迁移率的定义后，也可得到式（3.11）和式（3.12）。由式（3.11）和式（3.12）可以看出载流子的迁移率与其有效质量成反比，因此由此出发可以解释表 3.1 中电子迁移率大于空穴迁移率的现象，即这种现象是由电子的有效质量往往小于空穴的有效质量导致的。实际中，由于各个方向上的有效质量不同，因此可以在式（3.11）和式（3.12）中采用统计平均值的电导有效质量。

散射对载流子迁移率的影响主要体现为对空穴或电子的平均自由时间的影响。

2. 载流子的散射

在半导体中，偏离理想周期势场形成的附加势场会使载流子散射。实际中附加势场导致的散射事件包括电离杂质散射、晶格振动散射、中性杂质和缺陷导致的散射及载流子之间的散射等。在半导体器件中以电离杂质散射和晶格振动散射为主。

1）电离杂质散射

在半导体中，无论掺入的是施主杂质还是受主杂质，其电离后都会产生带正电的电离施主杂质或者带负电的电离受主杂质。电离杂质周围存在库仑场，当带电的载流子运动到电离杂质周围时，受到库仑场的作用而改变运动方向，发生电离杂质散射。两种载流子在两种不同电离杂质周围发生的散射示意图如图 3.6 所示。

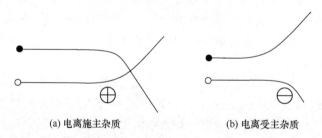

(a) 电离施主杂质　　　　　　　　(b) 电离受主杂质

图 3.6　两种载流子在两种不同电离杂质周围发生的散射示意图

图 3.6(a)表示电离施主杂质的散射，其中空心圆代表空穴，实心圆表示电子，可以看出电子和空穴遇到电离施主时，由于库仑力的作用而改变了载流子速度的方向。图 3.6(b)与图 3.6(a)

类似，当载流子遇到电离受主时，改变其速度的方向。可以用散射概率来衡量散射发生的频繁程度，它定义为单位时间内载流子平均受到散射的次数，用 P 表示散射概率。电离散射对应的散射概率与电离杂质的浓度及温度有关，满足关系

$$P_i = A \frac{N_I}{T^{3/2}} \tag{3.15}$$

式中，A 是比例系数；N_I 是电离杂质浓度的总和，包括电离施主杂质浓度和电离受主杂质浓度，N_I 越大，如图 3.6 所示的散射中心越多，散射概率越大。温度越高，载流子的平均运动速度越大，可以较快地通过电离杂质中心，库仑力作用短暂，因此其运动方向受到电离杂质的影响较小。

2）晶格振动散射

在实际中，只要温度高于热力学零度，半导体晶格中的原子就具有一定的动能，就会在理想晶体规定的标准位置附近做热振动。这种原子的热振动会破坏原来周期的势函数，导致在载流子与振动的原子之间发生散射。由晶格振动散射导致的散射概率用 P_l 表示，其与温度的关系为

$$P_l = BT^{3/2} \tag{3.16}$$

式中，B 是比例系数。温度越高，原子的热振动越明显，载流子与原子热振动之间发生散射的概率就越大。

可以假设只存在电离杂质散射时，对应表现出的迁移率为 μ_i；只存在晶格振动散射时，对应表现出的迁移率为 μ_l。按照前面定性分析的结果，迁移率与平均自由时间成正比，**平均自由时间和散射概率成反比**，因此有

$$\mu_{i(n/p)} \propto \frac{T^{3/2}}{N_I} \tag{3.17}$$

$$\mu_{l(n/p)} \propto T^{-3/2} \tag{3.18}$$

3. 载流子的迁移率随温度和掺杂浓度的变化

由两种散射机制决定的载流子的迁移率表达式如式（3.17）和式（3.18）所示，存在两种散射机制时，总迁移率随温度 T 和掺杂浓度的变化也就确定了。了解两种载流子的迁移率随温度及掺杂浓度的变化，对设计半导体器件来说是十分重要的。

由散射概率和平均自由时间的定义可知，二者互为反比关系。当两种散射机制共存时，总散射概率为电离杂质散射概率与晶格振动散射概率之和，即

$$\frac{1}{\tau} = \frac{1}{\tau_i} + \frac{1}{\tau_l} \tag{3.19}$$

综上所述，不论是电子迁移率还是空穴迁移率，其数值都由电离杂质散射和晶格振动散射共同决定，主要受掺杂浓度和温度的影响，满足

$$\frac{1}{\mu} = \frac{1}{\mu_i} + \frac{1}{\mu_l} \tag{3.20}$$

可表示为

$$\mu = \frac{e}{m_{\mathrm{n}}^{*}} \frac{1}{A T^{3/2} + B \dfrac{N_{\mathrm{I}}}{T^{3/2}}} \tag{3.21}$$

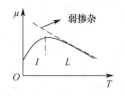

图 3.7　迁移率随温度的变化

掺杂浓度 N_{I} 较高时和较低时，迁移率随温度的变化如图 3.7 所示。从图 3.7 可以看出，当掺杂浓度较小（小于 $10^{17}\mathrm{cm}^{-3}$，图中的虚线所示）时，式（3.21）中与 B 成正比的那一项不必考虑，呈现出虚线所示的迁移率随 T 的增大而单调减小的变化。当掺杂浓度较大（大于或等于 $10^{18}\mathrm{cm}^{-3}$，图中的实线所示）时，低温下与 B 成正比的电离杂质散射起主要作用，迁移率随 T 的增大而增大，且随着温度的升高，与 A 成正比的晶格振动散射起主要作用，表现为迁移率达到最大值后，出现随 T 的增大而减小的趋势。

图 3.8 和图 3.9 分别给出了硅的电子迁移率和空穴迁移率在不同掺杂浓度下随温度的变化曲线。从图可以看出，总体来说，在 $-50 \sim 200$℃的变化范围内，电子迁移率和空穴迁移率随温度的升高而降低，但随着掺杂浓度的增大，这种随温度的升高而降低的趋势变缓。在轻掺杂半导体中，迁移率由晶格振动散射决定，与掺杂浓度几乎无关，按照式（3.18），μ_{l} 与 $T^{-3/2}$ 成正比，所以迁移率随着温度的升高而降低。如图 3.8 和图 3.9 中的子图所示，实验和更精确的理论仿真表明，当掺杂浓度为 $10^{14}\mathrm{cm}^{-3}$ 时，电子迁移率和空穴迁移率随温度的变化近似为 $T^{-2.2}$，而不是理论预测的 $T^{-3/2}$。随着掺杂浓度的增大，电离散射在总散射中所占的比重进一步增大，而 μ_{i} 与 $T^{3/2}$ 成正比，这两种相反的温度依赖关系部分抵消，导致迁移率随温度的变化在高掺杂浓度下变得不敏感。

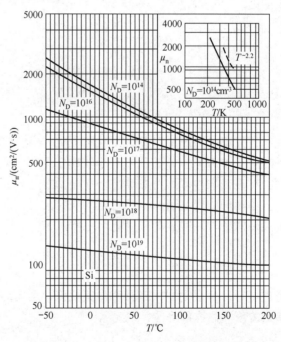

图 3.8　在不同掺杂浓度下，硅中电子迁移率随温度变化的曲线

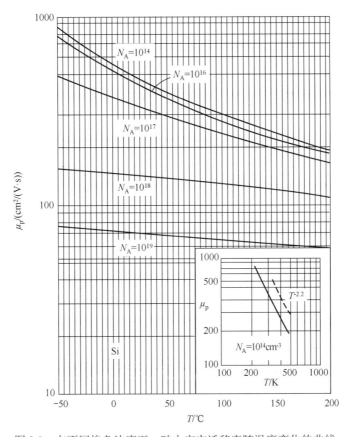

图 3.9 在不同掺杂浓度下，硅中空穴迁移率随温度变化的曲线

图 3.9 是硅中空穴迁移率随温度变化的曲线，与图 3.8 相比表现出了相似的随温度变化的规律。也可在确定的环境温度下，只研究载流子迁移率随掺杂浓度的变化规律，结果如图 3.10 所示。要强调的是，掺杂浓度在这里指的是掺入的受主杂质浓度和施主杂质浓度之和。

由图 3.10 可以看出，三种材料在 $T = 300\text{K}$ 时随掺杂浓度的增大而呈现的变化规律是一致的。总体来说，迁移率随着掺杂浓度的增大而减小，主要由式（3.21）决定，掺杂浓度越大，电离杂质散射中心越多，电离杂质散射概率越大，平均自由时间越小，迁移率越小。由图 3.10 还可以看出，迁移率随掺杂浓度的增大而减小的趋势在掺杂浓度较小时并不明显，仅在掺杂浓度较大时才比较明显。在实际计算及应用中，当室温 300K 下的掺杂浓度较小时，可以不考虑掺杂浓度对迁移率的影响，而直接参照表 3.1 中的数值。

至此，本小节的**问题①**和**问题②**得以解决。

【**例 3.2**】 已知硅在 $T = 300\text{K}$ 时于低掺杂浓度下的迁移率，估算电子和空穴两种载流子的平均自由时间（为使计算结果正确，设半导体为本征半导体）。

解：按照式（3.11）和式（3.12）有

$$\mu_{\text{p}} = \frac{e\tau_{\text{p}}}{m_{\text{p}}^*}$$

变形得

$$\tau_p = \frac{\mu_p m_p^*}{e}$$

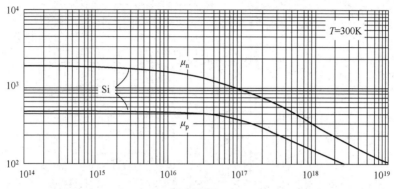

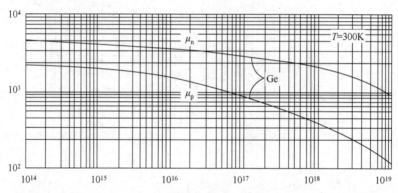

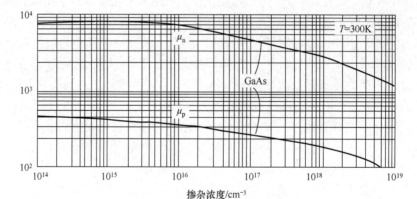

图 3.10　$T = 300\mathrm{K}$ 时，硅、锗、砷化镓的两种载流子的迁移率随掺杂浓度变化的曲线

将表 3.1 中的 $\mu_p = 500\mathrm{cm}^2/(\mathrm{V}\cdot\mathrm{s})$ 和 $m_p^* = 0.36 m_0$ 代入上式，得

$$\tau_p = \frac{(500 \times 10^{-4}) \times (0.36 \times 9.11 \times 10^{-31})}{1.6 \times 10^{-19}} \approx 1 \times 10^{-13}\,\mathrm{s}$$

类似地，将 $\mu_n = 1350\mathrm{cm}^2/(\mathrm{V}\cdot\mathrm{s})$ 和 $m_n^* = 0.26 m_0$ 代入得

$$\tau_n = \frac{(1350\times10^{-4})\times(0.26\times9.11\times10^{-31})}{1.6\times10^{-19}} \approx 2\times10^{-13}\text{s}$$

4. 饱和速度和强场迁移率

在前面的计算中，我们假设迁移率与外加的电场强度无关，平均漂移速度随着外加电场强度的增大而线性增大，如图 3.5 中左半部分曲线所示。但当电场强度足够强时，这种关系将发生偏移，如图 3.5 中右半部分曲线所示，当外加电场强度的数值达到 $10^4 \sim 10^5$V/cm（对不同材料的不同载流子，该数值不同）时，平均漂移速度随着外加电场强度的增大而线性增大的规律不再满足，此时迁移率的定义式也不再满足。实际中 $10^4 \sim 10^5$V/cm 的电场强度在 pn 结的内建电场区或场效应管的夹断区均可出现。在小尺寸器件中，10^5V/cm 左右的电场强度更容易达到。

由图 3.5 可以看出，在外加电场强度较小时，直线的斜率就是迁移率。但随着外加电场强度的增大，漂移速度随电场强度的增大不再是线性增大的，而是缓慢增大直到到达一个饱和值。不同材料的不同载流子的饱和漂移速度不同，硅的电子或空穴的饱和漂移速度处于 10^7cm/s 数量级。

关于这一现象，可以利用一个简单的模型来解释。由于迁移率和平均自由时间成正比，假设载流子在两次散射之间的平均自由程 l 为固定值，如图 3.3 所示，载流子的速度由两部分组成，一部分是漂移速度 v_d，另一部分是热运动速度 v_{th}，即有

$$\tau = \frac{l}{v_d + v_{th}} \tag{3.22}$$

在弱场情况下，满足 $v_{th} \gg v_d$，于是平均自由时间为定值，迁移率为定值，漂移速度随着外加电场强度的增大而线性增大。

随着电场强度的增大，漂移速度不能忽略，平均自由时间和弱场情况相比减小，迁移率减小，漂移速度随着外加电场强度的增大而缓慢增大。

在强场情况下，漂移速度和热运动速度大小相当，可近似为

$$\tau = \frac{l}{2v_d} \propto \frac{1}{E} \tag{3.23}$$

由于

$$\mu \propto \frac{1}{E}, \ v_d = \mu E \to C \tag{3.24}$$

式中，C 为常数，所以载流子达到饱和漂移速度。

由图 3.5 可以看出，砷化镓电子漂移速度与其他曲线相比，存在先增至最大值后降低，最后达到饱和速度的变化过程。与其他曲线相比，出现了随着电场强度的增大漂移速度减小的特殊区域。这种现象的出现主要是由砷化镓的能带结构决定的。根据砷化镓的 E-k 关系，存在两种不同有效质量的电子，当外加电场较弱时，电子处在有效质量较小的能谷位置，当外加电场增大到一定数值后，电子跃迁到有效质量较大的能谷位置，因为有效质量增大，所以出现了平均漂移速度随着外加电场强度的增大而减小的现象。

在漂移速度达到饱和后，迁移率的定义式（3.5）和式（3.6）不再满足，但式（3.3）和式（3.4）仍然满足，此时可将其修正为

$$J_{\mathrm{pdrf}} = epv_{\mathrm{dpsat}} \tag{3.25}$$

$$J_{\mathrm{ndrf}} = epv_{\mathrm{dnsat}} \tag{3.26}$$

式中，$v_{\mathrm{dpsat}}, v_{\mathrm{dnsat}}$ 分别是空穴平均饱和漂移速度与电子平均饱和漂移速度。在 PIN 光电二极管中，可以利用载流子的平均饱和漂移速度估算载流子的平均渡越时间。

3.2.3　电导率和电阻率

本小节的**任务①**如下：**推导出半导体的电导率和电阻率的表达式。**

3.1 节中推导出了漂移电流密度的表达式（3.9）。事实上，推导载流子的电流密度和外加电场强度之间的关系时，还可以从熟知的欧姆定律出发。

对均匀导体来说，利用欧姆定律有

$$J = \frac{I}{s} = \frac{V}{R \cdot s} \tag{3.27}$$

将电阻 R 的表达式 $R = \rho \dfrac{l}{s}$ 代入式（3.27），得

$$J = \frac{V}{R \cdot s} = \frac{V}{\rho \dfrac{l}{s} \cdot s} = \frac{V}{\rho \cdot l} \tag{3.28}$$

式中，ρ 为电阻率，l 为导体长度，s 为导体的横截面积。对均匀导体来说，有

$$E = \frac{V}{l} \tag{3.29}$$

将式（3.29）代入式（3.28），得

$$J = \frac{E}{\rho} = \sigma E \tag{3.30}$$

式中，σ 是电导率，它是电阻率的倒数；E 是导体内部某点的电场强度。这个结论虽然是适用于导体的，但也可推广到弱场作用下的半导体，因此也将式（3.30）称为**欧姆定律的微观形式**。比较式（3.9）与式（3.30），可得

$$\sigma = e(n\mu_{\mathrm{n}} + p\mu_{\mathrm{p}}) \tag{3.31}$$

按照式（3.30），电导率的单位是 A/(V·cm)，也可表示为 S/cm（S 是西门子）。对于 n 型或 p 型半导体，由于两种载流子的迁移率差别不大，而多数载流子比少数载流子大得多，因此在这种情况下电流密度和电导率都主要取决于多数载流子。对于 n 型半导体，有

$$J \approx en\mu_{\mathrm{n}}E \tag{3.32}$$

$$\sigma \approx en\mu_{\mathrm{n}} \approx eN_{\mathrm{d}}\mu_{\mathrm{n}} \tag{3.33}$$

对于 p 型半导体，有

$$J \approx ep\mu_{\mathrm{p}}E \tag{3.34}$$

$$\sigma \approx ep\mu_{\mathrm{p}} \approx eN_{\mathrm{a}}\mu_{\mathrm{p}} \tag{3.35}$$

假设这里的 n 型半导体和 p 型半导体都是补偿半导体，则式（3.33）和式（3.35）修正为

$$\sigma \approx en\mu_{\mathrm{n}} \approx e(N_{\mathrm{d}} - N_{\mathrm{a}})\mu_{\mathrm{n}}$$

$$\sigma \approx ep\mu_{\mathrm{p}} \approx e(N_{\mathrm{a}} - N_{\mathrm{d}})\mu_{\mathrm{p}}$$

对于本征半导体，两种载流子都要考虑

$$J = en_i(\mu_n + \mu_p)E \tag{3.36}$$

$$\sigma = en_i(\mu_n + \mu_p) \tag{3.37}$$

【例 3.3】 $T = 300\text{K}$ 时硅的掺杂浓度为 $N_A = 2\times10^{16}\,\text{cm}^{-3}$，外加电场强度为 $E = 5\text{V/cm}$，已知该温度下的 $n_i = 1.5\times10^{10}\,\text{cm}^{-3}$，$\mu_p = 500\text{cm}^2/(\text{V}\cdot\text{s})$，求半导体中产生的漂移电流密度。

解：所讨论的半导体为 p 型半导体，利用式（3.32），即

$$J \approx ep\mu_p E$$

要求出电流密度，先要求出多数载流子浓度。根据第 2 章中的式（2.63）有

$$p_0 = \frac{N_A}{2} + \sqrt{\left(\frac{N_A}{2}\right)^2 + n_i^2}$$

代入数据后，得

$$p_0 = 2\times10^{16}\,\text{cm}^{-3}$$

将所有数据代入式（3.32），得

$$J \approx (1.6\times10^{-19})\times(2\times10^{16})\times500\times5 = 8\text{A/cm}^2$$

由电导率和电阻率互为倒数关系，可以推出电阻率的公式为

$$\rho = \frac{1}{\sigma} = \frac{1}{e(n\mu_n + p\mu_p)} \tag{3.38}$$

电阻率的单位是 $\Omega\cdot\text{cm}$。由式（3.38）可以看出，影响电阻率的因素较多，包括两种载流子浓度和两种载流子的迁移率，因为载流子浓度和迁移率都随掺杂浓度和温度变化，所以电阻率也是关于掺杂浓度和温度的函数。和前面电导率的近似公式一样，可以推出 n 型半导体、p 型半导体和本征半导体的电阻率公式分别为

$$\rho \approx \frac{1}{en\mu_n} \tag{3.39}$$

$$\rho \approx \frac{1}{ep\mu_p} \tag{3.40}$$

$$\rho = \frac{1}{\sigma} = \frac{1}{e(n\mu_n + p\mu_p)} \tag{3.41}$$

下面考察 n 型半导体的电导率随杂质浓度及温度的变化情况。图 3.11 所示为 $T=300\text{K}$ 时 n 型硅和 p 型硅的电阻率随杂质浓度变化的曲线。在式（3.39）和式（3.40）中，假设杂质完全电离，此时式中的 n 或 p 就等于 N_D 或 N_A，对于补偿后的 n 型或 p 型半导体，式中的 n 或 p 就等于 $N_D - N_A$ 或 $N_A - N_D$。注意，图 3.11 中的横坐标和纵坐标均为对数坐标，因此在不考虑迁移率随杂质浓度变化的时候，对式（3.39）两边取对数得 $\lg\rho = A - \lg n$（其中 A 是由迁移率和电子电量决定的常数），因此其应该为一条斜率为-1 的直线。由图 3.11 可以看出，电阻率在掺杂浓度较低时随着杂质浓度的增大严格线性减小，但是随着杂质浓度的增大，这种变化开始偏离线性，一方面是由于迁移率本身随杂质浓度的增大开始降低，另一方面是随着杂质浓度的增大，室温下杂质不能达到完全电离。

电阻率随温度的变化更复杂，因为除迁移率随掺杂浓度和温度的变化外，多数载流子浓度本身在不同温度区间呈现不同的变化规律，图 3.12 示意性地画出了某杂质半导体的电阻率随温度变化的曲线。

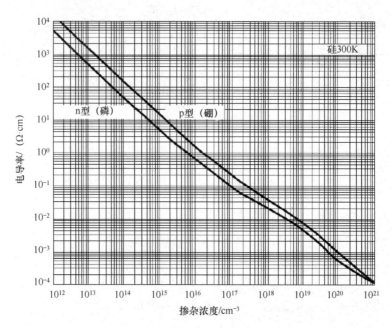

图 3.11　$T = 300K$ 时硅的电导率随掺杂浓度变化的曲线

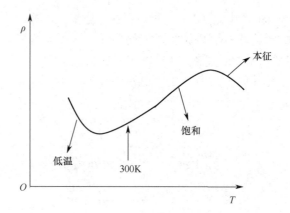

图 3.12　某杂质半导体的电阻率随温度变化的曲线

　　由图 3.12 可以看出，在低温区，杂质电离随温度的升高而增加；对于散射，在低温区晶格振动散射可以忽略，主要是杂质电离散射，所以迁移率随着温度的升高而增大，电阻率随着温度的升高而减小。在饱和区，杂质完全电离，载流子浓度几乎不随温度变化，随着温度的升高，晶格振动散射成为主要散射，迁移率随着温度的升高而减小，因此电阻率随着温度的升高而增大。随着温度的进一步升高，进入本征激发区，载流子浓度主要由本征载流子浓度决定，随着温度的增大而迅速增大，迁移率随温度的变化成为次要因素，所以电阻率随着温度的升高而减小。

　　本征半导体的电阻率变化与图 3.12 中的规律不同，因为 n_i，p_i 随着温度的升高而迅速增大，类似于图 3.12 中的本征区，相比之下，迁移率随温度的变化可以忽略。因此，本征半导体的电阻率随着温度的升高而单调减小。至此，本小节的**问题①**得以解决。

　　【例 3.4】 当 $T = 300K$ 时，有三种半导体材料硅，分别是本征硅、只掺入施主杂质浓度

为 $N_D = 2 \times 10^{16} \mathrm{cm}^{-3}$ 的 n 型硅和只掺入受主杂质浓度为 $N_A = 2 \times 10^{16} \mathrm{cm}^{-3}$ 的 p 型硅，已知该温度下的 $n_i = 1.5 \times 10^{10} \mathrm{cm}^{-3}$，分别计算这三种材料的电导率并比较其大小。

解：按照本征半导体的电导率公式 [式（3.37）]，即

$$\sigma = en_i(\mu_n + \mu_p)$$

将表 3.1 中的数值代入上式得

$$\sigma = (1.6 \times 10^{-19}) \times (1.5 \times 10^{10}) \times (1350 + 500) = 4.44 \times 10^{-6} (\Omega \cdot \mathrm{cm})^{-1}$$

对于 n 型半导体，利用式（3.33），即

$$\sigma \approx en\mu_n$$

按照第 2 章中的知识，$n_0 = 2 \times 10^{16} \mathrm{cm}^{-3}$，考虑到图 3.9 中迁移率受掺杂浓度的影响，在 $N_D = 2 \times 10^{16} \mathrm{cm}^{-3}$ 时，$\mu_n = 1000 \mathrm{cm}^2/(\mathrm{V} \cdot \mathrm{s})$，代入上式得

$$\sigma = (1.6 \times 10^{-19}) \times (2 \times 10^{16}) \times 1000 = 3.2 (\Omega \cdot \mathrm{cm})^{-1}$$

对于 p 型半导体，利用式（3.35），即

$$\sigma \approx ep\mu_p$$

按照第 2 章中的知识，$p_0 = 2 \times 10^{16} \mathrm{cm}^{-3}$，考虑到图 3.9 中迁移率受掺杂浓度的影响，在 $N_D = 2 \times 10^{16} \mathrm{cm}^{-3}$ 时，$\mu_p = 480 \mathrm{cm}^2/(\mathrm{V} \cdot \mathrm{s})$，代入上式得

$$\sigma = (1.6 \times 10^{-19}) \times (2 \times 10^{16}) \times 480 = 1.536 (\Omega \cdot \mathrm{cm})^{-1}$$

说明：由题中计算的结果可以比较这三种半导体材料的电导率，其中本征半导体的电导率最小，主要是因为本征载流子浓度较低；n 型半导体的电导率最大，p 型半导体的电导率居中，主要是因为空穴的迁移率小于电子的迁移率。

【例 3.5】 当 $T = 300\mathrm{K}$ 时，某 p 型半导体的电阻率为 $0.3 \Omega \cdot \mathrm{cm}$，求其电子浓度和空穴浓度，已知 $\mu_n = 7500 \mathrm{cm}^2/(\mathrm{V} \cdot \mathrm{s})$，$\mu_p = 750 \mathrm{cm}^2/(\mathrm{V} \cdot \mathrm{s})$，$n_i = 1.6 \times 10^{16} \mathrm{cm}^{-3}$。

解：根据式（3.40）有

$$p_0 \approx \frac{1}{e\rho\mu_p} = \frac{1}{(1.6 \times 10^{-19}) \times 0.3 \times 750} \approx 2.78 \times 10^{16} \mathrm{cm}^{-3}$$

按照载流子乘积满足的关系，有

$$n_0 \approx \frac{(1.6 \times 10^{16})^2}{2.78 \times 10^{16} \mathrm{cm}^{-3}} \approx 9.2 \times 10^{15} \mathrm{cm}^{-3}$$

热敏电阻或光敏电阻

根据式（3.37），本征半导体的电导率正比于其本征载流子浓度，因此在不同的环境温度下或不同强度的光照下，本征载流子浓度会发生变化，进而改变其本征电导率和电阻值。可以利用这一特性实现热敏电阻或光敏电阻。环境温度越高、照射半导体的适合波长的光越强，本征载流子浓度越大，本征电导率越大，对应半导体的电阻值越小，实现随温度或光照强度变化而改变半导体电阻值的目的。

【课程思政】

四探针法测半导体的电阻率

电阻率是反映半导体材料导电性能的重要参数，其中最常用的方法是四探针法。在标准的四探针法中，四根金属探针的针尖等间隔地排列在半无穷大半导体表面的一条直线上。电流从探针 1 流入，从探针 4 流出，将探针 1 和探针 4 视为点电流源。在半无穷大均匀样品中产生的电力线具有球面对称性，等势面是以点源为中心的半球面

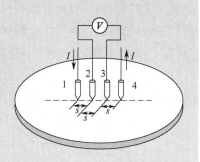

$$J = \frac{I}{2\pi r^2}, \quad E = \frac{J}{\sigma} = \frac{I\rho}{2\pi r^2}, \quad V = \frac{J}{\sigma}r = \frac{I\rho}{2\pi r}$$

流经探针 1 的电流在探针 2 和探针 3 之间产生的电位差为

$$(V_{23})_1 = \frac{I\rho}{2\pi}\left(\frac{1}{r_{12}} - \frac{1}{r_{13}}\right), \quad (V_{23})_4 = -\frac{I\rho}{2\pi}\left(\frac{1}{r_{42}} - \frac{1}{r_{43}}\right),$$

$$V_{23} = \frac{I\rho}{2\pi}\left(\frac{1}{r_{12}} - \frac{1}{r_{13}} - \frac{1}{r_{42}} + \frac{1}{r_{43}}\right) = \frac{I\rho}{2\pi s}, \quad \rho = \frac{2\pi s V_{23}}{I}$$

3.3　载流子的扩散运动

半导体中的载流子除存在 3.1 节中讨论的漂移运动外，还存在一种运动——扩散。扩散是指在浓度梯度的作用下，载流子从高浓度区域向低浓度区域运动的过程。实际中存在很多扩散运动的例子，例如，将一滴墨水滴入清水中，最初墨水滴入的局部浓度很高，而其他地方墨水的浓度为零，随着时间的推移，组成墨水的微观粒子发生扩散，经过足够长的时间，整个水中的墨水含量均匀。扩散运动是由原子等微观粒子的热运动引发粒子从浓度高的区域向浓度低的区域产生宏观尺度上的移动，以使粒子均匀分布的过程。3.1 节讨论的热探针测试法中涉及的就是载流子的扩散。对于载流子，由于其本身带电，因此其扩散运动会产生扩散电流。

本节的**任务 1）**如下：**写出由载流子的扩散运动产生的电流密度表达式。**

假设如图 3.13 所示，电子浓度和空穴浓度在 x 方向存在浓度梯度，根据菲克定律，直接给出空穴扩散电流密度和电子扩散电流密度的表达式分别为

$$J_{\text{ndif}} = eD_{\text{n}}\frac{\text{d}n}{\text{d}x} \tag{3.42}$$

$$J_{\text{pdif}} = -eD_{\text{p}}\frac{\text{d}p}{\text{d}x} \tag{3.43}$$

以上两式中出现的 $D_{\text{n}}, D_{\text{p}}$ 分别是电子扩散系数和空穴扩散系数，是正比例因子，单位为 cm^2/s。扩散系数是反映浓度梯度作用下载流子扩散运动强弱的参量，D 越大，扩散得越快。下标 dif 代表扩散，是其英文 diffusion 的缩写。由图 3.13(b) 和 (c) 可以看出，在相同的浓度梯度下，电子和空穴的扩散运动的方向相同，二者产生的电流密度的方向相反。在式（3.42）中，电子流动的方向是负 x 轴方向，考虑到电子带负电，相乘后式（3.42）的结果为正。在式（3.43）中，空穴流动的方向也是负 x 轴方向，考虑到空穴带正电，相乘后式（3.43）的结果为负，在

相同的浓度梯度下，两种载流子的扩散电流方向相反。

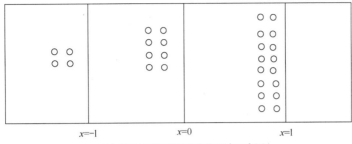

(a) 半导体内不均匀的空穴分布示意图

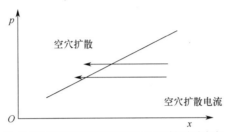

(b) 已知浓度梯度时空穴的扩散运动和扩散电流方向

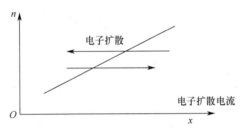

(c) 已知浓度梯度时电子的扩散运动和扩散电流方向

图 3.13　空穴浓度梯度分布及扩散电流的方向

当半导体中既存在电场又存在浓度梯度时，前述的两种运动同时存在，总电流密度由二者共同决定

$$J_n = eD_n \frac{dn}{dx} + en\mu_n E \tag{3.44}$$

$$J_p = -eD_p \frac{dp}{dx} + ep\mu_p E \tag{3.45}$$

至此，本节的**任务 1）**得以解决。也可以将半导体中存在的这 4 种电流综合在一起，表示为总电流密度。对于一维的简单情况，总电流密度的表达式为

$$J = en\mu_n E + ep\mu_p E + eD_n \frac{dn}{dx} - eD_p \frac{dp}{dx} \tag{3.46}$$

至此，本章的**问题（一）**得以解决。

【例 3.6】　当 $T = 300K$ 时，已知某种硅材料中的电子浓度线性变化，如图 3.14 所示。已知电子的扩散系数为 $D_n = 25\text{cm}^2/\text{s}$，计算扩散电流密度。

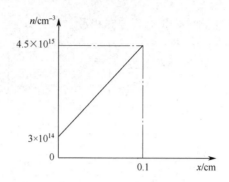

图 3.14　例 3.6 计算用图

解：按照电子扩散电流密度的定义式［式（3.42）］，即

$$J_{\mathrm{ndif}} = eD_{\mathrm{n}}\frac{\mathrm{d}n}{\mathrm{d}x}$$

因为假设题中的电子浓度线性变化，所以有

$$J_{\mathrm{ndif}} = (1.6\times10^{-19})\times25\times\frac{(4.5\times10^{15}-0.3\times10^{15})}{0.1} = 0.168\mathrm{A/cm^2}$$

3.4　爱因斯坦关系

通过对载流子输运现象的研究，我们知道迁移率是描述载流子在外电场作用下运动难易程度的量，扩散系数是描述载流子在浓度梯度作用下运动难易程度的量。事实上，对电子和空穴来说，这两个量不是相互独立的，而是存在一定关系的。爱因斯坦关系描述的就是载流子迁移率和扩散系数之间的关系。本节的**任务 1）**如下：**推导出著名的爱因斯坦关系。**

3.4.1　电场作用下的能带图

在前面讨论的所有能带图中，E_{c} 和 E_{v} 均是一条平直的线，表明导带底和价带顶的位置均是恒定的，与能带图的横坐标 x 无关。那么处在电场中的半导体样品的能带图会发生什么变化呢？本小节的**问题①**和**问题②**分别如下：**电场作用下的能带图将发生什么变化？如何从能带图中得出电场的静电势和电场强度的信息？**

当半导体中存在电场时，在有电场的区域存在电势的逐点变化，电势乘以电子电量，存在电子电势能随位置的变化。由于能带图隐含的纵坐标方向是电子能量增大的方向，因此将电子电势能叠加到能带图原来的能量上，能带图的纵坐标变为总电子能量，总电子能量是位置的函数，称为能带弯曲。可以说正电压一侧的能带降低，负电压一侧的能带升高。至此，本小节的**问题①**得以解决。

以某半导体器件内部存在的电场导致的能带弯曲为例，从能带弯曲出发找到半导体内存在电场的相关信息。假设存在图 3.15 所示的能带弯曲，由于能带弯曲是变化的电势能叠加到原来不随位置变化的能量上形成的，若以某不随 x 变化的直线作为参考能量位置 E_{ref}，则 $E_{\mathrm{c}}-E_{\mathrm{ref}}$ 就是随 x 变化的电子电势能，由电学知识可知

$$E_{\mathrm{c}}-E_{\mathrm{ref}}=-eV$$

$$V = -\frac{1}{e}(E_c - E_{ref}) \tag{3.47}$$

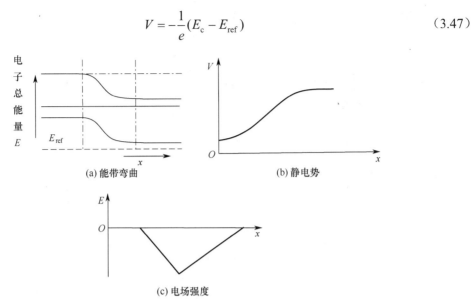

(a) 能带弯曲　　　　　　　　　　　(b) 静电势

(c) 电场强度

图 3.15　半导体的能带弯曲与电势和电场强度的关系示例

由电场和电势之间的关系（一维情况下）$E = -\dfrac{dV}{dx}$ 得

$$E = \frac{1}{e}\frac{dE_c}{dx} = \frac{1}{e}\frac{dE_v}{dx} = \frac{1}{e}\frac{dE_{Fi}}{dx} \tag{3.48}$$

由式（3.47）可知，半导体内存在的静电势随 x 的变化规律是能带图中 E_c（或 E_{Fi}、E_v）的颠倒。而由式（3.48）可知，E_c（或 E_{Fi}、E_v）与 x 的斜率关系决定了电场与 x 之间的变化关系。至此，本小节的**问题②**得以解决。由于存在电场，能带弯曲现象在很多半导体器件中都存在，在后面的分析中会不断出现。

3.4.2　爱因斯坦关系的推导

在以前的讨论中，我们都假设掺杂半导体是均匀掺杂的，即在半导体内部各处的掺杂浓度都相等。在这里，为了推导爱因斯坦关系，考虑一种非均匀掺杂的半导体。所谓非均匀掺杂，是指在半导体的不同位置掺入的杂质浓度不同。图 3.16(a)所示为一块非均匀 n 型半导体的掺杂浓度与位置关系的示意图，如果是均匀掺杂，应为一条平行于 x 轴的直线，而此时的曲线表明是非均匀掺杂。

在第 2 章关于费米能级的讨论中，提到费米能级是衡量半导体中电子占据能级水平的一种度量，因此对于处于热平衡状态的半导体来说，其费米能级是恒定的、不变的，对应图 3.16(b)中水平直线的费米能级。假设杂质在本地完全电离，非均匀掺杂半导体的掺杂浓度随 x 的变化图 3.16(a)也反映了非均匀掺杂半导体的电子浓度随 x 变化的规律。浓度梯度的存在导致了电子的扩散运动，扩散的方向是 x 轴的负方向。扩散运动的后果是破坏原来半导体中存在的电中性条件，靠左边的半导体因为接收了扩散来的电子而局部带负电，靠右边的半导体因为电子的流出而局部带正电。这种局部带电的现状导致半导体内部存在电场，电场的方向是 x 轴的负方向。在电场作用下产生载流子的漂移运动，其运动方向与扩散运动的方向恰恰相反，阻止了扩散的进一步进行。最初扩散运动强，伴随着内建电场的出现，产生的漂移运动抵抗扩散运动，经过足够长的时间后，漂移电流与扩散电流大小相等、方向相反，达到平衡状态。根据 3.4.1 节的结论，这种内建电场的存在导致随位置变化的电势能叠加到原来的能带图上，得到图 3.16(b)所示的弯曲能带图。此时沿 x 轴的正方向，费米能级越靠近导带底，表明其 n 型越强，与其非均匀掺杂的情况是一致的。

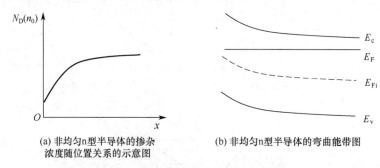

(a) 非均匀n型半导体的掺杂　　　　　　　(b) 非均匀n型半导体的弯曲能带图
浓度随位置关系的示意图

图 3.16　非均匀掺杂的 n 型半导体

此时半导体内部虽然既有扩散运动又有漂移运动，但二者达到平衡，平衡下的非均匀掺杂半导体的总电流为零，即有

$$J_\mathrm{n} = eD_\mathrm{n}\frac{\mathrm{d}n}{\mathrm{d}x} + en\mu_\mathrm{n}E = 0 \tag{3.49}$$

式（3.49）要在均匀掺杂的平衡半导体中成立，必须同时满足电场为零和浓度梯度为零的条件，但在我们考察的非均匀掺杂半导体中，可在式（3.49）右边的两项均不为零的情况下保持平衡状态下总电流为零的条件，为找到迁移率和扩散系数之间的关系提供了便利，这也是选择非均匀掺杂半导体作为推导爱因斯坦关系的原因。

在式（3.49）中，$\dfrac{\mathrm{d}n}{\mathrm{d}x}$ 在杂质完全本地电离的假设下等于 $\dfrac{\mathrm{d}N_\mathrm{D}(x)}{\mathrm{d}x}$，要利用式（3.49）推导出迁移率和扩散系数的关系，必须求出内建电场 E 的表达式。

由 3.4.1 节的结论有

$$E = \frac{1}{e}\frac{\mathrm{d}E_\mathrm{c}}{\mathrm{d}x} = \frac{1}{e}\frac{\mathrm{d}E_\mathrm{v}}{\mathrm{d}x} = \frac{1}{e}\frac{\mathrm{d}E_\mathrm{Fi}}{\mathrm{d}x}$$

要求出内建电场，必须求出本征费米能级随位置的变化率。考虑到式（2.34），有

$$n_0 = n_\mathrm{i}\exp\left[\frac{E_\mathrm{F} - E_\mathrm{Fi}}{kT}\right] \approx N_\mathrm{D}(x) \tag{3.50}$$

解得

$$\frac{\mathrm{d}E_\mathrm{Fi}}{\mathrm{d}x} = -\frac{kT}{N_\mathrm{D}(x)}\frac{\mathrm{d}N_\mathrm{D}(x)}{\mathrm{d}x} \tag{3.51}$$

将式（3.51）代入式（3.48），得

$$E = -\frac{kT}{eN_\mathrm{D}(x)}\frac{\mathrm{d}N_\mathrm{D}(x)}{\mathrm{d}x} \tag{3.52}$$

将式（3.52）代入式（3.49），得

$$D_\mathrm{n}\frac{\mathrm{d}N_\mathrm{D}(x)}{\mathrm{d}x} - \mu_\mathrm{n}N_\mathrm{D}(x)\frac{kT}{eN_\mathrm{D}(x)}\frac{\mathrm{d}N_\mathrm{D}(x)}{\mathrm{d}x} = 0 \tag{3.53}$$

得到

$$\frac{D_\mathrm{n}}{\mu_\mathrm{n}} = \frac{kT}{e} \tag{3.54}$$

类似地，可以得到

$$\frac{D_\mathrm{p}}{\mu_\mathrm{p}} = \frac{kT}{e} \tag{3.55}$$

即满足

$$\frac{D_\mathrm{n}}{\mu_\mathrm{n}} = \frac{D_\mathrm{p}}{\mu_\mathrm{p}} = \frac{kT}{e} \tag{3.56}$$

这就是我们得到的描述载流子迁移率和扩散系数关系的式子，称为**爱因斯坦关系**。有了爱因斯坦关系，总电流密度的表达式［式（3.46）］就可以变形为

$$J = e\mu_\mathrm{n}\left(nE + \frac{kT}{e}\frac{\mathrm{d}n}{\mathrm{d}x}\right) + e\mu_\mathrm{p}\left(pE - \frac{kT}{e}\frac{\mathrm{d}p}{\mathrm{d}x}\right) \tag{3.57}$$

利用爱因斯坦关系，可以由已知半导体材料中载流子迁移率的数据，推算出载流子扩散系数的数值。当我们认为前面分析影响载流子迁移率的各种散射机制对载流子的扩散运动也有类似的阻碍作用时，爱因斯坦关系就变得可以接受。爱因斯坦关系虽然是在平衡状态下推导出来的，但是进一步的推理证明，在非平衡状态下其也是有效的。至此，本节的**任务1）**完成。

【例 3.7】　根据锗材料的迁移率的数值，算出 $T = 300\mathrm{K}$ 时的电子扩散系数和空穴扩散系数，已知锗的 $\mu_\mathrm{n} = 3900\mathrm{cm}^2/(\mathrm{V}\cdot\mathrm{s})$，$\mu_\mathrm{p} = 1900\mathrm{cm}^2/(\mathrm{V}\cdot\mathrm{s})$。

解：将数据代入爱因斯坦关系式

$$D_\mathrm{n} = \frac{kT}{e}\mu_\mathrm{n}$$

得

$$D_\mathrm{n} = 0.0259 \times 3900 \approx 101\mathrm{cm}^2/\mathrm{s}$$

类似地，可以算出

$$D_\mathrm{p} = 0.0259 \times 1900 \approx 49.2\mathrm{cm}^2/\mathrm{s}$$

【例 3.8】某半导体硅中掺入了 $6\times10^{15}\mathrm{cm}^{-3}$ 的杂质磷和 $4\times10^{15}\mathrm{cm}^{-3}$ 的杂质硼，求其在 300K 和 350K 时的电子扩散系数。

解：根据爱因斯坦关系，先根据已知条件得出该样品在 300K 和 350K 时的迁移率，查表得到 300K、总掺杂浓度为 $1\times10^{16}\mathrm{cm}^{-3}$ 时的电子迁移率为 $1040\mathrm{cm}^2/(\mathrm{V}\cdot\mathrm{s})$，室温下 $\frac{kT}{e}$ 为 0.0259V，得 D_n 为 $26.9\mathrm{cm}^2/\mathrm{s}$。

类似地，该样品在 350K 时的电子迁移率为 $890\mathrm{cm}^2/(\mathrm{V}\cdot\mathrm{s})$，该温度下的 $\frac{kT}{e}$ 为 0.0302V，得 D_n 为 $26.87\mathrm{cm}^2/\mathrm{s}$。

3.5　霍尔效应

通过四探针法测量得到半导体的电阻率结果，是其多子浓度和多子迁移率相乘后表现出

来的总体结果，如果还需要分别测量得到半导体的多子浓度和多子迁移率，就要用到本节的霍尔效应（Hall effect）实验。霍尔是 1879 年发现该效应的科学家。霍尔效应的广泛应用是在其被发现约 70 年后随着半导体技术的兴起才开始的，至今整数和分数量子霍尔效应在拓扑量子物态的发展中起到了重要作用，推动了凝聚态物理的发展，为低能耗电子器件和量子计算的发展提供了新思路。

如图 3.17 所示，沿 x 方向加电场，沿 z 方向加磁场，通有电流 I_x 的半导体放在 z 方向的磁场中，半导体在 x, y 和 z 方向的线度分别为 l, w 和 d，外加电压 V_x 加在样品 x 方向的两终端，此时载流子发生 x 方向的流动。半导体中的电子和空穴均受到洛伦兹力的作用

$$F = ev \times B$$

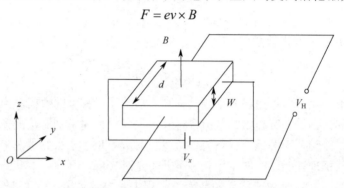

图 3.17　霍尔效应测量示意图

可以分析得出半导体中两种载流子的运动方向相反，由于所带电荷相反，因此半导体中的电子和空穴所受的力均沿 $-y$ 方向。若半导体是 n 型的，则在样品的前表面（即 $y = 0$ 面）上积累多子电子；类似地，若半导体是 p 型的，在相同的面上会积累空穴。相应地，在样品的后表面上因缺少多子而积累相反的电荷，净电荷的存在导致在半导体样品的 y 方向产生电场，称为**霍尔电场**。因为稳态时未产生沿 y 方向的净电流，所以此时满足载流子所受的洛伦兹力等于电场力的平衡条件，有

$$ev_{dx} \times B_z + eE_y = 0 \tag{3.58}$$

得

$$v_{dx}B_z = E_y \tag{3.59}$$

$$V_H = E_y w = v_{dx}B_z w \tag{3.60}$$

假设半导体是 p 型的（因为只有一种载流子起主导作用），根据在 x 方向施加的电压 V_x 可以计算出空穴的平均漂移速度为

$$v_{dx} = \frac{J_x}{ep} = \frac{I_x}{ep(wd)} \tag{3.61}$$

将式（3.61）代入式（3.60），得

$$V_H = \frac{I_x B_z w}{ep(wd)} = \frac{I_x B_z}{epd} \tag{3.62}$$

得

$$p = \frac{I_x B_z}{edV_H} \tag{3.63}$$

式中，右边出现的 I_x, B_z, V_H, d 均是已知值或实验测量值，V_H 的单位是伏，d 的单位是米，I

的单位是安培，B 的单位是特斯拉。也就是说，可借助霍尔效应实验计算出多子空穴的浓度。

对于 n 型半导体，可做类似的推导

$$V_{\mathrm{H}} = -\frac{I_x B_z}{end} \tag{3.64}$$

$$n = -\frac{I_x B_z}{edV_{\mathrm{H}}} \tag{3.65}$$

根据霍尔电压的正、负可判断半导体的导电类型。

确定多子浓度后，可借助 x 方向的漂移电流确定弱场下多子的迁移率，根据式（3.34）有

$$J_x = \frac{I_x}{wd} = \frac{epV_x\mu_{\mathrm{p}}}{L} \tag{3.66}$$

变换后得

$$\mu_{\mathrm{p}} = \frac{I_x L}{epV_x wd} \tag{3.67}$$

对于 n 型半导体，其多子电子在弱场下的迁移率为

$$\mu_{\mathrm{n}} = \frac{I_x L}{enV_x wd} \tag{3.68}$$

通过霍尔效应实验，可以测出半导体的导电类型、多子浓度和多子在弱场下的迁移率。

习　题　3

01. 在半导体中，载流子输运的两种机制是什么？

02. 说明为什么电子和空穴的迁移率不同。

03. 已知 $T = 300\mathrm{K}$ 时，低掺杂硅样品的电子迁移率为 $1359\mathrm{cm}^2/(\mathrm{V}\cdot\mathrm{s})$，设硅电子的有效质量为惯性质量 m_0。
    (a)计算电子两次碰撞之间的时间间隔；(b)若对其施加 $600\mathrm{V/cm}$ 的电场，则两次碰撞之间电子的平均漂移距离是多少？

04. 当 $T = 300\mathrm{K}$ 时，本征半导体硅材料掺入施主杂质，掺杂浓度为 $1\times10^{15}\mathrm{cm}^{-3}$，求材料的电阻率；当环境温度由 $T = 300\mathrm{K}$ 上升至 $T = 450\mathrm{K}$ 时，其电阻率发生什么变化？

05. 已知一种半导体材料的电子迁移率和空穴迁移率分别是 μ_{n} 和 μ_{p}，证明当空穴浓度为 $p_0 = n_i\left(\mu_{\mathrm{n}}/\mu_{\mathrm{p}}\right)^{1/2}$ 时，电导率达到最小值 $\sigma_{\min} = \dfrac{2\sigma_i(\mu_{\mathrm{n}}\mu_{\mathrm{p}})^{1/2}}{(\mu_{\mathrm{n}} + \mu_{\mathrm{p}})}$，式中的 σ_i 表示本征电导率。

06. 对于室温下电阻率为 $8\,\Omega\cdot\mathrm{cm}$ 的 n 型半导体硅，计算半导体的电子浓度和空穴浓度。

07. 计算本征砷化镓的电导率，掺入杂质浓度为 $1\times10^{14}\mathrm{cm}^{-3}$ 的施主杂质后，重新计算其电导率并比较结果。

08. 当 $T = 300\mathrm{K}$ 时，半导体材料硅中掺入 $N_A = 5\times10^{15}\mathrm{cm}^{-3}$ 和 $N_D = 1.5\times10^{16}\mathrm{cm}^{-3}$ 的杂质，计算：(a)电子浓度和空穴浓度；(b)费米能级位置；(c)电导率。

09. 3V 电压加到 1.5cm 长的半导体棒的两端时，半导体内部空穴的平均漂移速度为 $5\times10^3\mathrm{cm/s}$，求半导体的空穴迁移率。

10. 某非均匀掺杂的 p 型半导体在平衡状态下，价带顶附近的能带图如题 10 图所示，它是一条确定斜率的直线，其斜率由图中给出的参数确定，试求：(a)半导体内建电场的表达式（用图中给出的参数表示）；

(b)假设玻尔兹曼近似成立，该半导体空穴浓度随 x 变化的函数关系如何？写出其表达式；(c)在前面两问的基础上证明爱因斯坦关系。

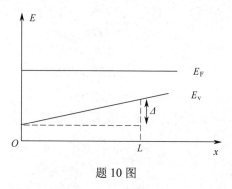

题 10 图

11. 室温下有三块本征半导体硅，第一块掺入施主杂质的浓度为 $1 \times 10^{17} \mathrm{cm}^{-3}$，第二块掺入受主杂质的浓度为 $1 \times 10^{15} \mathrm{cm}^{-3}$，第三块同时掺入以上两种杂质，分别计算这三种材料的电导率。

第4章 过剩载流子

半导体存在两种状态,即热平衡状态和非热平衡状态。热平衡状态是半导体没有受到外界(电场、磁场、光照等)作用的状态。非热平衡状态是半导体受到外界作用的状态。因此,当半导体处于热平衡状态时,半导体中的载流子浓度只有热平衡载流子浓度,其不随时间发生变化。而在非热平衡状态下,出现了过剩载流子,半导体中的载流子浓度包括热平衡载流子浓度和过剩载流子浓度。事实上,半导体器件的工作状态(如晶体管的放大、半导体光电二极管的发光及 pn 结的单向导电性)都是与过剩载流子相联系的,是工作在非热平衡状态下的。那么过剩载流子是怎么来的呢?过剩载流子有多少?如何随时间变化?过剩载流子的漂移和扩散两种运动是怎样进行的呢?解决了这些问题,就掌握了过剩载流子的性质和运动变化规律,运用这些规律,就可以讨论它们对电流的贡献,进而确定半导体器件的工作原理。过剩载流子是半导体器件的工作基础,它决定着半导体器件的特性。

本章要解决的问题(一)如下:**非热平衡状态下电子和空穴的浓度随时间与空间的变化规律是什么?**

4.1 载流子的产生和复合

由第 2 章可知,半导体中的载流子包括导带的电子和价带的空穴,当 $T = 0\text{K}$ 时,电子和空穴的浓度均为零,当 $T > 0\text{K}$ 时,电子和空穴的浓度不为零,是不随时间变化的稳定值。在外力的作用下,这种状态被破坏,在受外力的非热平衡状态下,半导体中既有热平衡载流子,又有过剩载流子。载流子浓度的变化与载流子的产生和复合有关。

本节要解决的问题如下:**1)过剩载流子的定义;2)决定过剩载流子产生率的因素;3)影响过剩载流子复合率的因素;4)过剩载流子寿命的定义。**

下面以某种合适波长($h\nu > E_g$)的光照射半导体为例,具体说明过剩载流子的定义。当光最初照射半导体时,价带电子可吸收能量而激发至导带,同时产生导带电子和价带空穴。此时,半导体的总载流子浓度分别为

$$n = n_0 + \Delta n \tag{4.1}$$

$$p = p_0 + \Delta p \tag{4.2}$$

式中,Δn 和 Δp 分别是光照这种外力作用加入后,载流子浓度比热平衡时多出来的部分,称为**过剩载流子**,也称**非平衡载流子**,如图 4.1 中虚线框内的载流子所示。因为光照作用下电子和空穴是成对产生的,所以有 $\Delta n = \Delta p$。这一结论也可从电中性条件出发来解释:由于热平衡状态半导体是电中性的,因此非热平衡状态下的半导体也是电中性的。由于过剩载流子的出现,原来在热平衡状态下满足的关系 $n_0 p_0 = n_i^2$ 不再成立,$n_0 p_0 \neq n_i^2$ 成为半导体处于非热平衡状态的判据。

由图 4.1 还可以看出，虽然过剩电子和过剩空穴的数量相等，但它们对半导体中多子浓度和少子浓度的影响是不同的。一方面，由于平衡多子浓度很高，所以在非热平衡状态下，过剩多子的加入对多子总浓度的影响很小；另一方面，过剩少子的加入对总少子浓度产生非常显著的影响。假设某室温下 n 型半导体硅的平衡电子浓度为 $1 \times 10^{15} \mathrm{cm}^{-3}$，相应的平衡空穴浓度为 $2.25 \times 10^{5} \mathrm{cm}^{-3}$，由光照这种外力产生的过剩载流子浓度为 $1 \times 10^{10} \mathrm{cm}^{-3}$，可以看出对非热平衡状态下的多子浓度而言，增加的这部分过剩载流子微不足道，而对非热平衡状态下的少子浓度而言，增加的这部分过剩载流子起到了决定性作用。至此，本节的**问题 1）**得以解决。

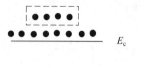

图 4.1　某 n 型半导体中产生过剩载流子的示意图

将导带电子和价带空穴的生成过程称为**载流子的产生**，同时将一个电子和一个空穴结合并湮灭的过程称为**载流子的复合**。过剩载流子及其变化与载流子的产生和复合密切相关，载流子生成的快慢程度可用产生率描述，产生率定义为单位体积单位时间内载流子增加的数目，常用 G_n 和 G_p 分别表示电子和空穴的产生率，当仅存在载流子产生时，载流子浓度的变化与产生率的关系为

$$G_{n} = \frac{\mathrm{d}n}{\mathrm{d}t} \tag{4.3}$$

$$G_{p} = \frac{\mathrm{d}p}{\mathrm{d}t} \tag{4.4}$$

产生率的单位是 $\mathrm{cm}^{-3} \cdot \mathrm{s}^{-1}$。

相应地，载流子湮灭的快慢程度用复合率描述，复合率定义为单位体积单位时间内载流子减少的数目，常用 R_n 和 R_p 分别表示电子和空穴的复合率，当仅存在载流子复合时，载流子浓度的变化与复合率的关系为

$$R_{n} = -\frac{\mathrm{d}n}{\mathrm{d}t} \tag{4.5}$$

$$R_{p} = -\frac{\mathrm{d}p}{\mathrm{d}t} \tag{4.6}$$

复合率的单位是 $\mathrm{cm}^{-3} \cdot \mathrm{s}^{-1}$。

当存在产生和复合两种过程时，载流子浓度的变化由二者共同决定，即有

$$\frac{\mathrm{d}n}{\mathrm{d}t} = G_{n} - R_{n} \tag{4.7}$$

$$\frac{\mathrm{d}p}{\mathrm{d}t} = G_{p} - R_{p} \tag{4.8}$$

这里只考察电子和空穴通过能带间的直接产生与直接复合过程。

4.1.1　决定载流子产生率的因素

载流子是怎么产生的呢？当 $T = 0\mathrm{K}$ 时，半导体价带为满带，导带为空带，所以半导体中的载流子浓度等于零。当 $T > 0\mathrm{K}$ 时，导带有电子，价带有空穴，载流子浓度不为零。当把一块 $T = 0\mathrm{K}$ 的半导体放在 $T > 0\mathrm{K}$ 的环境中时，半导体中的载流子就会从无到有。可见，热能是产生载流子的一种源。这里只考虑跨越禁带的直接产生过程，其满足

$$G_n = G_p \tag{4.9}$$

事实上，跨越禁带的导带电子和价带空穴的产生是受共价键束缚的电子摆脱共价键束缚的过程，是需要能量的，这种能量可以是热能。除了热能这种载流子常见的产生源，还存在其他的载流子产生源，如光照，价带的电子吸收光能后跃迁到导带，就会产生电子和空穴。因此，光也是载流子的产生源。其他能给予半导体恰当能量的外界作用都可以是产生源，如高能粒子轰击、电注入等。当存在这些产生源时，它们就会按照具体情况决定的产生率生成载流子。当产生源撤离时，载流子产生率随即减小为零。至此，本节的**问题 2）**得以解决。

4.1.2　决定载流子复合率的因素

载流子的复合是载流子湮灭的过程。这里只考虑直接复合，即一个电子从导带跃迁到价带，导带的一个电子消失，同时价带的一个空穴也消失的过程。由于导带电子到价带的跃迁是能量减小的过程，因此电子与空穴的复合不需要其他外部的力量激励，伴随着复合的发生还有能量的释放。它是一个由不平衡趋向平衡的弛豫过程，只需要满足导带有电子、价带有空穴的条件，就会发生复合。也就是说，复合率与导带电子浓度和价带空穴浓度的乘积成正比

$$R_n = R_p = \alpha n p \tag{4.10}$$

式中，n，p 分别是导带电子浓度和价带空穴浓度；α 是比例系数，对非简并半导体而言，它只与温度有关，而与载流子浓度无关，单位为 $cm^{-3} \cdot s^{-1}$。由于是直接复合，因此电子的复合率和空穴的复合率是相等的。

对其他复合，由于有其他复合因素参与，复合不再只与载流子浓度有关，电子和空穴的复合率也不再始终相同。至此，本节的**问题 3）**得以解决。

4.1.3　热平衡状态下载流子的产生和复合

在从本节提出的产生率和复合率角度去看热平衡状态下的半导体时，热平衡状态下的载流子浓度是不随时间变化的稳定值 n_0，p_0，即式（4.7）和式（4.8）均为零

$$G_{n_0} - R_{n_0} = 0$$
$$G_{p_0} - R_{p_0} = 0 \tag{4.11}$$

式中，所有产生率和复合率均加了下标 0，表示对应的是热平衡状态下的产生率和复合率。式（4.11）说明看似稳定不变的热平衡状态的载流子其实是不断地发生载流子的产生和复合的，之所以载流子浓度不变，是因为两种载流子的产生率等于复合率。结合式（4.9）和式（4.10），在热平衡状态下，电子和空穴的产生率和复合率有如下关系

$$G_{n_0} = G_{p_0} = R_{n_0} = R_{p_0} \tag{4.12}$$

根据式（4.10），电子和空穴的热平衡复合率 R_{n_0}，R_{p_0} 为

$$R_{n_0} = R_{p_0} = \alpha n_0 p_0 = \alpha n_i^2 \tag{4.13}$$

电子和空穴的热平衡产生率 G_{n_0}，G_{p_0} 取决于温度，但可以通过热平衡状态下载流子的浓度不变和式（4.13）来确定其大小。

4.1.4　外力作用下载流子的产生和复合

本小节将以光照这种典型的半导体外力作用为例，针对从半导体处于热平衡状态接受光照开始，到光照持续、光照撤离及最终恢复到热平衡状态的完整过程，讨论外力作用下载流子的产生与复合。

1. $t' = 0$ 时刻，光照开始

外力一旦加在半导体上，相应的产生率就会伴随出现，此时载流子浓度随时间变化的方程为

$$\frac{dn}{dt} = G - R_{n_0} \tag{4.14}$$

由于考虑直接产生的过程，因此过剩电子和过剩空穴的变化始终保持同步，所以这里只给出其中一种载流子随时间变化的方程。在光照加入的一瞬间，载流子浓度仍为热平衡时的载流子浓度，所以式（4.14）中的复合率保持为 R_{n_0}，而此时的产生率为热平衡时产生率和光照对应的产生率之和，所以此时式（4.14）的右边大于零，载流子浓度开始增大。

2. $t' > 0$ 时刻，光照持续

此时，随着光照的持续，载流子浓度相比热平衡时均有增大，复合率增大，产生率仍然保持与过程 1 同样的数值，式（4.14）右边仍大于零，和过程 1 相比其数值减小，此时载流子浓度仍随时间增大，但增大的速度变缓。

3. 经过足够长的时间，光照持续

此时光照持续，产生率仍然保持与过程 1 同样的数值，由于载流子浓度进一步增大，复合率增大至等于此状态的产生率，此时式（4.14）的右边为零，载流子浓度不再增大，达到饱和状态，保持不随时间变化的稳定状态。

4. $t = 0$ 时刻，光照撤离

随着光照的撤离，相应的产生率恢复为 G_{n_0}，由于此时的复合率为 αnp，即满足

$$\frac{dn}{dt} = G_{n_0} - \alpha np \tag{4.15}$$

利用式（4.1）和式（4.10），可将式（4.15）改写为

$$\frac{dn}{dt} = \alpha \left[n_i^2 - n(t)p(t) \right] \tag{4.16}$$

式（4.16）中的 $n(t)$ 和 $p(t)$ 是随时间变化的函数，其数值为

$$n(t) = n_0 + \Delta n(t) \tag{4.17}$$

$$p(t) = p_0 + \Delta p(t) \tag{4.18}$$

由于半导体通常是均匀掺杂的，因此热平衡载流子浓度 n_0，p_0 是既不随时间变化又不随位置变化的稳定值。此时，随着光照的撤离，仅过剩载流子浓度是时间 t 的函数。将式（4.17）和式（4.18）代入式（4.16），同时考虑到满足电中性条件，始终有 $\Delta n(t) = \Delta p(t)$，得到

$$\frac{\mathrm{d}\Delta n}{\mathrm{d}t} = -\alpha \Delta n(t) \left[n_0 + p_0 + \Delta n(t) \right] \tag{4.19}$$

实际中，外力作用下产生的过剩载流子浓度远小于平衡多子浓度，将这种情况称为小注入。在满足小注入的条件下，式（4.19）的右边只需保留平衡多子浓度这一项，此时式（4.19）变得容易求解。假设某 p 型半导体在小注入的近似下满足

$$\frac{\mathrm{d}\Delta n}{\mathrm{d}t} = -\alpha \Delta n(t) p_0 \tag{4.20}$$

对式（4.20）求解得

$$\Delta n(t) = \Delta n(0) \mathrm{e}^{-\alpha p_0 t} = \Delta n(0) \mathrm{e}^{-t/\tau_n} \tag{4.21}$$

式（4.21）表明，在光照撤离后，由于光照而产生的过剩载流子随时间按指数衰减。由于过剩载流子的数量巨大，无法追踪每个载流子的复合情况，因此有意义的是平均值。定义过剩载流子浓度减小至最初最大值的 1/e 时的时间为过剩载流子的寿命，即式（4.21）中的 τ_n。外力撤销后，由外力作用产生的过剩载流子并不随外力的撤离而立刻消失，如图 4.2 所示，而在导带或价带有一个平均存活时间。注意，式（4.21）中出现的是过剩少子的寿命。实际中过剩载流子的寿命和材料及掺杂情况有关，在很大的数值范围内变化。高纯硅中的过剩载流子的寿命处于毫秒量级，高纯锗中的过剩载流子的寿命处于 10ms 量级，高纯砷化镓中的过剩载流子的寿命处于纳秒量级。

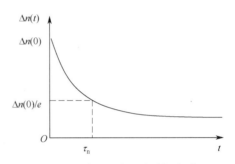

图 4.2　过剩载流子随时间衰减

比较式（4.21）与式（4.5），可得过剩载流子的复合率为

$$R_n = \Delta n(t)/\tau_n \tag{4.22}$$

表明过剩载流子的复合率和寿命成反比。

类似地，对满足小注入条件的 n 型半导体，有

$$\Delta p(t) = \Delta p(0) \mathrm{e}^{-\alpha n_0 t} = \Delta p(0) \mathrm{e}^{-t/\tau_p} \tag{4.23}$$

$$R_p = \Delta p(t)/\tau_p \tag{4.24}$$

由式（4.21）和式（4.23）可以看出，在满足小注入的近似下，过剩少数载流子的寿命是常数。

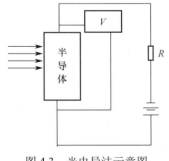

图 4.3　光电导法示意图

5. 实验验证

本小节中的 4 个过程均涉及微观载流子的变化，实际中也可以设计相应的实验装置来观测过剩载流子的产生和复合，实验装置如图 4.3 所示。

阻值为 R 的电阻和光照射下的半导体组成回路，假设电阻的阻值 R 很大，当半导体因光照情况的改变导致其阻值变化时，回路中的电流近似恒定不变，因此可以通过测量半导体两端的电压 V 的变化 ΔV，间接得到过剩载流子的变化。由于 $V = Ir \propto r$，在光照下产生的过剩载流子导致半导体的电导率增量为 $\Delta \sigma = (\mu_n + \mu_p)e\Delta n$，对应的电

阻率的变化量为 $\Delta\rho = 1/\sigma - 1/\sigma_0 \approx -\Delta\sigma/\sigma_0^2$，又因 $\Delta r \propto \Delta\rho$，故有 $\Delta r = -l\Delta\sigma/s\sigma_0$，则 $\Delta V \propto \Delta\sigma \propto \Delta n$，这意味着可以通过从与半导体相连的示波器上观测得到的电压变化来反映过剩载流子的变化，在光照加入后可在示波器上观测到电压的减小。测出半导体两端电压的变化曲线后，就可以计算得到过剩载流子的寿命，这种测量寿命的方法称为**光电导法**。至此，本节的**问题 4）**得以解决。

【例 4.1】 设某 n 型半导体在 $t = 0$ 时，过剩载流子的浓度 $\Delta p = \Delta n = 10^5\,\text{cm}^{-3}$，过剩载流子的寿命 $\tau_n = \tau_p = 10^{-6}\,\text{s}$。求过剩载流子浓度随时间的变化规律，并求过剩载流子的复合率。

解：n 型半导体中的过剩载流子空穴随时间的变化规律为

$$\Delta p(t) = \Delta p(0)\mathrm{e}^{-t/\tau_p}$$

代入 $t = 0$ 时的过剩载流子浓度和过剩载流子寿命，可得

$$\Delta p(t) = 10^5\,\mathrm{e}^{-10^6 t}\,\text{cm}^{-3}$$

过剩电子的浓度为

$$\Delta n(t) = \Delta p(t) = 10^5\,\mathrm{e}^{-10^6 t}\,\text{cm}^{-3}$$

过剩载流子电子和空穴的复合率为

$$R_p = R_n = \frac{\Delta p}{\tau_p} = \frac{10^5}{10^{-6}} = 10^{11}\,\text{cm}^{-3}\cdot\text{s}^{-1}$$

对于过剩载流子，过剩多子和过剩少子浓度相等，复合率相等，寿命也相等，即同时产生也同时消失。过剩载流子的寿命取决于材料和热平衡多子浓度，即热平衡多子浓度越高，过剩载流子的寿命越短。

【例 4.2】 室温下某热平衡半导体硅掺入了浓度为 $1\times10^{16}\,\text{cm}^{-3}$ 的杂质磷，光照射该半导体时，对应的产生率为 $10^{19}\,\text{cm}^{-3}\cdot\text{s}^{-1}$，过剩空穴的寿命为 $10\mu\text{s}$，求：（1）n_0，p_0，Δp，Δn，n，p，np；（2）若 $t = 0$ 时光照停止，求过剩载流子随时间的变化规律。

解：（1）根据 $N_D = 1\times10^{16}\,\text{cm}^{-3}$，该温度属于完全电离区，故有 $n_0 = 1\times10^{16}\,\text{cm}^{-3}$。按照平衡多子和少子浓度的乘积关系，有 $p_0 = \dfrac{n_i^2}{n_0} = 2.25\times10^4\,\text{cm}^{-3}$。

根据本小节讨论的过程 3，达到此稳定状态时，产生率等于复合率，再根据式（4.24）得复合率 $= \Delta p/\tau_p$，推出 $\Delta p =$ 产生率 $\times \tau_p = 10^{19}\,\text{cm}^{-3}\cdot\text{s}^{-1}\times10^{-5}\,\text{s} = 10^{14}\,\text{cm}^{-3}$。

由电中性条件知 $\Delta n = 10^{14}\,\text{cm}^{-3}$。总电子浓度等于热平衡电子浓度加过剩电子浓度，即 $1\times10^{16}\,\text{cm}^{-3} + 1\times10^{14}\,\text{cm}^{-3} \approx 1\times10^{16}\,\text{cm}^{-3}$。总空穴浓度等于 $2.25\times10^4\,\text{cm}^{-3} + 10^{14}\,\text{cm}^{-3} \approx 1\times10^{14}\,\text{cm}^{-3}$。$np = 1\times10^{30}\,\text{cm}^{-3}$，远大于 $n_i^2 = 2.25\times10^{20}\,\text{cm}^{-3}$。

（2）$t = 0$ 时光照停止，根据式（4.23），有 $\Delta p(t) = \Delta p(0)\mathrm{e}^{-t/\tau_p} = 10^{14}\,\mathrm{e}^{-10^5 t}$。

4.2　准费米能级

热平衡状态下，电子浓度和空穴浓度表达式中的费米能级是同一个费米能级，满足

$$n_0 = n_i \exp\left(\frac{E_F - E_{Fi}}{kT}\right) \tag{4.25}$$

$$p_0 = n_i \exp\left(\frac{E_{Fi} - E_F}{kT}\right) \tag{4.26}$$

式（4.25）和式（4.26）说明费米能级 E_F 的变化既改变电子浓度，又改变空穴浓度。在热平衡状态下，描述导带电子占有率的费米能级和描述价带空穴占有率的费米能级是同一个费米能级，因此满足 $n_0 p_0 = n_i^2$，这也是热平衡状态半导体的一个标志。

在非热平衡状态下，电子浓度和空穴浓度分别比热平衡电子浓度和空穴浓度高，即 $n = n_0 + \Delta n$，$p = p_0 + \Delta p$，此时不再存在统一的费米能级。然而，若沿用式（4.25）表示非热平衡状态的电子浓度，如式（4.27）所示，则会引入一个电子准费米能级 E_{Fn}，比较式（4.25）和式（4.27）可知，此时的导带电子准费米能级 E_{Fn} 一定高于热平衡费米能级 E_F，即 $E_{Fn} > E_F$；若沿用式（4.26）表示非热平衡状态的空穴浓度，如式（4.28）所示，则会引入一个空穴准费米能级 E_{Fp}，比较式（4.26）和式（4.28）可知，此时的价带空穴准费米能级 E_{Fp} 一定低于热平衡费米能级 E_F，即 $E_{Fp} < E_F$。注意，此时的 E_{Fn} 和 E_{Fp} 完全是通过 n 和 p 的数值来确定的。由于 $n > n_0$，$p > p_0$，因此电子准费米能级和空穴准费米能级与热平衡时统一的费米能级相比更靠近导带边和价带边，无论是电子还是空穴，非平衡载流子越多，其偏离热平衡时的统一费米能级就越远。由于多子总浓度变化不大，因此对应其多子准费米能级变化甚微；由于少子总浓度变化显著，因此对应少子准费米能级变化量较大

$$n = n_i \exp\left(\frac{E_{Fn} - E_{Fi}}{kT}\right) \tag{4.27}$$

$$p = n_i \exp\left(\frac{E_{Fi} - E_{Fp}}{kT}\right) \tag{4.28}$$

【例 4.3】　当 $T = 300K$ 时，热平衡状态下 n 型半导体的载流子浓度为 $n_0 = 10^{15}\,\mathrm{cm}^{-3}$，$n_i = 10^{10}\,\mathrm{cm}^{-3}$，$N_v = 10^{19}\,\mathrm{cm}^{-3}$，在外力的作用下，设产生的过剩载流子浓度为 $\Delta n = \Delta p = 10^{12}\,\mathrm{cm}^{-3}$，计算：（1）热平衡时统一的费米能级；（2）电子准费米能级和空穴准费米能级。

解：热平衡状态下的费米能级可由式（4.25）变形得

$$E_F - E_{Fi} = kT \ln\left(\frac{n_0}{n_i}\right) = 0.0259 \ln\left(\frac{10^{15}}{10^{10}}\right) \approx 0.2982\mathrm{eV}$$

非热平衡状态下电子准费米能级可由式（4.27）变形得

$$E_{Fn} - E_{Fi} = kT \ln\left(\frac{n_0 + \Delta n}{n_i}\right) = 0.0259 \ln\left(\frac{10^{15} + 10^{12}}{10^{10}}\right) \approx 0.2982\mathrm{eV}$$

非热平衡状态下空穴准费米能级可由式（4.28）变形得

$$E_{Fi} - E_{Fp} = kT \ln\left(\frac{p_0 + \Delta p}{n_i}\right) = 0.0259 \ln\left(\frac{10^5 + 10^{12}}{10^{10}}\right) \approx 0.1193\mathrm{eV}$$

从图 4.4 可以看出，多子准费米能级和热平衡时统一的费米能级相比变化很小，而少子准费米能级的变化则非常显著。

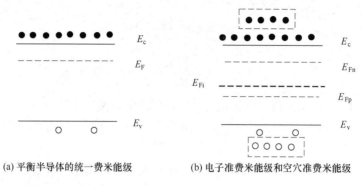

(a) 平衡半导体的统一费米能级　　　(b) 电子准费米能级和空穴准费米能级

图 4.4　平衡半导体的费米能级和非平衡半导体的准费米能级

非热平衡状态下的载流子浓度 n 和 p 相乘，得到

$$np = n_0 p_0 \exp\left(\frac{E_{\mathrm{Fn}} - E_{\mathrm{Fp}}}{kT}\right) \tag{4.29}$$

可以看出，电子准费米能级和空穴准费米能级的差决定了 np 和 n_{i}^2 的偏离程度，偏离越大，非热平衡情况越明显，偏离较小时接近平衡状态，无偏离时具有统一费米能级的热平衡状态。

尽管 E_{Fn}, E_{Fp} 分别是电子和空穴的准费米能级，但其费米能级的意义不变，即 E_{Fn}, E_{Fp} 分别是导带电子和价带空穴占据量子态的概率为 1/2 时的能级，且其分布函数分别对导带和价带有意义。导带电子和价带空穴作为两个子系统，各自达到平衡状态，而这两个子系统之间是不平衡的，这是一种在实现能量平衡的同时保持数量不平衡的状态。一个能带内的电子之间或空穴之间通过高速的热运动和晶格碰撞，快速交换能量和位置，方便达到子系统的平衡。导带电子和价带空穴这两个子系统则通过产生、复合机制缓慢地交换能量与位置，因此可以保持子系统的平衡和系统的不平衡，并用两个不同的准费米能级表达这种状态。

4.3　过剩载流子的性质

载流子在电场的作用下形成漂移电流，载流子浓度不均匀时会扩散形成扩散电流。漂移和扩散都会改变载流子的空间位置，因此，对确定的位置而言，载流子的浓度变化有三个因素：一是该处的产生源；二是复合；三是漂移和扩散运动导致的载流子的流入与流出。事实上，由于热平衡半导体通常为均匀半导体，不存在浓度梯度，不存在扩散电流；而在外力作用的非热平衡状态下，由过剩载流子的出现及其不均匀分布导致的扩散流不容忽视，如果在电场较弱的环境下，那么过剩少子的扩散电流可能是其电流的主要成分。

因此，本节的**任务 1）**如下：**推导出描述过剩载流子遵循的运动方程。**

4.3.1　载流子的连续性方程

图 4.5 所示为 x 处的微分体积元，一束一维空穴流在 x 处流入微分体积元，在 $x + \mathrm{d}x$ 处流出。单位时间内穿过单位横截面的空穴个数用 $F_p(x)$ 表示，其单位是“个/(cm²·s)”。那么单位时间内 x 处微分体积元的空穴流入流出净增量为

$$\left[F_\text{p}(x) - F_\text{p}(x + \text{d} x) \right] dydz = -\frac{\partial F_\text{p}(x)}{\partial x} dxdydz \qquad (4.30)$$

当流入微分体积元的空穴数大于流出微分体积元的空穴数时，净增量大于零，反之净增量小于零。

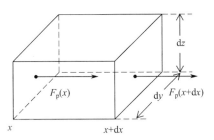

图 4.5　空穴粒子流流入流出 x 处的微分体积元示意图

微分体积元中空穴数目的变化还与该微分体积元内的产生和复合有关，产生使载流子数目增加，而复合使载流子数目减少。那么单位时间内，产生和复合导致的微分体积元中的空穴净增为 $(G_\text{p} - R_\text{p})dxdydz$。单位时间内微分体积元中空穴的净增量可表示为 $\frac{\partial p}{\partial t}dxdydz$，它应该是流入流出净增量与产生复合净增量之和，即

$$\frac{\partial p}{\partial t}dxdydz = -\frac{\partial F_\text{P}}{\partial x}dxdydz + (G_\text{p} - R_\text{p})dxdydz \Rightarrow \frac{\partial p}{\partial t} = -\frac{\partial F_\text{P}}{\partial x} + G_\text{p} - R_\text{p} \qquad (4.31)$$

式（4.31）即为空穴的连续性方程。

同理，可得电子的连续性方程为

$$\frac{\partial n}{\partial t} = -\frac{\partial F_\text{n}}{\partial x} + G_\text{n} - R_\text{n} \qquad (4.32)$$

式中，F_n 为电子的流量，单位为"个/($\text{cm}^2\cdot\text{s}$)"。式（4.31）和式（4.32）左边是随时间的变化，右边是随空间的变化，这个将时间和空间联系起来的方程是物质不灭或粒子数守恒的一种体现。在考察的各点上，载流子数量的变化是由载流子的输运和产生及复合导致的，载流子不会凭空出现或消失。由于载流子浓度要保持时间和空间上的连续性，因此这就是连续性方程名称的来历。

4.3.2　与时间有关的扩散方程

电子和空穴的流动形成电流，每个电子所带的电量为 $-e$，而每个空穴所带的电量为 $+e$，所以流量为 F_n 的电子和流量为 F_p 的空穴形成的电流分别为

$$J_\text{n} = -eF_\text{n} \qquad (4.33)$$

和

$$J_\text{p} = +eF_\text{p} \qquad (4.34)$$

由第 3 章可知，电子电流由电子漂移电流和扩散电流构成，所以有

$$J_\text{n} = e\mu_\text{n}nE + eD_\text{n}\frac{\partial n}{\partial x} = -eF_\text{n} \qquad (4.35)$$

空穴电流也由空穴漂移电流和扩散电流构成，所以有

$$J_p = e\mu_p pE - eD_p \frac{\partial p}{\partial x} = eF_p \tag{4.36}$$

将式（4.35）代入式（4.32）得

$$\frac{\partial n}{\partial t} = \mu_n \frac{\partial(nE)}{\partial x} + D_n \frac{\partial^2 n}{\partial x^2} + G_n - R_n \tag{4.37}$$

将式（4.36）代入式（4.31）得

$$\frac{\partial p}{\partial t} = -\mu_p \frac{\partial(pE)}{\partial x} + D_p \frac{\partial^2 p}{\partial x^2} + G_p - R_p \tag{4.38}$$

由于 $n = n_0 + \Delta n$ 和 $p = p_0 + \Delta p$，且热平衡载流子浓度 n_0, p_0 不随时间变化，若半导体为均匀半导体，n_0, p_0 也不随空间变化，则式（4.37）和式（4.38）变成

$$\frac{\partial \Delta n}{\partial t} = \mu_n \frac{\partial(nE)}{\partial x} + D_n \frac{\partial^2 \Delta n}{\partial x^2} + G_n - R_n \tag{4.39}$$

和

$$\frac{\partial \Delta p}{\partial t} = -\mu_p \frac{\partial(pE)}{\partial x} + D_p \frac{\partial^2 \Delta p}{\partial x^2} + G_p - R_p \tag{4.40}$$

式（4.39）和式（4.40）中的 G（包括 G_n 和 G_p）代表除热激发外的其他外界因素引起的过剩载流子产生率，R（包括 R_n 和 R_p）代表除热平衡状态的复合率外的过剩载流子复合率。式（4.39）和式（4.40）即是与时间有关的过剩电子和过剩空穴的扩散方程。

与时间有关的过剩载流子的扩散方程反映了过剩载流子浓度随时间和空间的变化规律。式（4.39）和式（4.40）中的右边第一项、第二项、第三项和第四项分别反映了载流子漂移、扩散、产生和复合导致的载流子浓度随时间的变化。至此，本节的**任务 1）完成**。

式（4.39）和式（4.40）看似是两个独立的方程，可以分别确定过剩电子浓度和过剩空穴浓度随时间与空间变化的函数，但其中的电场 E 不是简单的外场，而且包括过剩电子和过剩空穴运动形成的内场。因此，式（4.39）和式（4.40）并不是独立的，而是有内在联系的。

4.4 双极输运及其输运方程

本节讨论如何将有内在联系的式（4.39）和式（4.40）合并为一个方程，这个方程称为**双极输运方程**，并利用双极输运方程解决具体问题。

本节要解决的问题如下：**1）什么是双极输运？2）如何由连续性方程推导得出双极输运方程？3）给出几个双极输运方程的求解实例。**

4.4.1 双极输运的概念

式（4.39）和式（4.40）右边的第一项中包含电场强度 E，它是总电场强度。某处的过剩电子和过剩空穴在外电场 E_{ext} 的作用下会漂移运动，使过剩电子和过剩空穴产生相反运动的趋势，一旦二者产生间距，就会导致局部带电并感应出内建电场 E_{int}，如图 4.6 所示。这样，式（4.39）和式（4.40）中的电场强度 E 就为外场与内建电场的和，即

$$E = E_{ext} + E_{int} \tag{4.41}$$

内建电场会在过剩电子和过剩空穴之间产生吸引力，阻止二者间距的扩大从而保持同步运动。这样，过剩电子和过剩空穴就会紧密地联系在一起而以单一的迁移率共同漂移。

即使没有外部电场，若过剩电子和过剩空穴以各自的扩散系数扩散，也会因扩散能力的不同（扩散系数的不同）而同样具有空间分离趋势，进而形成内建电场。内建电场使过剩电子和过剩空穴产生吸引力而一起扩散。所以，过剩电子和过剩空穴都会共同漂移或扩散。

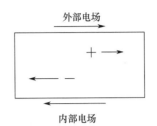

图 4.6　存在电场时过剩载流子运动导致的内建电场的产生示意图

将过剩电子和过剩空穴的共同漂移或共同扩散称为双极输运。共同漂移或扩散是由内建电场导致的，过剩电子和过剩空穴扩散运动与漂移运动的差异导致电荷分离形成内建电场，电场的变化通过它附加的漂移电流影响两种载流子的运动。具体的内建电场阻碍过剩电子和过剩空穴的进一步分离。因此，过剩电子和过剩空穴的双极输运使它们一起运动并保持电中性。至此，本节的**问题 1）**得以解决。

也就是说，对过剩载流子表现出来的双极输运现象，需要将这个过剩电子和过剩空穴保持同步运动的内建电场表示出来。利用泊松方程有

$$\frac{\partial E_{\text{int}}}{\partial x} = \frac{e(\Delta p - \Delta n)}{\varepsilon_{\text{s}}} \tag{4.42}$$

过剩电子和过剩空穴的相互吸引力体现在内建电场的空间变化率 $\partial E_{\text{int}}/\partial x$ 上，即使 E_{int} 很小甚至趋于零，$\partial E_{\text{int}}/\partial x$ 也存在并发挥作用使过剩载流子同步运动。这很容易从数学角度理解：一个函数在某处的值为零，但在该处的导数不一定为零。过剩电子和过剩空穴的扩散方程都包含因子 $\partial E_{\text{int}}/\partial x$，因此式（4.39）和式（4.40）有内在联系。

4.4.2　双极输运方程

由前面的分析可知，过剩电子和过剩空穴的产生率与复合率分别相等，即有

$$G_{\text{n}} = G_{\text{p}} = G, \quad R_{\text{n}} = R_{\text{p}} = R \tag{4.43}$$

利用式（4.43），将式（4.39）和式（4.40）右边的第一项展开，重写为

$$\frac{\partial \Delta n}{\partial t} = \mu_{\text{n}} n \frac{\partial E}{\partial x} + \mu_{\text{n}} E \frac{\partial \Delta n}{\partial x} + D_{\text{n}} \frac{\partial^2 \Delta n}{\partial x^2} + G - R \tag{4.44}$$

和

$$\frac{\partial \Delta p}{\partial t} = -\mu_{\text{p}} p \frac{\partial E}{\partial x} - \mu_{\text{p}} E \frac{\partial \Delta p}{\partial x} + D_{\text{p}} \frac{\partial^2 \Delta p}{\partial x^2} + G - R \tag{4.45}$$

利用电中性条件 $\Delta n = \Delta p$，将式（4.45）中的 Δp 换成 Δn，并将式（4.44）乘以 $\mu_{\text{p}} p$、将式（4.45）乘以 $\mu_{\text{n}} n$ 后，二式相加，两边再同时除以 $(\mu_{\text{p}} p + \mu_{\text{n}} n)$，得

$$\frac{\partial \Delta n}{\partial t} = \frac{\mu_{\text{p}} \mu_{\text{n}}(p - n)}{(\mu_{\text{p}} p + \mu_{\text{n}} n)} E \frac{\partial \Delta n}{\partial x} + \frac{(\mu_{\text{p}} p D_{\text{n}} + \mu_{\text{n}} n D_{\text{p}})}{(\mu_{\text{p}} p + \mu_{\text{n}} n)} \frac{\partial^2 \Delta n}{\partial x^2} + (G - R) \tag{4.46}$$

当利用电中性条件 $\Delta n = \Delta p$ 时，意味着过剩电子和过剩空穴几乎没有分离，内建电场趋于零，所以式（4.46）中的 E 近似为外场。也可将式（4.46）中的 Δn 换成 Δp，此时有

$$\frac{\partial \Delta p}{\partial t} = \frac{\mu_p \mu_n (p-n)}{(\mu_p p + \mu_n n)} E \frac{\partial \Delta p}{\partial x} + \frac{(\mu_p p D_n + \mu_n n D_p)}{(\mu_p p + \mu_n n)} \frac{\partial^2 \Delta p}{\partial x^2} + (G-R) \tag{4.47}$$

令

$$\mu' = \frac{\mu_p \mu_n (p-n)}{(\mu_p p + \mu_n n)} \tag{4.48}$$

和

$$D' = \frac{(\mu_p p D_n + \mu_n n D_p)}{(\mu_p p + \mu_n n)} \tag{4.49}$$

分别称为过剩载流子的**双极迁移率**和**双极扩散系数**。利用式（4.48）和式（4.49），则式（4.46）和式（4.47）分别为

$$\frac{\partial \Delta n}{\partial t} = \mu' E \frac{\partial \Delta n}{\partial x} + D' \frac{\partial^2 \Delta n}{\partial x^2} + G - R \tag{4.50}$$

和

$$\frac{\partial \Delta p}{\partial t} = \mu' E \frac{\partial \Delta p}{\partial x} + D' \frac{\partial^2 \Delta p}{\partial x^2} + G - R \tag{4.51}$$

式（4.50）和式（4.51）完全相同，只是一个是用过剩电子浓度表示的，另一个是用过剩空穴浓度表示的，二者都是过剩载流子的双极输运方程。

利用爱因斯坦关系

$$\frac{D_n}{\mu_n} = \frac{D_p}{\mu_p} = \frac{kT}{e} \tag{4.52}$$

双极扩散系数［式（4.49）］可变为

$$D' = \frac{D_p D_n (p+n)}{(D_p p + D_n n)} \tag{4.53}$$

这样，在式（4.48）中双极迁移率就用电子和空穴的迁移率表示，在式（4.53）中双极扩散系数就用电子和空穴的扩散系数表示。双极迁移率和双极扩散系数还与电子浓度和空穴浓度有关，所以双极输运方程［式（4.50）或式（4.51）］是非线性微分方程。至此，本节的**问题 2）**得以解决。

4.4.3　小注入条件下的双极输运方程

1. p 型半导体小注入条件下的双极输运方程

对 p 型半导体，假设 $p_0 \gg n_0$，小注入条件就意味着过剩载流子浓度远小于热平衡多数载流子空穴浓度，即 $p_0 \gg \Delta n = \Delta p$。这样，式（4.53）给出的双极扩散系数可以简化为

$$D' = \frac{D_p D_n (p_0 + \Delta p + n_0 + \Delta n)}{D_p (p_0 + \Delta p) + D_n (n_0 + \Delta n)} \approx \frac{D_p D_n p_0}{D_p p_0 + D_n (n_0 + \Delta n)} \tag{4.54}$$

若电子的扩散系数近似等于空穴的扩散系数，则式（4.54）可进一步简化为

$$D' = \frac{D_p D_n p_0}{D_p p_0 + D_n (n_0 + \Delta n_0)} \approx \frac{D_p D_n p_0}{D_p (p_0 + n_0 + \Delta n_0)} \approx \frac{D_p D_n p_0}{D_p p_0} = D_n \tag{4.55}$$

若对式（4.48）给出的双极迁移率应用 p 型半导体的小注入条件，则式（4.48）可简化为

$$\mu' \approx \mu_n \tag{4.56}$$

双极扩散系数和双极迁移率简化为少数载流子电子的扩散系数和迁移率。这样，p 型半导体中的双极输运方程［式（4.50）］可简化为

$$\frac{\partial \Delta n}{\partial t} = \mu_n E \frac{\partial \Delta n}{\partial x} + D_n \frac{\partial^2 \Delta n}{\partial x^2} + G - R \tag{4.57}$$

式（4.57）为 p 型半导体中的双极输运方程，该方程为线性微分方程。在 p 型半导体中，过剩载流子的复合率可借助过剩载流子的寿命表示为

$$R = \frac{\Delta n}{\tau_n} \tag{4.58}$$

将式（4.58）代入式（4.57），可得

$$\frac{\partial \Delta n}{\partial t} = \mu_n E \frac{\partial \Delta n}{\partial x} + D_n \frac{\partial^2 \Delta n}{\partial x^2} + G - \frac{\Delta n}{\tau_n} \tag{4.59}$$

显然，式（4.59）与式（4.39）类似，说明 p 型半导体中过剩载流子的输运由过剩少子电子主导。

2. n 型半导体小注入条件下的双极输运方程

对 n 型半导体，假设 $n_0 \gg p_0$，小注入条件就意味着过剩载流子浓度远小于热平衡多数载流子电子浓度，即 $n_0 \gg \Delta n = \Delta p$。这样，式（4.53）给出的双极扩散系数就可以简化为

$$D' = \frac{D_p D_n (p_0 + \Delta p + n_0 + \Delta n)}{D_p (p_0 + \Delta p) + D_n (n_0 + \Delta n)} \approx \frac{D_p D_n n_0}{D_p (p_0 + \Delta p) + D_n n_0} \tag{4.60}$$

若电子的扩散系数近似等于空穴的扩散系数，则式（4.60）可进一步简化为

$$D' = \frac{D_p D_n n_0}{D_p (p_0 + \Delta p) + D_n n_0} \approx \frac{D_p D_n n_0}{D_n (p_0 + n_0 + \Delta p)} \approx \frac{D_p D_n n_0}{D_n n_0} = D_p \tag{4.61}$$

若对式（4.48）给出的双极迁移率应用 n 型半导体的小注入条件，则式（4.48）可简化为

$$\mu' \approx -\mu_p \tag{4.62}$$

双极扩散系数和双极迁移率就简化为少数载流子空穴的扩散系数和迁移率。这样，n 型半导体中的双极输运方程［式（4.51）］简化为

$$\frac{\partial \Delta p}{\partial t} = -\mu_p E \frac{\partial \Delta p}{\partial x} + D_p \frac{\partial^2 \Delta p}{\partial x^2} + G - R \tag{4.63}$$

式（4.63）为 n 型半导体中的双极输运方程，该方程为线性微分方程。在 n 型半导体中，过剩载流子的复合率可表示为

$$R = \frac{\Delta p}{\tau_p} \tag{4.64}$$

将式（4.64）代入式（4.62），可得

$$\frac{\partial \Delta p}{\partial t} = -\mu_p E \frac{\partial \Delta p}{\partial x} + D_p \frac{\partial^2 \Delta p}{\partial x^2} + G - \frac{\Delta p}{\tau_p} \tag{4.65}$$

显然，式（4.65）与式（4.40）类似，说明 n 型半导体中过剩载流子的输运由过剩少子空

穴主导。

式（4.59）和式（4.65）分别是 p 型半导体和 n 型半导体中过剩载流子的双极输运方程，其中的参数均为少子参数，描述的是过剩少子的行为（漂移、扩散、产生、复合）。过剩多子的行为和过剩少子的行为相同，过剩多子的行为由过剩少子决定。

4.4.4 双极输运方程应用

在求解过剩载流子的输运方程时，首先要根据过剩载流子是存在于 p 型半导体还是存在于 n 型半导体来确定过剩少子类型，进而确定是选用式（4.59）还是选用式（4.65）；其次要根据是否存在漂移、扩散、产生、复合等简化双极输运方程；最后求解方程，得到过剩少子分布和过剩多子分布。

双极输运方程是描述过剩载流子行为的方程，通过求解双极输运方程，可以揭示过剩载流子的漂移、扩散和复合等规律，进而了解和认识过剩载流子的特性。

表 4.1 给出了双极输运方程的一些简化条件和简化内容，以方便应用。

表 4.1   双极输运方程的一些简化条件和简化内容

简 化 条 件	简 化 内 容
稳定状态（浓度不随时间变化）	$\dfrac{\partial \Delta n}{\partial t} = 0$ ， $\dfrac{\partial \Delta p}{\partial t} = 0$
没有扩散（过剩载流子分布均匀）	$D_n \dfrac{\partial^2 \Delta n}{\partial x^2} = 0$ ， $D_p \dfrac{\partial^2 \Delta p}{\partial x^2} = 0$
没有漂移（无外场）	$\mu_n E \dfrac{\partial \Delta n}{\partial x} = 0$ ， $-\mu_p E \dfrac{\partial \Delta p}{\partial x} = 0$
没有过剩载流子产生	$G = 0$

【例 4.4】 在 $t = 0$ 时刻，n 型半导体中存在均匀过剩载流子浓度 $\Delta n(0) = \Delta p(0)$，没有过剩载流子产生源，也无外场。试求过剩载流子浓度随时间变化的规律。

解：n 型半导体的少子为空穴，双极输运方程为式（4.65），即

$$\frac{\partial \Delta p}{\partial t} = -\mu_p E \frac{\partial \Delta p}{\partial x} + D_p \frac{\partial^2 \Delta p}{\partial x^2} + G - \frac{\Delta p}{\tau_p}$$

根据简化条件可知

$$D_p \frac{\partial^2 \Delta p}{\partial x^2} = 0 ， \qquad -\mu_p E \frac{\partial \Delta p}{\partial x} = 0 ， \qquad G = 0$$

则双极输运方程简化为

$$\frac{\partial \Delta p}{\partial t} = -\frac{\Delta p}{\tau_p} \tag{4.66}$$

解得

$$\Delta p(t) = \Delta p(0) e^{-t/\tau_p} = \Delta n(t) \tag{4.67}$$

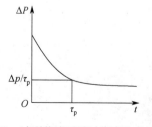

图 4.7   过剩载流子随时间变化的规律

例 4.4 的结果如图 4.7 所示，它揭示了过剩载流子的复合规律，过剩载流子的浓度随时间按指数衰减，时间常数为半导体中的少子寿命。

【例 4.5】　某 n 型半导体在 $x = 0$ 处有稳定的过剩载流子浓度 $\Delta n(0) = \Delta p(0)$，其余空间没有过剩载流子产生源，也无外场。试求稳态时过剩载流子浓度在空间的分布。

解：n 型半导体的少子为空穴，双极输运方程为式（4.65），即

$$\frac{\partial \Delta p}{\partial t} = -\mu_p E \frac{\partial \Delta p}{\partial x} + D_p \frac{\partial^2 \Delta p}{\partial x^2} + G - \frac{\Delta p}{\tau_p}$$

根据简化条件可知

$$\frac{\partial \Delta p}{\partial t} = 0, \quad -\mu_p E \frac{\partial \Delta p}{\partial x} = 0, \quad G = 0$$

则双极输运方程简化为

$$D_p \frac{\partial^2 \Delta p}{\partial x^2} - \frac{\Delta p}{\tau_p} = 0 \tag{4.68}$$

解得（利用样品足够厚的条件，即 $\Delta p(x \to \pm\infty) = 0$ 条件）

$$\Delta p(x) = \begin{cases} \Delta p(0)e^{-x/L_p} = \Delta n(x), \ x \geq 0 \\ \Delta p(0)e^{x/L_p} = \Delta n(x), \ x < 0 \end{cases} \tag{4.69}$$

其中 $L_p = \sqrt{D_p \tau_{p_0}}$ 为少子空穴的扩散长度，即扩散长度处过剩少子的浓度为 $x = 0$ 处的 $1/e$。

还可以根据第 3 章中扩散电流密度的定义，求出 $x > 0$ 一侧由过剩载流子的不均匀分布导致的扩散电流密度

$$J_p = \frac{eD_p}{L_p} \Delta p(0)e^{-x/L_p} \tag{4.70}$$

例 4.5 的结果如图 4.8 所示，过剩载流子边扩散边复合，在远离产生源处，过剩载流子浓度按指数衰减。可以认为，在扩散长度以外，过剩载流子浓度很小。因此，扩散长度代表了过剩载流子的平均扩散能力，即过剩载流子深入样品的平均距离。

若样品厚度很薄，即实际半导体的长度 W 小于扩散长度，则过剩载流子还未到达扩散长度处就已到达半导体的边界，此时要在样品的边界设法全部引出非平衡载流子。

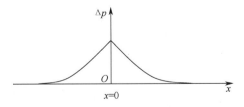

图 4.8　由扩散和复合决定的稳态过程中过剩少子随位置的变化

【例 4.6】　某 n 型半导体在表面 $x = 0$ 处有过剩载流子的产生源，假设样品的厚度很薄（为 W）且小于扩散长度，求过剩少子随空间变化的规律。

解：针对这种情况，过剩载流子还未到达扩散长度处就已到达半导体的边界，此时在样品的边界要设法全部抽出非热平衡载流子。因此，其边界条件为

$$\Delta p = \begin{cases} \Delta p(0), & x = 0 \\ 0, & x = W \end{cases} \tag{4.71}$$

将该边界条件代入 $D_p \dfrac{\partial^2 \Delta p}{\partial x^2} - \dfrac{\Delta p}{\tau_p} = 0$ 的解 $\Delta p(x) = A\exp(-x/L_p) + B\exp(x/L_p)$ 中，可得

$$A + B = \Delta p(0)$$
$$A\exp(-W/L_p) + B\exp(W/L_p) = 0 \qquad (4.72)$$

将解出的 A 和 B 代回，可得

$$\Delta p(x) = \Delta p(0) \frac{\sinh\big((W-x)/L_p\big)}{\sinh(W/L_p)} \qquad (4.73)$$

若满足 $W \ll L_p$，则

$$\Delta p(x) \approx \Delta p(0) \frac{(W-x)/L_p}{W/L_p} \approx \Delta p(0)(1 - x/W) \qquad (4.74)$$

从式（4.73）可以看出在这种近似条件下，过剩载流子是线性分布的，如图 4.9(b)所示，相应地，这种分布导致的扩散电流密度为

$$J_p = eD_p \frac{\Delta p(0)}{W} \qquad (4.75)$$

此时扩散电流密度是一个常数，代表在这种近似条件下过剩载流子在样品内没有复合。

例 4.6 的结果如图 4.9 所示。

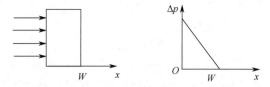

图 4.9　有限厚度样品中由扩散和复合决定的稳态过程中过剩少子随位置的变化

【例 4.7】 假设室温 300K 下某均匀掺入施主杂质 $10^{15}\mathrm{cm}^{-3}$ 的半导体硅，在 $t < 0$ 时保持热平衡状态，在 $t = 0$ 时刻受到均匀光照，光照对应的产生率为 $10^{17}\,\mathrm{cm}^{-3}\cdot\mathrm{s}^{-1}$，已知 $\tau_p = 10^{-6}\mathrm{s}$，求 $\Delta p(t)$。

解： 根据给定条件，光产生过程在半导体内部是均匀的，因此没有扩散一项，同时没有外加电压，所以令以上两项为零后，双极输运方程简化为

$$\frac{\mathrm{d}\Delta p}{\mathrm{d}t} = G - \frac{\Delta p}{\tau_p} \qquad (4.76)$$

$$\frac{\mathrm{d}\Delta p}{\mathrm{d}t} = \frac{G\tau_p - \Delta p}{\tau_p}, \qquad \frac{\mathrm{d}(\Delta p - G\tau_p)}{\Delta p - G\tau_p} = -\frac{\mathrm{d}t}{\tau_p}$$

$$\ln(\Delta p - G\tau_p) = -\frac{t}{\tau_p} + C$$

$$\Delta p - G\tau_p = \exp(-t/\tau_p + C) = C'\exp(-t/\tau_p)$$

利用边界条件 $t = 0$，$\Delta p = 0$，可得 $C' = -G\tau_p$，代入得

$$\Delta p = G\tau_p\big[1 - \exp(-t/\tau_p)\big] \qquad (4.77)$$

可以看出，当光照时间远大于寿命时，过剩载流子浓度达到稳定状态，其数值达到饱和值 $G\tau_p$，如图 4.10 所示。

下面讨论更复杂的情况。

【例 4.8】 对某均匀掺杂的 n 型半导体，在其中间位置 $x = 0$ 处用光脉冲照射产生过剩载流子，光脉冲停止后，无其他产生源，如图 4.11 所示。（1）无电场存在时，求过剩少数载流子 Δp 随 x 和 t 变化的函数；（2）对该半导体样品加上一个均匀电场，求过剩少数载流子 Δp 随 x 和 t 变化的函数。

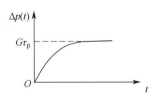

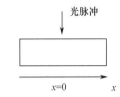

图 4.10　恒定光照下由产生和复合决定的
过剩少子随时间变化的规律

图 4.11　复合、漂移和扩散共同决定过剩
少子的分布

解：（1）没有电场存在时，双极输运方程中与漂移及产生相关的两项为零，双极输运方程简化为

$$\frac{\partial \Delta p}{\partial t} = D_p \frac{\partial^2 \Delta p}{\partial x^2} - \frac{\Delta p}{\tau_p} \tag{4.78}$$

由于该方程中包含复合率一项，因此可将方程的解设为

$$\Delta p = f(x,t)\exp(-t/\tau_p) \tag{4.79}$$

将这种形式的解代回式（4.78）中，得

$$\frac{\partial f}{\partial t} = D_p \frac{\partial^2 f}{\partial x^2} \tag{4.80}$$

此时，方程为标准一维热传导方程，借助数学知识可求解结果得

$$\Delta p(x,t) = \frac{\exp\left[-\left(\dfrac{x^2}{4D_p t} + \dfrac{t}{\tau_p}\right)\right]}{\sqrt{4\pi D_p t}} \tag{4.81}$$

将式（4.81）图形化后，三个不同时刻的过剩少子分布如图 4.12 所示，D_p 和 t 的积越大，少子的空间分布越宽。

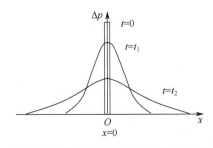

图 4.12　无外加电场时由扩散和复合决定的过剩少子随位置与时间的变化

（2）给样品加上一个均匀电场后，双极输运方程的形式为

$$\frac{\partial \Delta p}{\partial t} = D_p \frac{\partial^2 \Delta p}{\partial x^2} - \mu_p E \frac{\partial \Delta p}{\partial t} - \frac{\Delta p}{\tau_p} \tag{4.82}$$

借助（1）中的代换，并令

$$x' = x - \mu_p E t \tag{4.83}$$

$$\Delta p = f(x', t) \exp(-t/\tau_p) \tag{4.84}$$

将式（4.84）代回式（4.82）中，得

$$\frac{\partial f(x', t)}{\partial t} = D_p \frac{\partial^2 f(x', t)}{\partial x^2} \tag{4.85}$$

因此，式（4.85）的解为

$$\Delta p(x, t) = \frac{\exp\left[-\left(\frac{(x - \mu_p E t)^2}{4 D_p t} + \frac{t}{\tau_p}\right)\right]}{\sqrt{4 \pi D_p t}} \tag{4.86}$$

式（4.86）表明，加上均匀外电场后，过剩少子的分布以类似于包的形式按照 $\mu_p E$ 的漂移速度沿电场方向运动，图形如图 4.13 所示，是移动的高斯分布。至此，本节的**问题 3）** 完成。

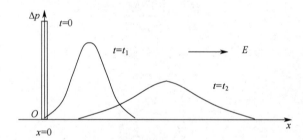

图 4.13　外加电场下由扩散、复合和漂移决定的过剩少子随位置和时间的变化

利用例 4.8 的结果，可以设计测量载流子迁移率的实验——海恩斯-肖克利实验，实验装置如图 4.14 所示，半导体样品通过两端所加的电压为其提供有关沿 x 轴正方向的脉冲电场（在电场较强时减少样品发热的选择），在确定的点 A 处设置光脉冲作用，注入过剩载流子，在离 A 点距离为 d 的观测点 B 处设置收集探针，少子脉冲到达 B 处的探针时，流过探针的电流增大，这一点可在示波器上观察到。由式（4.86）可知，当

$$x - \mu_p E t = 0 \tag{4.87}$$

时，过剩少子的最大值到达 B 点，迁移率为

$$\mu_p = \frac{d}{E t} \tag{4.88}$$

利用这一实验装置可以测量过剩少子的寿命，如果不存在复合过程，那么粒子数是守恒的。假设粒子总数为 N，则复合的存在会使得曲线下包围的面积随时间减小，即

$$N(t) = N \exp(-t/\tau_p) \tag{4.89}$$

假设在注入光脉冲的不同距离处放置两个收集探针，脉冲分别在 t_1 和 t_2 时刻到达两个探针，则

$$\frac{N(t_1)}{N(t_2)} = \frac{\exp(-t_1/\tau_p)}{\exp(-t_2/\tau_p)} = \frac{S(t_1)}{S(t_2)} \tag{4.90}$$

式中，S 函数表示过剩少子分布的积分量（曲线下包围的面积），于是过剩少子的寿命为

$$\tau = \frac{t_2 - t_1}{\ln S_1 - \ln S_2} \tag{4.91}$$

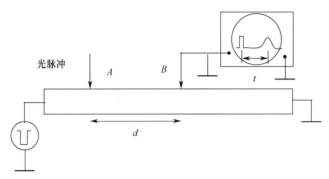

图 4.14　海恩斯-肖克利实验装置示意图

习　题　4

01. 什么是产生率和复合率？它们的单位是什么？分别由哪些因素确定？

02. 根据费米能级情况在题 02 图中填空。

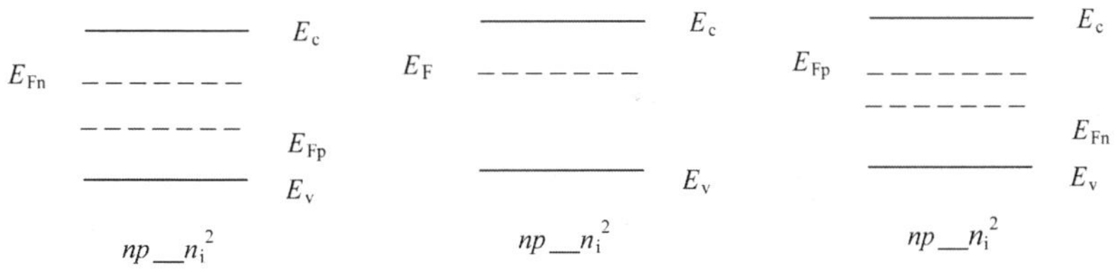

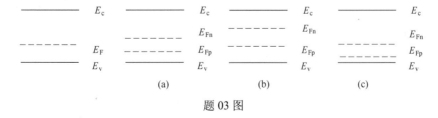

题 02 图

03. 某 p 型半导体处于热平衡状态时的能带图如题 03 图的左图所示，哪幅图是其接受光照后的能带图？

题 03 图

04. 在稳定不变的光照下，半导体中的载流子浓度是稳定的，不随时间变化。此时半导体是属于热平衡状态还是属于非热平衡状态？

05. 处于热平衡状态的某 n 型半导体，从开始接受光照到稳定状态，再到光照撤离，在用光电导法测量其寿命的实验中，示波器上观察到的曲线是什么样的？在曲线上画出确定过剩少子寿命的方式。

06. 光照射在室温下某均匀掺杂（$N_D = 10^{15} \text{cm}^{-3}$）n 型硅棒的左侧端面，如题 06 图所示，光照对应的产生率

为 $10^{18}\text{cm}^{-3}\cdot\text{s}^{-1}$，过剩少子的寿命为 $1\mu\text{s}$，$\Delta p(L) = 0$。(a)求平衡空穴浓度；(b)题设条件是否满足小注入？(c)求 $\Delta p(x)$ 所用的双极输运方程的形式；(d)确定 $\Delta p(x)$ 所用的边界条件；(e)确定本题条件下解的形式。

题 06 图

07. 已知室温下某无限长 n 型硅棒的一端接受光照，光照对应的产生率为 $10^{18}\text{cm}^{-3}\cdot\text{s}^{-1}$，该样品在此环境下的空穴迁移率为 $500\text{cm}^2/(\text{V}\cdot\text{s})$，过剩空穴寿命为 $10\mu\text{s}$，求表面处产生的扩散电流密度。

08. 室温下均匀掺杂（$N_D = 10^{18}\text{cm}^{-3}$）的某无限长 n 型硅棒，$x < 0$ 的区域受到稳定光的持续光照，$x > 0$ 的区域内无产生源，如题 08 图所示，光照对应的产生率为 $10^{16}\text{cm}^{-3}\cdot\text{s}^{-1}$，过剩空穴寿命为 $1\mu\text{s}$。(a)求 x 趋于正无穷时的空穴浓度；(b)求 x 趋于负无穷时的空穴浓度；(c)题设条件是否属于小注入？(d)求 $\Delta p(x)$；(e)若接受光照的区域换为 $x > 0$ 的区域，$x < 0$ 的部分无产生源，则结果如何？

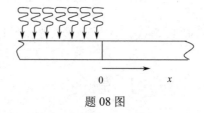

题 08 图

09. 室温下长为 L 的均匀掺杂（掺杂浓度为 N_D）硅棒的两端均受到光照，即在 $x = 0$ 和 $x = L$ 处产生相同的过剩载流子的注入，假设光无法进入硅棒内部，在稳态条件下：(a)求 $\Delta p(x)$ 所用的双极输运方程的形式；(b)考虑题设边界条件，写出 $\Delta p(x)$ 的一般形式的解；(c)求 $x = 0$ 处的空穴电流表达式。

10. 当 $T = 300\text{K}$ 时，锗材料中的施主杂质浓度为 $N_D = 3 \times 10^{14}\text{cm}^{-3}$，过剩空穴寿命为 10^{-8}s，过剩载流子 $\Delta n = \Delta p = 10^{12}\text{cm}^{-3}$。计算过剩载流子复合率。

11. 在掺入施主浓度为 10^{15}cm^{-3} 的 n 型半导体硅中，过剩空穴寿命为 $1\mu\text{s}$。设存在某种外界作用将其内部少数载流子全部移出，求此时半导体中的载流子的产生率。

12. 某 p 型半导体具有均匀的过剩载流子产生率 $G = 10^{20}\text{cm}^{-3}\cdot\text{s}^{-1}$，过剩少子寿命为 20s，无外场作用，求稳态下过剩载流子浓度随时间的分布。

13. 当 $T = 300\text{K}$ 时，n 型半导体在 $x = 0$ 处始终有过剩载流子浓度 $\Delta n = \Delta p = 10^{14}\text{cm}^{-3}$，在 $x = 0$ 处无过剩载流子产生源，设迁移率分别为 $\mu_n = 7500\text{cm}^2/(\text{V}\cdot\text{s})$ 和 $\mu_p = 400\text{cm}^2/(\text{V}\cdot\text{s})$，过剩空穴寿命为 10^{-7}s，求过剩载流子浓度的稳态分布。

14. 某 n 型半导体材料的掺杂浓度为 $N_D = 1 \times 10^{15}\text{cm}^{-3}$，$\Delta n = \Delta p = 10^{13}\text{cm}^{-3}$，$n_i = 10^{10}\text{cm}^{-3}$，分别求电子准费米能级和空穴准费米能级与本征费米能级之差。

第 5 章　pn 结

前面介绍了 n 型和 p 型半导体在平衡和非平衡状态下的一些性质。本章开始进入器件环节，首先介绍将两种不同导电类型的半导体结合在一起形成的器件。当将 n 型和 p 型半导体结合起来时，会在二者的交界面附近形成 pn 结。也就是说，pn 结是 p 型半导体和 n 型半导体紧密接触而形成的。为了实现紧密接触，实际中多采用控制掺杂工艺，利用杂质补偿，在对 p（n）型衬底的规定窗口位置通过离子注入或扩散等工艺掺入施主（受主）杂质，使局部区域成为 n（p）区，在一块半导体样品的 p 区和 n 区的接触面附近形成 pn 结。

一方面，pn 结是构成复杂半导体器件的基本组成部分，几乎所有半导体器件都至少包含一个 pn 结，pn 结是二极管、晶体管及其他结型半导体器件的重要组成部分。另一方面，pn 结也是最简单的半导体器件之一。pn 结是简单半导体器件的特殊性，使得分析 pn 结的基本方法包括边界条件和双极输运方程等，也适用于分析其他的半导体器件。因此，学习 pn 结的相关知识也是学习半导体器件的基础。

本章首先讨论 pn 结的静电特性、稳态响应、小信号响应和瞬态响应，然后讨论 pn 结在光电器件中的应用。

5.1　pn 结的形成及其基本结构

图 5.1 是 pn 结的基本结构示意图。实际中制作 pn 结的常用工艺方法有合金法、扩散法、外延生长法和离子注入法等。利用上面的方法，将半导体中的一部分变成 p 型，另一部分变成 n 型，在两种半导体的交界面附近就形成了 pn 结。用不同的制作工艺所形成的 pn 结的杂质分布也不相同。本节的问题 1）：**两种典型 pn 结的制造工艺是什么？由这些制造工艺形成的 pn 结的杂质分布特点是什么？**

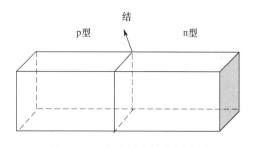

图 5.1　pn 结的基本结构示意图

5.1.1　合金法及形成的 pn 结的杂质分布

用合金法制作 pn 结的基本过程如图 5.2 所示，图中的衬底材料是已进行均匀掺杂的 n 型硅，在 n 型硅上放置金属 Al，并对其加热使温度升高，形成 Al 和 n 型硅的共熔体而不发生化学反应。然后降温，由于在降温过程中，Al 将从共熔体向衬底运动，且随着温度的降低再次凝固。在再次凝固的区域中局部含有大量的 Al，使得该区域经杂质补偿后反转为 p 型，在它和 n 型硅衬底的交界面处形成 pn 结。利用这种方法制备的 pn 结称为**合金结**。

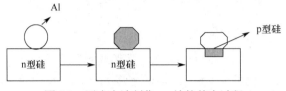

图 5.2　用合金法制作 pn 结的基本过程

利用合金法制备的合金结的杂质分布特点是：衬底的掺杂浓度是均匀分布的，用 N_D 表示，掺入 Al 的 p 区的有效掺杂浓度也近似认为是均匀分布的，用 N_A 表示。在二者的交界面附近，杂质浓度由一侧的 N_A（或 N_D）突变到 N_D（或 N_A）。这种通过合金法制作的在各自区域内具有杂质均匀分布特点而在界面附近发生突变的结，被称为**突变结**。突变结内的杂质分布为

$$N(x) = \begin{cases} N_A, & x < x_j \\ N_D, & x > x_j \end{cases} \tag{5.1}$$

突变结的杂质分布如图 5.3 所示。在突变结中，当两侧的杂质浓度相差很大，掺杂浓度的差别在 3～4 个数量级或以上时，称其为**单边突变结**。在表示单边突变结时，在掺杂浓度较大的半导体上标注"+"，即当 N_A 远大于 N_D 时，用 p^+n 结表示；当 N_D 远大于 N_A 时，用 n^+p 结表示。

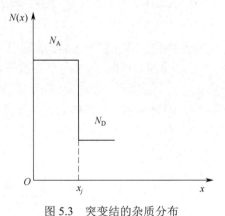

图 5.3　突变结的杂质分布

5.1.2　扩散法及形成的 pn 结的杂质分布

用扩散法制作 pn 结的基本过程如图 5.4 所示。同样，用到的衬底材料也是已进行了均匀掺杂的 n 型硅。首先，通过氧化工艺在 n 型硅表面氧化生长一层 SiO_2 薄膜，然后利用光刻工艺根据掩模的图形在已形成的 SiO_2 薄膜上通过刻蚀工艺做出一个供后面扩散的窗口，接着将 p 型杂质从窗口中通过扩散进入半导体内。为了提高扩散效率，扩散的过程可以在高温下进行。扩散结束后，就在窗口附近的位置形成了 pn 结。利用扩散法制备的 pn 结被称为**扩散结**。

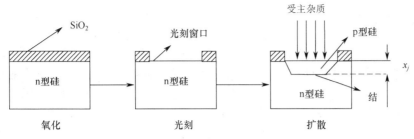

图 5.4　用扩散法制作 pn 结的基本过程

和合金结相比，扩散结中的杂质分布要复杂得多，因为最终的杂质分布是由扩散过程和杂质补偿共同决定的。一般来说，扩散结的杂质分布不像合金结那样在交界面附近突然发生变化那么简单，而由一种导电类型逐渐过渡到另一种导电类型。扩散结的杂质浓度分布如图 5.5 所示，杂质分布表示为

$$\begin{cases} N_A > N_D, & x < x_j \\ N_D > N_A, & x > x_j \end{cases} \tag{5.2}$$

实际中，可以将图 5.5(a) 中的 N_D 和 N_A 经杂质补偿运算后合并为一条曲线，如图 5.5(b) 和图 5.5(c) 所示，表示为净杂质浓度随位置变化的图形。当杂质浓度的变化近似按某一固定的浓度梯度变化时，即可用线性变化来表示，称这种 pn 结为**线性缓变结**，如图 5.5(b) 所示。杂质浓度可表示为

$$N_D - N_A = \alpha_j (x - x_j) \tag{5.3}$$

式中，α_j 为常数。对于高表面浓度的浅扩散结，可用突变结来近似扩散结，如图 5.5(c) 所示。

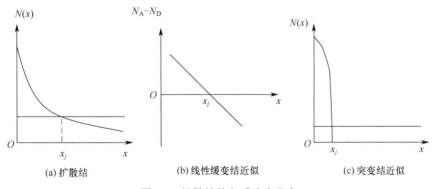

图 5.5　扩散结的杂质浓度分布

因此，采用不同的制备工艺会得到不同杂质分布的 pn 结。一般来说，典型 pn 结按杂质分布主要分为突变结和线性缓变结两种。至此，本节的**问题 1）**得以解答。

5.2　平衡 pn 结及其能带

本节主要讨论平衡 pn 结的能带及平衡状态下 pn 结的各种特性，并推导相关参数的公式。

5.2.1　平衡 pn 结

本小节的任务①是：①了解 pn 结形成后发生的一系列变化及其平衡状态特征。

在形成 pn 结之前，独立的 p 型半导体和 n 型半导体都是电中性的，虽然在 p 型半导体内部存在大量带正电的空穴和带负电的电离受主，但其正、负电荷数量相等，因而对外呈现出电中性；n 型半导体同样如此。

p 区和 n 区形成紧密接触时，由于 p 区存在大量空穴载流子，n 区存在大量电子载流子，在交界面附近就会形成电子和空穴的浓度差，即形成电子和空穴的浓度梯度。在浓度梯度的作用下，n 区的多子电子向 p 区扩散，同时 p 区的多子空穴向 n 区扩散，如图 5.6(a)所示。随着 p 区的多子空穴因扩散而离去，p 区原来的电中性被破坏，留下来带负电的被共价键束缚而不能移动的电离受主离子；同样，随着 n 区多子电子因扩散而离去，n 区原来的电中性被破坏，留下来带正电的被共价键束缚而不能移动的电离施主离子。这样，在交界面的两侧就分别形成了两个局部带电的区域，靠近 n 区附近带正电，靠近 p 区附近带负电。常将 pn 结附近这些电离受主和电离施主的电荷称为**空间电荷**，将这个带电的区域称为**空间电荷区**，如图 5.6(b)所示。

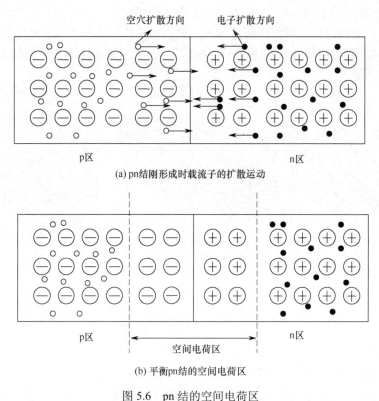

(a) pn结刚形成时载流子的扩散运动

(b) 平衡pn结的空间电荷区

图 5.6　pn 结的空间电荷区

局部带电的空间电荷区存在电场，电场的方向是从带正电的 n 区指向带负电的 p 区。由于这个电场不是外加的，而是内部产生的，因此将其称为**内建电场**。在内建电场的作用下，两区各自的少子（n 区的空穴和 p 区的电子）发生漂移运动，由于电场的方向是从 n 区指向 p 区，因此 p 区的电子在电场的作用下从 p 区向 n 区运动，n 区的空穴在电场的作用下从 n 区向 p 区运动。此时，同一种载流子漂移运动的方向与扩散运动的方向恰好相反。

同时，由于存在电场，电场内出现逐点变化的电势，并且出现电子电势能的变化，也就是说，如 3.4.1 节所述，出现叠加在电子能量上的能带弯曲，正电压附近（n 区）的能带图越低，p 区一侧的能带图就越高，这种能带弯曲对从 n 区向 p 区扩散的电子和从 p 区向 n 区扩散的空穴都是障碍，即内建电场的出现阻碍了载流子的继续扩散。

扩散运动发展的结果是产生内建电场，内建电场的出现一方面会阻碍两区多子的扩散，另一方面会产生两区少子的漂移运动。对于每种载流子，上述两种运动的方向都正好相反。最初，扩散运动很强，空间电荷逐渐增加，内建电场逐渐变强，少子的漂移运动逐渐变强，多子的扩散运动逐渐变弱，最终达到少子的漂移运动和多子的扩散运动之间的动态平衡。此时，空间电荷的数量不再继续增加，空间电荷区的宽度也不再继续变大。pn 结中没有电流流过，即流过 pn 结的净电流为零。

由于扩散运动，在空间电荷区中，n 区的电子和 p 区的空穴几乎都因扩散而离开了这个区域，从这个角度出发，这个区域的载流子都已耗尽，因此也可将这个区域命名为**耗尽区**。达到平衡状态的 pn 结如图 5.6(b) 所示。平衡 pn 结主要有以下特征：① 电子和空穴的扩散电流与漂移电流分别达到动态平衡，通过 pn 结的净电流为零；② 空间电荷区的正、负电荷数量相等；③空间电荷区以外的 n 区和 p 区为电中性区。

至此，本小节的**任务①**完成。

5.2.2　平衡 pn 结的能带

本小节的**任务①**是：①画出平衡 pn 结能带图。

独立平衡 p 区和 n 区的费米能级如图 5.7(a) 和图 5.7(b) 所示。由于 p 区和 n 区为同一物质，因此其导带底和价带顶均持平。当 pn 结达到平衡状态（也称热平衡状态）时，由于半导体要保持统一的费米能级，即费米能级处处相等，其能带图与 p 型半导体和 n 型半导体独立时的能带图相比要发生变化。

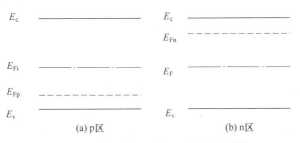

图 5.7　独立平衡 p 区和 n 区的费米能级

首先画出一条直线，假设它是平衡 pn 结的统一费米能级，根据 5.2.1 节平衡 pn 结的第三个特征——空间电荷区以外的 n 区和 p 区均为电中性区（与一块孤立的、均匀掺杂的半导体无异），画出图 5.8(a)，将 pn 结的交界面定义为 $x = 0$ 的位置，空间电荷区在 p 区一侧边界及在 n 区一侧边界的坐标分别为 $-x_p$ 和 x_n。未画出能带图的中间部分正好对应空间电荷区，考虑到该区域存在从 n 区指向 p 区的电场，因此 n 区的电势高，p 区的电势低，因为电子带负电，p 区的电势能比 n 区的电势能高，而能带图是按照电子的能量高低表示的，因此 p 区的能带和 n 区的相比上移，也就是说，从 p 区到 n 区的能带是单调递减的，具体其随 x 变化的函数关系将在后面的定量推导中给出，此时先简单地用光滑的曲线连接起来，如图 5.8(b) 所示 [思考图 5.8(b) 中正三角排列的电子和倒三角排列的空穴代表的含义]。

这样的平衡 pn 结能带图在体现内建电场存在的同时，保证平衡 pn 结达到统一费米能级。由图 5.8(b) 可以看出，在空间电荷区中，E_F 位于禁带中央附近，距离 E_c 或 E_v 较远，表明该区域的载流子浓度很小，符合耗尽区的假设。

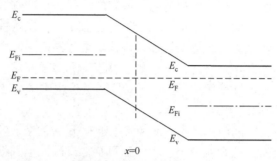

(a) 平衡pn结能带图形成的中间状态

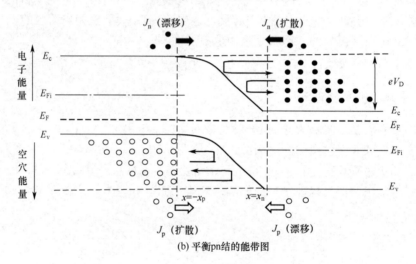

(b) 平衡pn结的能带图

图 5.8　平衡 pn 结能带图

由于 p 区能带相对于 n 区发生了上移，因此空间电荷区的能带发生了弯曲，因为能带弯曲，n 区的电子扩散时遇到一个势垒，使得电子的能量必须克服这个势垒才能运动到 p 区，如图 5.8(b) 所示，大量 n 区电子在试图向 p 区扩散的过程中被势垒挡回，只有少量高能电子可以克服该势垒完成向 p 区的扩散。

由于空穴的能量增加方向是向下的（和电子的相反），因此这种能带弯曲对空穴也是势垒。同理，p 区的空穴在扩散时也会遇到一个势垒，使得空穴必须克服这个势垒才能运动到 n 区。类似地，大量空穴在向 n 区扩散的过程中由于势垒的存在而被挡回，少量高能空穴克服势垒完成向 n 区的扩散。因此，空间电荷区也可称为**势垒区**，这个势垒称为**内建电势差**。正是这个电势差的存在，维持了 n 区多子电子扩散和 p 区少子电子漂移之间的平衡，以及 n 区少子空穴漂移和 p 区多子空穴扩散之间的平衡，平衡 pn 结的能带图如图 5.8(b) 所示。至此，本小节的**任务①**完成。

5.3　平衡 pn 结的参数

了解 pn 结的形成，以及内部发生的变化和能带图的变化后，本节讨论平衡 pn 结的静电特性，并完成**任务 1）**：推导下面 4 个物理量表达式——**内建电势差、电场强度、电势、势垒区宽度**。

5.3.1　内建电势差

内建电势差是由内建电场的存在而导致的空间电荷区两边界之间的电势差。内建电势差乘以电子电量，就是 pn 结能带图中的能带弯曲量。由 5.2.2 节中的讨论可知，pn 结的能带弯曲量等于平衡时 p 区和 n 区的费米能级之差，即

$$eV_D = E_{Fn} - E_{Fp} \tag{5.4}$$

式中，E_{Fn}，E_{Fp} 分别是形成 pn 结前 n 区一侧和 p 区一侧的费米能级。本章用 N_A 和 N_D 分别表示 pn 结中 p 区和 n 区的有效受主浓度和有效施主浓度。为了与第 2 章中的符号区分，本章中用 n_{n_0}，p_{p_0} 分别表示平衡 pn 结中 n 区的电子浓度和 p 区的空穴浓度。对于由非简并半导体形成的 pn 结，满足

$$n_{n_0} = n_i \exp\left(\frac{E_{Fn} - E_{Fi}}{kT}\right) = N_D \tag{5.5}$$

即

$$E_{Fn} - E_{Fi} = kT \ln \frac{N_D}{n_i} \tag{5.6}$$

同理，有

$$p_{p_0} = n_i \exp\left(\frac{E_{Fi} - E_{Fp}}{kT}\right) = N_A \tag{5.7}$$

即

$$E_{Fi} - E_{Fp} = kT \ln \frac{N_A}{n_i} \tag{5.8}$$

式（5.6）和式（5.8）相加得

$$E_{Fn} - E_{Fp} = kT \ln \frac{N_A N_D}{n_i^2} \tag{5.9}$$

因此，内建电势差 V_D 可以表示为

$$V_D = \frac{E_{Fn} - E_{Fp}}{e} = \frac{kT}{e} \ln \frac{N_A N_D}{n_i^2} \tag{5.10}$$

式（5.10）是突变结的内建电势差表达式，它与 pn 结两侧的掺杂浓度、环境温度及材料的种类有关。在一定温度下，pn 结两侧的掺杂浓度越大，内建电势差就越大。我们注意到，对这里讨论的由非简并半导体构成的 pn 结来说，内建电势差总小于 E_g/e 对应的电压值，原因可由内建电势差的推导过程看出：因 $E_{Fn} - E_{Fi}$ 和 $E_{Fi} - E_{Fp}$ 均小于 $E_g/2$，故 $V_D < E_g/e$。

一种不局限于突变结的更一般的证明 V_D 表达式的过程如下。由于

$$E = -\frac{dV}{dx}$$

因此有

$$V_D = -\int_{-x_p}^{x_n} E dx = \int_{V(-x_p)}^{V(x_n)} dV = V(x_n) - V(-x_p) \tag{5.11}$$

与爱因斯坦关系的推导类似，平衡 pn 结的净电流为零，满足

$$J_n = eD_n \frac{dn}{dx} + en\mu_n E = 0 \tag{5.12}$$

因此有

$$E = -\frac{D_n}{\mu_n} \frac{\dfrac{dn}{dx}}{n} = -\frac{kT}{e} \frac{\dfrac{dn}{dx}}{n} \tag{5.13}$$

将式（5.13）代入式（5.11），有

$$V_D = -\int_{-x_p}^{x_n} E dx = \frac{kT}{e} \int_{n(-x_p)}^{n(x_n)} \frac{dn}{n} = \frac{kT}{e} \ln\left[\frac{n(x_n)}{n(-x_p)}\right] \tag{5.14}$$

对于由非简并半导体构成的 pn 结，将 $n(x_n) = N_D$，$n(-x_p) = \dfrac{n_i^2}{N_A}$ 代入式（5.14），得到与式（5.10）相同的结论。

第二种推导内建电势差的方法更一般，无论半导体简并与否均成立。

【例 5.1】 当 $T = 300K$ 时，硅 pn 结其两侧的掺杂浓度分别为 $N_A = 2 \times 10^{17} \text{cm}^{-3}$，$N_D = 3 \times 10^{15} \text{cm}^{-3}$，设本征载流子浓度为 $n_i = 1.5 \times 10^{10} \text{cm}^{-3}$，求内建电势差 V_D。

解：内建电势差的计算式为

$$V_D = \frac{kT}{e} \ln \frac{N_A N_D}{n_i^2}$$

代入已知数据得

$$V_D = \frac{kT}{e} \ln \frac{N_A N_D}{n_i^2} = 0.0259 \ln\left[\frac{2 \times 10^{17} \times 3 \times 10^{15}}{(1.5 \times 10^{10})^2}\right] \approx 0.0259 \times 28.61 \approx 0.741V$$

说明：在内建电势差的计算过程中，由于 pn 结的掺杂浓度要进行对数运算，因此掺杂浓度的大变化体现在内建电势差上就成为小变化。

【例 5.2】 实际中有一种 pn 结为单边突变结，其一侧的掺杂浓度远大于另一侧的掺杂浓度，掺杂浓度的数量级相差在 3 个以上，用 p^+n 结或 pn^+ 结表示，其中带+号的一侧表示重掺杂，在计算单边突变结的内建电势差时，可以假设费米能级与导带底（n 型）或价带顶（p 型）重合。根据上述假设，画出硅单边突变结内建电势差 V_D 随低掺杂一侧的掺杂浓度 N_B 的变化曲线。

解：$V_D = E_{Fn} - E_{Fi} + E_{Fi} - E_{Fp}$，对于 p^+n 结，根据题意有

$$E_{Fi} - E_{Fp} = E_g / 2$$

$$V_D = E_{Fn} - E_{Fi} + \frac{E_g}{2} = kT \ln\left(\frac{N_D}{n_i}\right) + \frac{E_g}{2}$$

换为 n$^+$p 结后，公式调整为

$$V_D = kT \ln\left(\frac{N_A}{n_i}\right) + \frac{E_g}{2}$$

综合以上两个公式，可以写出

$$V_D = kT \ln\left(\frac{N_B}{n_i}\right) + \frac{E_g}{2}$$

式中，N_B 表示单边突变结中低掺杂一侧的杂质浓度，在下面的计算中，选取 N_B 的变化范围为 $10^{14} \sim 10^{16} \mathrm{cm}^{-3}$，对应的 MATLAB 程序如下所示。

```
%VD (P+n or n+p)
%Si constants
EG=1.12;
kt=0.0259;
ni=1.5e10;
%compution
NB=linspace(1.0e14,1.0e16,100);
VD=EG/2+kt.*log(NB/ni);
axis([1.0e14 1.0e16 0.56 1.12]);
semilogx(NB,VD);
xlabel('NB(cm-3)');
ylabel('VD(V)');
```

计算得到的结果如图 5.9 所示。

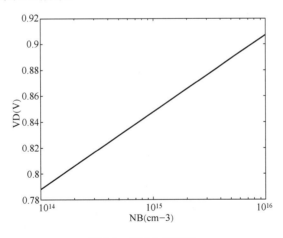

图 5.9　例 5.2 的结果

【例 5.3】　当 $T = 300\mathrm{K}$ 时，硅 pn 结两侧的掺杂浓度相等（$N_A = N_D$），画出内建电势差随掺杂浓度变化的曲线，其中 N_A 或 N_D 的取值范围为 $10^{14} \sim 10^{17}\,\mathrm{cm}^{-3}$。

解：当 $N_A = N_D$ 时，内建电势差的公式变为

$$V_D = \frac{kT}{e} \ln\frac{N_A N_D}{n_i^2} = \frac{kT}{e} \ln\frac{N_A^2}{n_i^2} = \frac{kT}{e} \ln\frac{N_D^2}{n_i^2}$$

对应的 MATLAB 程序如下所示。

```
%VD (NA=ND)
%Si constants
EG=1.12;
kt=0.0259;
ni=1.5e10;
%compution
NA=linspace(1.0e14,1.0e17,100);
ND=NA;
r=(ND.*NA)/(ni.*ni);
VD=kt.*log(r);
axis([1.0e14 1.0e17 0 1.12]);
semilogx(NA,VD);
xlabel('NA or ND(cm-3)');
ylabel('VD(V)');
```

计算得到的结果如图 5.10 所示。

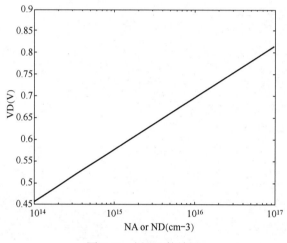

图 5.10　例 5.3 的结果

【例 5.4】 当 $T = 300K$ 时，GaAs pn 结的掺杂浓度为 $N_A = 2 \times 10^{17} \, cm^{-3}$，$N_D = 3 \times 10^{15} \, cm^{-3}$，$n_i = 1.8 \times 10^6 \, cm^{-3}$，画出内建电势差在 300～500K 温度区间内随温度变化的曲线。

解：由于内建电势差的表达式中有两项都随温度的变化而变化，因此内建电势差随温度的变化较复杂，先要计算出砷化镓的本征载流子浓度随温度的变化。

对应的 MATLAB 程序如下所示。

```
%VD (with T)
%GaAs constants
NA=2e17;
ND=3e15;
ni=1.8e6;%300K ni
k=0.0259/300;
%compution
T=linspace(300,500,100);
```

```
p=k.*T;
ncnv=(1.8e6^2)/exp(-1.42/0.0259); %300K ncnv
m=T./300;
q=-1.42./p;
ni=sqrt(ncnv.*m.^3.*exp(q));
r=(ND*NA)./(ni.*ni);
VD=p.*log(r);
semilogx(T,VD);
xlabel('T(K)');
ylabel('VD(V)');
axis([300 500 0.9 1.25]);
```

计算得到的结果如图 5.11 所示。

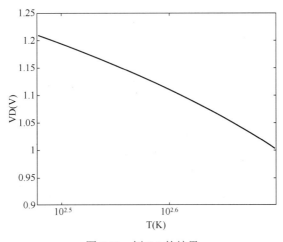

图 5.11 例 5.4 的结果

至此，完成了本节的**任务 1）**。

5.3.2 平衡 pn 结的内建电场强度及电势分布函数

以下关于本节**任务 1）**的后三个物理量的推导，均基于泊松方程展开。

1. 泊松方程

泊松方程可由熟知的静电场的高斯定理推导得出。考虑图 5.12 所示的单元，利用高斯定理可得

$$\varepsilon_{s} \oiint E \cdot ds = \varepsilon_{s} A \left[E(x+dx) - E(x) \right] = \rho A \Delta x \quad （5.15）$$

式中，ε_{s} 为半导体的介电常数，ρ 为半导体样品内的电荷密度，A 为截面积，如图 5.12 所示。当 $\Delta x \to 0$ 时，有

$$\frac{dE(x)}{dx} = \frac{\rho(x)}{\varepsilon_{s}} \quad （5.16）$$

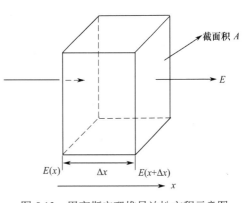

图 5.12 用高斯定理推导泊松方程示意图

结合电场和电势之间的关系，得到一维泊松方程表达式

$$\frac{\mathrm{d}^2 V(x)}{\mathrm{d}x^2} = -\frac{\mathrm{d}E(x)}{\mathrm{d}x} = -\frac{\rho(x)}{\varepsilon_\mathrm{s}} \tag{5.17}$$

由式（5.17）可以看出，在确定电荷密度后，就可以求出电场和电势的表达式。

2. 耗尽层近似

由式（5.17）可以看出，要求出平衡 pn 结的电场和电势等静电变量，就要求解泊松方程，而泊松方程最重要的一个变量是电荷密度 ρ。严格地讲，有

$$\rho(x) = e(p + N_\mathrm{D} - n - N_\mathrm{A}) \tag{5.18}$$

式中，假设 pn 结 p 区一侧和 n 区一侧的有效受主杂质和有效施主杂质均完全电离，由于式（5.18）右边的 n 和 p 均是 x 的函数，因此电荷密度 ρ 也是 x 的函数，泊松方程的求解将变得复杂。由 5.2 节可知，空间电荷区内的载流子浓度很小，因此做耗尽层假设是一种简单且实用的方法，即以简单的方法获得接近实际的近似解。所谓耗尽层近似，是指空间电荷区中的载流子耗尽，式（5.18）右边的 n 和 p 均等于零。

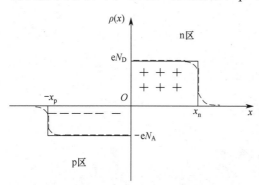

图 5.13　平衡突变结 pn 结的电荷密度分布

对于满足耗尽层近似的突变结，其电荷密度 $\rho(x)$ 表达式为式（5.19），如图 5.13 所示。

$$\rho(x) = \begin{cases} -eN_\mathrm{A}, & -x_\mathrm{p} \leqslant x \leqslant 0 \\ eN_\mathrm{D}, & 0 \leqslant x \leqslant x_\mathrm{n} \end{cases} \tag{5.19}$$

图 5.10 中的实线对应的是耗尽层近似下的电荷密度分布，虚线对应的是实际电荷密度分布。至此，用于计算平衡 pn 结静电特性中电场和电势分布的一维泊松方程准备就绪，下面开始求解它。

对 pn 结 p 区一侧的泊松方程进行一次积分，得到

$$E = \int \frac{\rho(x)}{\varepsilon_\mathrm{s}} \mathrm{d}x = -\int \frac{eN_\mathrm{A}}{\varepsilon_\mathrm{s}} \mathrm{d}x = \frac{-eN_\mathrm{A}x}{\varepsilon_\mathrm{s}} + C_1 \tag{5.20}$$

式中，C_1 为积分常数，它要根据边界条件来确定。由前面对 pn 结的分析可知，只在空间电荷区内存在电场，因为电场是连续的，所以 $x = -x_\mathrm{p}$ 处的电场强度为零。可以根据这个条件确定 C_1，即

$$E(x = -x_\mathrm{p}) = \frac{eN_\mathrm{A}x_\mathrm{p}}{\varepsilon_\mathrm{s}} + C_1 = 0 \rightarrow C_1 = \frac{-eN_\mathrm{A}x_\mathrm{p}}{\varepsilon_\mathrm{s}} \tag{5.21}$$

对 pn 结中 n 区一侧的泊松方程进行一次积分，并用 $x = x_\mathrm{n}$ 处的电场强度为零来确定 C_2

$$E = \int \frac{eN_\mathrm{D}}{\varepsilon_\mathrm{s}} \mathrm{d}x = \frac{eN_\mathrm{D}x}{\varepsilon_\mathrm{s}} + C_2 \rightarrow C_2 = -\frac{eN_\mathrm{D}x_\mathrm{n}}{\varepsilon_\mathrm{s}} \tag{5.22}$$

得出电场的表达式为

$$E = \begin{cases} \dfrac{-eN_A}{\varepsilon_s}(x+x_p), & -x_p \leqslant x \leqslant 0 \\[3mm] \dfrac{-eN_D}{\varepsilon_s}(x_n-x), & 0 \leqslant x \leqslant x_n \end{cases} \tag{5.23}$$

除 $x = x_n,\ x = -x_p$ 处的电场强度为零外，$x = 0$ 处的电场也应满足连续条件，即

$$E = \frac{-eN_A x_p}{\varepsilon_s} = \frac{-eN_D x_n}{\varepsilon_s} \tag{5.24}$$

于是有

$$N_A x_p = N_D x_n \tag{5.25}$$

这说明空间电荷区 p 区内的负电荷总量与空间电荷区 n 区的正电荷总量相等。

变换式（5.25），得

$$\frac{x_p}{x_n} = \frac{N_D}{N_A} \tag{5.26}$$

式（5.26）表明，pn 结空间电荷区在 n 区和 p 区的宽度与它们的杂质浓度成反比，特别是在单边突变结中，重掺杂一侧的势垒宽度非常窄，轻掺杂一侧的势垒宽度非常宽，可以认为整个空间电荷区的宽度主要在低掺杂区一侧。

图 5.14 所示为 pn 结空间电荷区内的电场随位置变化的曲线，因为 pn 结内的电场方向沿 $-x$ 轴方向，因此在图 5.14 中将 E 的曲线画在纵轴的负半轴方向上。从图中可以看出，电场强度在 n 区和 p 区各自都是距离的线性函数，在 p 区和 n 区的交界面 $x = 0$ 处达到最大值。

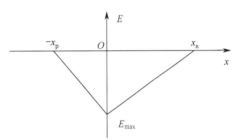

图 5.14 pn 结空间电荷区内的电场随位置变化的曲线

对电场强度的表达式再进行一次积分，得到电势的表达式为

$$V(x) = -\int E(x)\mathrm{d}x = \int \frac{eN_A(x+x_p)}{\varepsilon_s}\mathrm{d}x,\quad -x_p < x < 0$$

$$V(x) = \frac{eN_A}{\varepsilon_s}\left(\frac{x^2}{2} + x_p \cdot x\right) + C_1' \tag{5.27}$$

式中，C_1' 为积分常数，它要根据边界条件来确定。为计算方便，将空间电荷区中电势最低的位置设为电势零点，即令 $x = -x_p$ 处的电势为零，于是有

$$V(x) = \frac{eN_A}{\varepsilon_s}\left[\frac{(-x_p)^2}{2} + x_p \cdot (-x_p)\right] + C_1' = 0 \rightarrow C_1' = \frac{eN_A}{2\varepsilon_s}x_p^2 \tag{5.28}$$

p 区一侧电势的表达式可以写为

$$V(x) = \frac{eN_A}{2\varepsilon_s}(x+x_p)^2 \tag{5.29}$$

同理，对 n 区一侧的电势进行积分，得到

$$V(x) = -\int E(x)\mathrm{d}x = \int \frac{eN_\mathrm{D}(x_\mathrm{n}-x)}{\varepsilon_\mathrm{s}}\mathrm{d}x$$

$$V(x) = \frac{eN_\mathrm{D}}{\varepsilon_\mathrm{s}}\left(x_\mathrm{n}x - \frac{x^2}{2}\right) + C_2' \tag{5.30}$$

由于 $x=0$ 处电势连续，因此有

$$V(x=0) = \frac{eN_\mathrm{D}}{\varepsilon_\mathrm{s}}x_\mathrm{n}\left(x_\mathrm{n}\cdot 0 - \frac{0^2}{2}\right) + C_2' = \frac{eN_\mathrm{A}x_\mathrm{p}^2}{2\varepsilon_\mathrm{s}}$$

$$C_2' = \frac{eN_\mathrm{A}x_\mathrm{p}^2}{2\varepsilon_\mathrm{s}} \tag{5.31}$$

综合以上求解结果，可得 pn 结内的电势表达式为

$$V(x) = \begin{cases} \dfrac{eN_\mathrm{A}}{2\varepsilon_\mathrm{s}}(x+x_\mathrm{p})^2, & -x_\mathrm{p} \leqslant x \leqslant 0 \\[3mm] \dfrac{eN_\mathrm{D}}{\varepsilon_\mathrm{s}}\left(x_\mathrm{n}\cdot x - \dfrac{x^2}{2}\right) + \dfrac{eN_\mathrm{A}}{2\varepsilon_\mathrm{s}}x_\mathrm{p}^2, & 0 \leqslant x \leqslant x_\mathrm{n} \end{cases} \tag{5.32}$$

平衡突变 pn 结中电势随距离的变化如图 5.15 所示。

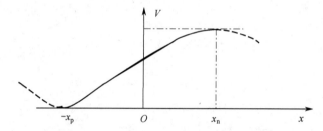

图 5.15　平衡突变 pn 结中电势随距离的变化

由于已设 $x=-x_\mathrm{p}$ 处的电势为零，因此 $x=x_\mathrm{n}$ 处的电势为内建电势差 V_D，可得

$$V_\mathrm{D} = V\big|_{x=x_\mathrm{n}} = \frac{e}{2\varepsilon_\mathrm{s}}\left(N_\mathrm{D}x_\mathrm{n}^2 + N_\mathrm{A}x_\mathrm{p}^2\right) \tag{5.33}$$

由于电势能是电势乘以电子电量，因此电子电势能也是距离的二次函数。至此，5.2.2 节中提到的连接中性 n 区和 p 区的能带的光滑曲线的函数关系就找到了；也就是说，在能带图中，空间电荷区的能带弯曲是按照二次函数的规律变化的，如图 5.16 所示。

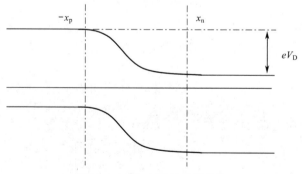

图 5.16　平衡突变结的电势能

至此，本节的**任务1**）中的第 2、3 个物理量的推导完成。

5.3.3 空间电荷区宽度

将式（5.25）变形后，得到

$$x_p = \frac{N_D x_n}{N_A} \tag{5.34}$$

将式（5.34）代入式（5.33）得

$$V_D = \frac{e}{2\varepsilon_s}\left(N_D x_n^2 + N_A x_p^2\right) = \frac{e}{2\varepsilon_s}\left[N_D x_n^2 + N_A\left(\frac{N_D x_n}{N_A}\right)^2\right] = \frac{e}{2\varepsilon_s}\left[N_D x_n^2 + \frac{N_D^2 x_n^2}{N_A}\right] \tag{5.35}$$

有

$$x_n = \left[\frac{2\varepsilon_s V_D}{e}\left(\frac{N_A}{N_D}\right)\left(\frac{1}{N_A + N_D}\right)\right]^{\frac{1}{2}} \tag{5.36}$$

类似地，先用 x_p 表示 x_n，代入式（5.33），也可以求出 x_p 的表达式

$$x_p = \left[\frac{2\varepsilon_s V_D}{e}\left(\frac{N_D}{N_A}\right)\left(\frac{1}{N_A + N_D}\right)\right]^{\frac{1}{2}} \tag{5.37}$$

总势垒区宽度为

$$W = x_p + x_n = \left[\frac{2\varepsilon_s V_D}{e}\left(\frac{N_A + N_D}{N_A N_D}\right)\right]^{\frac{1}{2}} \tag{5.38}$$

在知道构成 pn 结的 p 区和 n 区的有效掺杂浓度以及半导体材料种类时，根据内建电势差的表达式［式（5.10）］算出 V_D，然后将 V_D 代入式（5.38），就可得到 pn 结的总势垒区宽度。至此，本节的**任务1**）中的第 4 个物理量的推导完成。

【例 5.5】 计算处于平衡状态的硅 pn 结的势垒区宽度和最大电场强度，其中温度为室温 300K，pn 结两侧的掺杂浓度分别为 $N_A = 2\times10^{17}\,\mathrm{cm}^{-3}$ 和 $N_D = 3\times10^{15}\,\mathrm{cm}^{-3}$。

解： 根据势垒区宽度的公式，有

$$W = \left[\frac{2\varepsilon_s V_D}{e}\left(\frac{N_A + N_D}{N_A N_D}\right)\right]^{\frac{1}{2}}$$

将例 5.1 中计算出的 V_D 及其他已知参数代入上式，可得

$$W = \left[\frac{2\varepsilon_s V_D}{e}\left(\frac{N_A + N_D}{N_A N_D}\right)\right]^{\frac{1}{2}} = \left\{\frac{2\times11.7\times0.741\times8.85\times10^{-14}}{1.6\times10^{-19}}\left[\frac{2\times10^{17} + 3\times10^{15}}{2\times10^{17}\times3\times10^{15}}\right]\right\}^{\frac{1}{2}}$$

$$\approx 5.7\times10^{-5}\,\mathrm{cm} = 0.57\mu\mathrm{m}$$

因为 pn 结两侧的掺杂浓度相差两个数量级，所以有

$$W = x_p + x_n \approx x_n$$

内建电场的最大值出现在 pn 结的交界面处，即 $x = 0$ 处，其值为

$$E = \frac{-eN_{\mathrm{D}}x_{\mathrm{n}}}{\varepsilon_{\mathrm{s}}} = \frac{-1.6 \times 10^{-19} \times 3 \times 10^{15} \times 0.57 \times 10^{-4}}{11.7 \times 8.85 \times 10^{-14}} \approx -2.64 \times 10^4 \, \mathrm{V/cm}$$

【例 5.6】 对 $T = 300\mathrm{K}$ 时的硅 pn 结，根据 pn 结两侧的已知掺杂浓度，画出平衡时 pn 结的能带图。

解：对应的 MATLAB 程序如下所示。

```
%energy band
%Si constant
T=300;
k=8.617e-5;
e0=8.85e-14;
e=1.6e-19;
es=11.7;
ni=1.5e10;
eg=1.12;
%NA=3e16;
%ND=3e16;
NA=input('NA=');
ND=input('ND=');
nv=1.04e19;
vd=k*T*log((NA*ND)/ni^2);
xn=sqrt(2*es*e0*vd*NA/(e*ND*(ND+NA)));
xp=sqrt(2*es*e0*vd*ND/(e*NA*(ND+NA)));
c=-xp;
x1=linspace(c,0,100);
x2=linspace(0,xn,100);
vx1=((e*NA)/(2*es*e0)).*(x1+xp).^2;
vx2=((e*NA*xp^2)/(2*es*e0))+((e*ND)/(es*e0)).*((xn.*x2)-(x2.^2./2));
x=[x1,x2];
v1=-e*vx1;
v2=-e*vx2;
v=[v1,v2];
vx3=v1-e*eg;
vx4=v2-e*eg;
vx=[vx3,vx4];
plot(x,v);
hold on
plot(x,vx);
hold on
xa=max(xn,xp);
z=linspace(-2*xa,-xp,100);
u=linspace(xn,2*xa,100);
m1=v1(1);
m2=v2(100);
```

```
m3=vx3(1);
m4=vx4(100);
plot(z,m1,'r',z,m3,'r');
hold on
plot(u,m2,'g',u,m4,'g');
ev=k*T*log(nv/NA);
q=vx3(1)+ev*e;
p=[z,x,u];
plot(p,q);
```

画出的能带图如图 5.17 所示（两侧的掺杂浓度均为 $3\times10^{16}\text{cm}^{-3}$）。

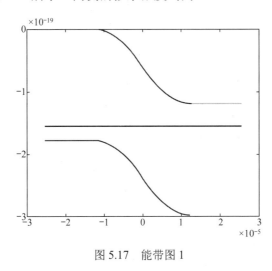

图 5.17　能带图 1

当 p 型一侧的掺杂浓度为 $3\times10^{15}\text{cm}^{-3}$、n 型一侧的掺杂浓度为 $3\times10^{16}\text{cm}^{-3}$ 时，能带图如图 5.18 所示。

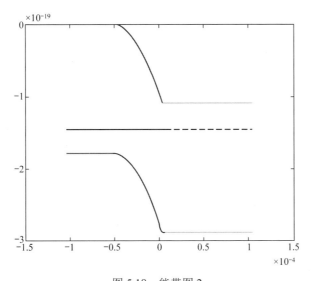

图 5.18　能带图 2

5.3.4　空间电荷区的载流子浓度

本小节的**任务①**是：**根据内建电势差的公式推导出空间电荷区两边界（$x = -x_p$ 和 $x = x_n$）处载流子浓度之间的关系。**

内建电势差的表达式为

$$V_D = \frac{kT}{e} \ln \frac{N_A N_D}{n_i^2} \tag{5.39}$$

变换得

$$\frac{n_i^2}{N_A N_D} = \exp\left(\frac{-eV_D}{kT}\right) \tag{5.40}$$

杂质完全电离时，有

$$n_{n_0} \approx N_D, \quad n_{p_0} \approx \frac{n_i^2}{N_A} \tag{5.41}$$

$$n_{p_0} = n_{n_0} \exp\left(\frac{-eV_D}{kT}\right) \tag{5.42}$$

同理有

$$p_{n_0} = p_{p_0} \exp\left(\frac{-eV_D}{kT}\right) \tag{5.43}$$

式中，p_{n_0}, n_{p_0} 分别是平衡 pn 结中 n 区的少子空穴浓度和 p 区的少子电子浓度。以上两式表明了平衡 pn 结内部的载流子浓度分布，也说明了同一载流子在势垒区两侧的浓度关系服从玻尔兹曼函数的关系，随着势垒高度的增加，载流子浓度按指数减小，与因势垒存在导致大量电子被困在 n 区一侧的状态是一致的，如图 5.19 所示。图 5.20 中绘出了两种载流子在空间电荷区两边界之间的变化。至此，本小节的**任务①**完成。

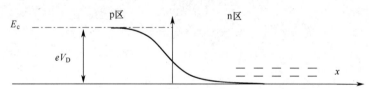

图 5.19　平衡 pn 结导带底的能带分布与空间电荷区两端的电子浓度

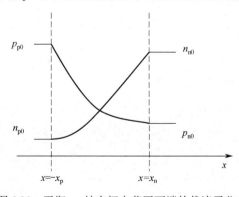

图 5.20　平衡 pn 结空间电荷区两端的载流子分布

5.3.5 线性缓变结的静电特性

实际半导体工艺制作的结，尤其是通过扩散等方法制作的结，相比于突变结，更接近线性缓变结。本节将在前面推导的平衡突变结的静电特性的基础上，研究线性缓变结的静电特性。本节讨论的内容也可视为 5.3.2 节和 5.3.3 节内容的升级。

本小节要完成的**任务①**是：**①推导线性缓变结的如下静电特性参量：内建电势差、电场、电势、势垒区宽度。**

线性缓变结的杂质分布如图 5.5(b)所示，将纵坐标改为 $N_D - N_A$，将 x 的零点变为 pn 结的交界面，重新画出杂质分布如图 5.21(a)所示。在仍然假设耗尽层近似成立的前提下，假设耗尽区之外的 p 区和 n 区不存在净电荷和电场，电势为恒定值，同时假设两侧的杂质全部电离，可以画出线性缓变结区的电荷密度分布，如图 5.21(b)所示。

由平衡突变 pn 结静电特性的计算经验可知，空间电荷区的正、负电荷总量相等，由于电荷密度是 x 的线性函数，因此满足 $x_p = x_n = W/2$。电荷密度函数表示为

$$\rho(x) = \begin{cases} eax, & -W/2 \leqslant x \leqslant W/2 \\ 0, & x < -W/2 \text{ 或 } x > W/2 \end{cases} \tag{5.44}$$

于是有

$$E = \int \frac{\rho(x)}{\varepsilon_s} \mathrm{d}x = \int \frac{eax}{\varepsilon_s} \mathrm{d}x = \frac{eax^2}{2\varepsilon_s} + C_1 \tag{5.45}$$

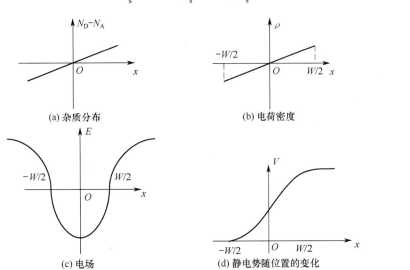

(a) 杂质分布

(b) 电荷密度

(c) 电场

(d) 静电势随位置的变化

图 5.21 线性缓变结

由于空间电荷区边界处的电场为零，因此有

$$E = \frac{ea}{2\varepsilon_s} \left[x^2 - (W/2)^2 \right] \tag{5.46}$$

电场随位置的变化如图 5.21(c)所示。同样，$x = 0$ 的交界面处达到最大场强 $-\dfrac{eaW^2}{8\varepsilon_s}$，与突变结电势求解类似，$V(x) = -\int E(x)\mathrm{d}x$，将式（5.46）代入积分，且同样设空间电荷区电势

最低的 $x = -W/2$ 处的电势为零，得到

$$V = \frac{ea}{6\varepsilon_s}\left[2(W/2)^3 + 3(W/2)^2 x - x^3\right] \tag{5.47}$$

静电势随位置的变化如图 5.21(d)所示。

接下来在式（5.47）中令 $x = W/2$，$V = \dfrac{eW^3 a}{12\varepsilon_s}$。同时，令该位置的电势 $V = V_D$ 以求出 W，

$$W = \sqrt[3]{\frac{12\varepsilon_s V_D}{ea}} \tag{5.48}$$

此时，对线性缓变结，式（5.48）中的内建电势差已无法沿用式（5.10），其新表达式是什么？回忆求解突变结内建电势差时得到的另外一个表达式 [式（5.14）]，即

$$V_D = \frac{kT}{e}\ln\left[\frac{n(x_n)}{n(-x_p)}\right]$$

它对线性缓变结仍然适用。将其修正为适合线性缓变结的形式

$$V_D = \frac{kT}{e}\ln\left[\frac{n(W/2)}{n(-W/2)}\right] \tag{5.49}$$

而 $n(W/2) = aW/2$，$p(-W/2) = aW/2$，由于 $p(-W/2)n(-W/2) = n_i^2$，故 $n(-W/2) = \dfrac{n_i^2}{aW/2}$，代入式（5.49）得

$$V_D = \frac{2kT}{e}\ln\left(\frac{aW}{2n_i}\right) \tag{5.50}$$

式（5.50）是又一个关于 V_D 和 W 的关系式，将另一个关于 V_D 和 W 的关系式 [式（5.48）] 代入式（5.50），得

$$V_D = \frac{2kT}{e}\ln\left[\frac{aW}{2n_i}\sqrt[3]{\frac{12\varepsilon_s V_D}{ea}}\right] \tag{5.51}$$

想要由式（5.51）写出 V_D 的显性函数式较为困难，实际中可以通过数值迭代法来得到 V_D。至此，本小节的**任务①**完成。

5.4　pn 结二极管的电流-电压特性方程

本节讨论 pn 结的稳态响应，即对 pn 结外加直流电压时，得出流过 pn 结二极管的电流，找到外加电压和 pn 结二极管电流之间的定量关系，得出 pn 结二极管重要的单向导电性。本节首先介绍理想 pn 结二极管，得出其电流-电压特性方程，然后根据实际器件的电流-电压特性关系，逐步修正电流-电压特性方程。

本节要完成的**任务 1）**和**任务 2）**如下：**1）定量推导理想 pn 结二极管的电流-电压特性方程；2）对理想 pn 结二极管的电流-电压特性方程进行各种修正。**

5.4.1　静电特性结果在外加电压 pn 结中的推广

在正式讨论 pn 结的电流-电压特性方程之前，下面首先将 5.3 节中得出的适用于平衡 pn 结的电场、电势和势垒区宽度的公式推广到加电压的 pn 结上，然后由推广后的结果讨论外加电压下 pn 结发生的变化。

本小节的任务①是：①**完成静电特性相关公式在外加电压 pn 结中的推广，讨论外加电压后 pn 结的变化。**

当 pn 结两端的电压不为零时，pn 结可视为三部分的串联，即中性 p 区、耗尽区和中性 n 区的串联，其中耗尽区的载流子几乎耗尽，对应的电阻值很大，而两个中性区的载流子浓度都很大，对应很小的电阻。因此，可认为外加电压全部降落在耗尽层上，如图 5.22 所示。外加电压下的耗尽区与平衡状态下的类似，只是耗尽层两端的电势差由平衡时的 V_D 变为 $V_D - V$，若仍将 $x = -x_p$ 处的电势作为零点，则 $x = x_n$ 处的电势变为 $V_D - V$，这是外加电压带来的变化。V 的正、负由外加电压的极性决定，当 p 区接电源正极、n 区接电源负极时，称为**正电压**（$V > 0$），反之则称为**负电压**（$V < 0$）。因此，只需将 5.3 节关于平衡 pn 结的电场、电势和势垒区宽度的公式中的 V_D 变为 $V_D - V$ 就完成了推广。对于突变结，公式如下

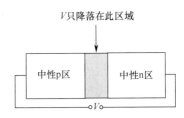

图 5.22　外加电压在 pn 结的压降分布示意图

$$x_p = \left[\frac{2\varepsilon_s(V_D - V)}{e}\left(\frac{N_D}{N_A}\right)\left(\frac{1}{N_A + N_D}\right) \right]^{\frac{1}{2}}$$

$$x_n = \left[\frac{2\varepsilon_s(V_D - V)}{e}\left(\frac{N_A}{N_D}\right)\left(\frac{1}{N_A + N_D}\right) \right]^{\frac{1}{2}} \qquad (5.52)$$

$$E = \begin{cases} \dfrac{-eN_A}{\varepsilon_s}\left(x + x_p\right), & -x_p \leqslant x \leqslant 0 \\[2mm] \dfrac{-eN_D}{\varepsilon_s}\left(x_n - x\right), & 0 \leqslant x \leqslant x_n \end{cases} \qquad (5.53)$$

$$V(x) = \begin{cases} \dfrac{eN_A}{2\varepsilon_s}\left(x + x_p\right)^2, & -x_p \leqslant x \leqslant 0 \\[2mm] \dfrac{eN_D}{2\varepsilon_s}\left(x_n \cdot x - \dfrac{x^2}{2}\right) + \dfrac{eN_A}{2\varepsilon_s}x_p^2, & 0 \leqslant x \leqslant x_n \end{cases} \qquad (5.54)$$

由式（5.52）可以看出，在正偏电压下，由于 x_p 和 x_n 与 $\sqrt{V_D - V}$ 成正比，故 x_p 和 x_n 减小，将减小后的 x_p 和 x_n 代入式（5.53）和式（5.54），发现电场和电势都相应地减小。因为在耗尽层近似下，空间电荷区电荷密度等于电离杂质浓度，是不变的常量，耗尽区宽度减小导致空间电荷区正、负电荷量减小，电场、电势相应变小。对正偏电压下的 pn 结由于外加电压产生的电场方向与内建电场方向相反，因此电场、电势相应地变小。在反偏电压下，x_p 和 x_n 增大，

电场、电势均变强。

由于外加电压下的 pn 结不再具有统一的费米能级，因此正偏与反偏时空间电荷区和电势的变化均可体现在能带图中的能带弯曲区域的宽度和高度上，如图 5.23 所示。

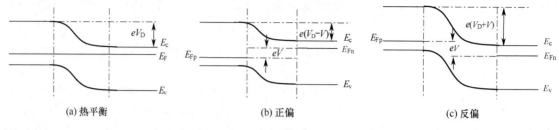

(a) 热平衡   (b) 正偏   (c) 反偏

图 5.23　pn 结的能带图

至此，本小节的**任务**①完成。

【例 5.7】 画出 pn 结正偏和反偏时的能带图。

解：在例 5.6 的 MATLAB 程序的基础上修改如下。

```matlab
%energy band
%Si constant
T=300;
k=8.617e-5;
e0=8.85e-14;
e=1.6e-19;
es=11.7;
ni=1.5e10;
eg=1.12;
NA=3e16;
ND=3e16;
nv=1.04e19;
nc=2.8e19;
vd=k*T*log((NA*ND)/ni^2);
va=-0.3;
xn=sqrt(2*es*e0*(vd-va)*NA/(e*ND*(ND+NA)));
xp=sqrt(2*es*e0*(vd-va)*ND/(e*NA*(ND+NA)));
c=-xp;
x1=linspace(c,0,100);
x2=linspace(0,xn,100);
vx1=((e*NA)/(2*es*e0)).*(x1+xp).^2;
vx2=(vd-va)-((e*ND)/(2*es*e0)).*(xn-x2).^2;
x=[x1,x2];
v1=-e*vx1;
v2=-e*vx2;
v=[v1,v2];
```

```
vx3=v1-e*eg;
vx4=v2-e*eg;
vx=[vx3,vx4];
plot(x,v);
hold on
plot(x,vx);
hold on
xa=max(xn,xp);
z=linspace(-2*xa,-xp,100);
u=linspace(xn,2*xa,100);
m1=v1(1);
m2=v2(100);
m3=vx3(1);
m4=vx4(100);
plot(z,m1,'r',z,m3,'r');
hold on
plot(u,m2,'g',u,m4,'g');
efp=k*T*log(nv/NA);
q=vx3(1)+efp*e;
plot(z,q);
efn=k*T*log(nc/ND);
p=m2-efn*e;
plot(u,p);
```

$V = +0.3\text{V}$ 时的能带图如图 5.24 所示。

$V = -0.3\text{V}$ 时的能带图如图 5.25 所示。

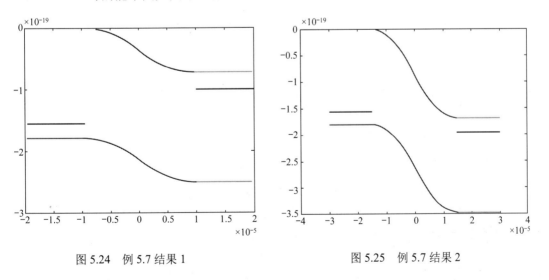

图 5.24　例 5.7 结果 1　　　　　　　图 5.25　例 5.7 结果 2

将零偏、$V = +0.3\text{V}$ 和 $V = -0.3\text{V}$ 时的能带图画在一幅图中，结果如图 5.26 所示。

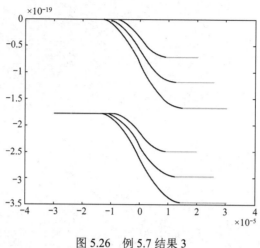

图 5.26　例 5.7 结果 3

从图中可以看出外加电压变化时势垒区宽度和能带弯曲量的变化。

5.4.2　pn 结电流–电压特性方程的定性推导

本节将在 5.4.1 节的基础上，根据外加电压下 pn 结发生的变化，定性讨论平衡时保持动态平衡的多子扩散和少子漂移在外加电压下发生的变化，定性推导出正向电流大且随正向电压增大而指数增大、反向电流小且恒定的 pn 结的单向导电性结论。

本小节的任务①：①定性推导出 pn 结的单向导电性。

对于正偏 pn 结，当 p 区接电源的正极、n 区接电源的负极时，外加电压产生的电场方向与内建电场的方向相反。由于一般外加电压小于 pn 结的内建电势差，因此 pn 结内部的场仍然沿内建电场方向，但其数值被削弱。空间电荷区两端的电势差降低，空间电荷区的宽度变窄，能带弯曲量减小。

外加正偏电压破坏 pn 结内部原有的扩散电流和漂移电流之间的平衡，如图 5.27 所示，为方便对比，假设 p 区能带不动，n 区能带在外加正偏电压时向上移动，所以图 5.27 中 n 区的虚线对应的能带表示平衡时的 n 区能带。由于电场受到削弱，漂移电流变小（对应图中的细箭头），同时由于电场削弱，空间电荷区两端电势差降低，能带弯曲量降低，两区多子向对方扩散时面临的势垒降低，促使多子扩散（对应图中的粗箭头），导致扩散电流大于漂移电流。也就是说，此时发生了电子从 n 区向 p 区的净扩散流，以及空穴从 p 区向 n 区的净扩散流，相当于电子从 n 区向 p 区注入，空穴从 p 区向 n 区注入，这种注入是在正偏电压作用下发生的，因此也称**正向注入**。此时，有净电流流过 pn 结，构成了 pn 结的正向电流。正向电流的方向是从 p 区流向 n 区。

随着正偏电压的增大，从 n 区指向 p 区的电场进一步被削弱，多子扩散面临的势垒线性降低，如图 5.27 所示。正三角式电子排列使能扩散到对方的多子随势垒的降低指数增加，因此正向电流随正向电压的增大而按指数增大。

p 区接电源负极而 n 区接电源正极的 pn 结被称为反偏电压下的 pn 结，此时外加电压产生的电场和内建电场的方向相同，电场增强，空间电荷区的两端电势差增大，空间电荷区宽度变宽，能带弯曲量增大。

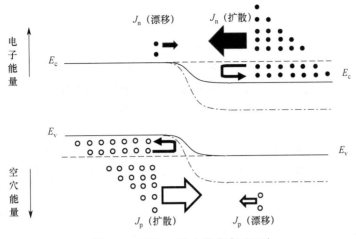

图 5.27　正偏 pn 结内的载流子运动

反偏电压同样破坏了平衡时扩散电流和漂移电流之间的平衡,反偏 pn 结内的载流子运动情况如图 5.28 所示。仍假设 p 区能带不动,n 区能带向下移动,与图 5.27 类似,图 5.28 中 n 区一侧的虚线仍然表示平衡状态的能带位置。由于电场增强,因此少子漂移增强(对应图中的箭头);同时电场增强,空间电荷区两端电势差增大,能带弯曲量增大,多子向对方扩散时面临的势垒变高,只要很小的反偏电压就可使所有的多子都被挡在变高后的势垒前(图中被迫折回的箭头),即多子扩散减小为零。此时,少子漂移电流就是总电流,方向是从 n 区流向 p 区。此时,反向电压的增大对反向电流无影响,或者说达到反向电流饱和状态。

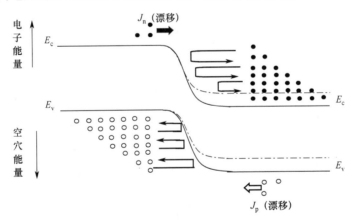

图 5.28　反偏 pn 结内的载流子运动

至此,从正偏/反偏电压下 pn 结能带图的变化出发,分析得出了 pn 结的单向导电性,即正向电流大且随正向电压的增大而按指数增大,而反向电流小且恒定。本小节的**任务①**完成。

5.4.3　pn 结电流-电压特性方程的定量推导

5.4.2 节的定性分析只告诉了我们在以耗尽区为中心的区域中载流子的运动情况,要了解 pn 结内载流子运动的更完整图像,还要通过定量推导来完成。

本小节的**任务①**:①定量推导出 pn 结的电流-电压特性方程。

1. 定量推导前的准备工作

为了更容易地完成本小节的任务，先假设研究的对象是理想 pn 结，它具有如下特征：①一维二极管；②稳态二极管；③不存在其他的载流子产生过程（如光照）；④非简并半导体形成的突变结；⑤耗尽层近似；⑥准中性区的小注入假设；⑦电流连续。

本节以正偏电压下的 pn 结为讨论对象，推导出其电流-电压特性方程；然而，在结果中令 V 变为 $-V$，即可得到反偏时的结果。

由定性分析可知，正偏 pn 结电流的主要成分是扩散电流，包括电子扩散电流和空穴扩散电流。综合前几章所学，按照由所需结果向前反推的方式来确定定量推导的步骤

$$I = AJ$$

$$J = J_n + J_p$$

$$J_n = e\mu_n nE + eD_n \frac{dn}{dx}$$

$$J_p = e\mu_p pE - eD_p \frac{dp}{dx}$$

无论是从 n 区注入 p 区的电子，还是从 p 区注入 n 区的空穴，在它们通过扩散方式运动到另一种导电类型的半导体中后，角色将由多子变成少子，因此这一区域被称为**扩散区**。其中，准中性 p 区为电子扩散区，准中性 n 区为空穴扩散区。

在扩散区结合理想 pn 结的条件①、②和④，得到满足少子的双极输运方程分别为

$$D_n \frac{d^2 \Delta n_p}{dx^2} - \frac{\Delta n_p}{\tau_n} = 0, \ x \leqslant -x_p \tag{5.55}$$

$$D_p \frac{d^2 \Delta p_n}{dx^2} - \frac{\Delta p_n}{\tau_p} = 0, \ x \geqslant x_n \tag{5.56}$$

将以上两个方程的解代入由理想 pn 结条件④简化为 $J_n = eD_n \dfrac{dn}{dx}$ 和 $J_p = eD_p \dfrac{dp}{dx}$ 的电流密度表示中，分别得到两个扩散区的电流密度。但是，即使电流连续，对两个间隔耗尽区的扩散区，还是因为无法找到一个点来求出该点的 J_n 和 J_p 之和，而无法得出总电流密度。

对于耗尽区，满足的一维稳态连续性方程如下（其中假设载流子在通过耗尽区时不存在热激发导致的产生和复合）

$$\frac{1}{e} \frac{dJ_n}{dx} = 0 \tag{5.57}$$

$$-\frac{1}{e} \frac{dJ_p}{dx} = 0 \tag{5.58}$$

式（5.57）和式（5.58）表明，通过耗尽层的电流密度是常数，结合上面扩散区和耗尽区的结果，有 $J_n(耗尽区) = J_n(-x_p)$，$J_p(耗尽区) = J_p(x_n)$，这样根据电流连续的条件，就可以在耗尽区内任选一点，该点的总电流密度就是 pn 结的总电流密度，即有

$$J = J_n(-x_p) + J_p(x_n) \tag{5.59}$$

至此，定量推导理想 pn 结电流-电压特性方程的**步骤**已经明确：

（1）确定边界 $x = x_n$ 和 $x = -x_p$ 处的少子浓度；

（2）求解扩散区的连续性方程；

（3）计算出 $x = x_n$ 和 $x = -x_p$ 处的空穴扩散电流和电子扩散电流；

（4）将两种载流子的扩散电流密度相加并乘以 pn 结的横截面积，得到理想 pn 结的电流电压方程。

至此，准备工作就绪，下面开始定量推导。

2. 定量推导

如图 5.22 所示，给 pn 结加正偏电压时，p 区和 n 区内均存在非平衡少子。步骤（1）得出的结果是边界条件之一，它可在平衡时满足的式（5.42）和式（5.43）中直接将 V_D 变换为 $V_D - V_A$（从本节起，正偏电压用 V_A 表示，反偏电压用 V_R 表示），得到

$$n_p(-x_p) = n_{n_0} \exp\left(\frac{-eV_D}{kT}\right) \exp\left(\frac{eV_A}{kT}\right) = n_{p_0} \exp\left(\frac{eV_A}{kT}\right) \tag{5.60}$$

$$p_n(x_n) = p_{p_0} \exp\left(\frac{-eV_D}{kT}\right) \exp\left(\frac{eV_A}{kT}\right) = p_{n_0} \exp\left(\frac{eV_A}{kT}\right) \tag{5.61}$$

式（5.60）和式（5.61）也称肖克利边界条件。

【例 5.8】 室温 300K 下硅 pn 结的 p 型一侧的掺杂浓度为 $N_A = 3 \times 10^{15} \mathrm{cm}^{-3}$，当正偏电压为 0.5V 时，计算 $x = -x_p$ 处的电子浓度。

解：根据式（5.60），即

$$n_p(-x_p) = n_{p_0} \exp\left(\frac{eV_A}{kT}\right)$$

代入相关数值得

$$n_p(-x_p) = n_{p_0} \exp\left(\frac{eV_A}{kT}\right) = \frac{(1.5 \times 10^{10})^2}{3 \times 10^{15}} \exp\left(\frac{0.5}{0.0259}\right) \approx 1.816 \times 10^{13} \mathrm{cm}^{-3}$$

说明：虽然外加正偏电压只有 0.5V，但是其对载流子的浓度分布影响很大，在 $x = -x_p$ 处增大了 $\exp\left(\frac{eV_A}{kT}\right)$ 倍。如例 5.8 所示，当外加电压为 0.5V 时，电子浓度约为 $10^8 \mathrm{cm}^{-3}$，同时仍然要比多子的浓度小得多，满足理想 pn 结的条件⑥。

至此，**步骤（1）** 完成。

在理想 pn 结的假设条件中，准中性区（扩散区）中的电场为零，满足小注入条件，该区域中的产生率为零，因此在空穴扩散区中的双极输运方程简化为

$$D_p \frac{\mathrm{d}^2 \Delta p_n}{\mathrm{d}x^2} - \frac{\Delta p_n}{\tau_p} = 0 \tag{5.62}$$

在电子扩散区中，双极方程简化为

$$D_n \frac{\mathrm{d}^2 \Delta n_p}{\mathrm{d}x^2} - \frac{\Delta n_p}{\tau_n} = 0$$

式（5.62）的通解是

$$\Delta p_n(x) = p_n(x) - p_{n_0} = A \exp\left(-\frac{x}{L_p}\right) + B \exp\left(\frac{x}{L_p}\right) \tag{5.63}$$

式中，$L_p = \sqrt{D_p \tau_p}$ 是定义的空穴扩散长度，根据肖克利边界条件［式（5.61）］、pn 结为长 pn 结（扩散区的长度足够长）的假设，以及当 $x \to \infty$ 时 $p_n \to p_{n_0}$，求出 A 和 B，得到 $\Delta p_n(x)$ 的表达式

$$\Delta p_n(x) = p_{n_0}\left[\exp\left(\frac{eV_A}{kT}\right) - 1\right]\exp\left(\frac{x_n - x}{L_p}\right) \tag{5.64}$$

同理，注入 p 区的电子浓度为

$$\Delta n_p(x) = n_{p_0}\left[\exp\left(\frac{eV_A}{kT}\right) - 1\right]\exp\left(\frac{x_p + x}{L_n}\right) \tag{5.65}$$

至此，**步骤（2）** 完成。

理想 pn 结中假设扩散区不存在电场，在 $x = x_n$ 处，空穴的扩散电流密度为

$$J_p(x_n) = -eD_p\frac{\mathrm{d}\Delta p_n(x)}{\mathrm{d}x} = \frac{eD_p p_{n_0}}{L_p}\left[\exp\left(\frac{eV_A}{kT}\right) - 1\right] \tag{5.66}$$

同理，在 $x = -x_p$ 处，电子的扩散电流密度为

$$J_n(-x_p) = eD_n\frac{\mathrm{d}\Delta n_p(x)}{\mathrm{d}x} = \frac{eD_n n_{p_0}}{L_n}\left[\exp\left(\frac{eV_A}{kT}\right) - 1\right] \tag{5.67}$$

至此，**步骤（3）** 完成。

式（5.66）和式（5.67）表示电流的方向均沿 x 轴的正方向，即从 p 区指向 n 区。于是，总电流为通过界面 $x = -x_p$ 的电子电流和通过界面 $x = x_n$ 的空穴电流之和

$$J = J_p(x_n) + J_n(-x_p) = \left[\frac{eD_n n_{p_0}}{L_n} + \frac{eD_p p_{n_0}}{L_p}\right]\left[\exp\left(\frac{eV_A}{kT}\right) - 1\right] \tag{5.68}$$

若令

$$J_s = \left[\frac{eD_n n_{p_0}}{L_n} + \frac{eD_p p_{n_0}}{L_p}\right] \tag{5.69}$$

式中，J_s 称为**反向饱和电流密度**，则

$$J = J_s\left[\exp\left(\frac{eV_A}{kT}\right) - 1\right] \tag{5.70}$$

$$I = AJ_s\left[\exp\left(\frac{eV_A}{kT}\right) - 1\right] \tag{5.71}$$

式中，A 为 pn 结的横截面积。令 $I_0 = AJ_s$，有

$$I = I_0\left[\exp\left(\frac{eV_A}{kT}\right) - 1\right] \tag{5.72}$$

至此，**步骤（4）** 完成，式（5.72）就是理想 pn 结的电流-电压特性方程，也称**肖克利方程**。本小节的**任务①**完成。

【例 5.9】 对于室温 300K 下的硅 p^+n 结，$N_A = 1 \times 10^{18}\,\mathrm{cm}^{-3}$，$N_D = 1 \times 10^{16}\,\mathrm{cm}^{-3}$，$D_p = 12\,\mathrm{cm}^2/\mathrm{s}$，少子空穴的寿命为 $\tau_{p_0} = 10^{-7}\,\mathrm{s}$，结的横截面积为 $A = 10^{-3}\,\mathrm{cm}^2$，计算该 pn 结的反向饱和电流与正偏电压为 0.5V 时的正偏电流。

解：先计算反向饱和电流。根据反向饱和电流密度的公式，有

$$J_s = \left[\frac{eD_n n_{p_0}}{L_n} + \frac{eD_p p_{n_0}}{L_p}\right] = e\left[\sqrt{\frac{D_n}{\tau_{n_0}}}\frac{n_i^2}{N_A} + \sqrt{\frac{D_p}{\tau_{p_0}}}\frac{n_i^2}{N_D}\right]$$

因为 D_p, D_n 和 τ_p, τ_n 的数值相差不大，对题中的 p^+n 单边突变结而言，$N_A \gg N_D$，上式中的第一项略去，只保留第二项，从而有

$$I_s = eA\sqrt{\frac{D_p}{\tau_{p_0}}}\frac{n_i^2}{N_D} = 1.6\times10^{-19}\times10^{-3}\sqrt{\frac{12}{10^{-7}}}\times\frac{(1.5\times10^{10})^2}{1\times10^{16}} \approx 3.94\times10^{-14}\text{A}$$

当外加正偏电压为 0.5V 时，正偏电流为

$$I = I_s\left[\exp\left(\frac{eV_A}{kT}\right) - 1\right] = 3.94\times10^{-14}\left[\exp\left(\frac{0.5}{0.0259}\right) - 1\right] \approx 0.4531\text{mA}$$

【例 5.10】对于室温 300K 下的硅 pn 结，$N_D = 1\times10^{16}\text{cm}^{-3}$，$D_p = 12\text{cm}^2/\text{s}$，$D_n = 35\text{cm}^2/\text{s}$，$\tau_{p_0} = 10^{-7}\text{s}$，$\tau_{n_0} = 10^{-6}\text{s}$，画出 $1\times10^{15} \leqslant N_A \leqslant 1\times10^{18}\text{cm}^{-3}$ 时空穴电流占总电流的比例。

解：根据前面推导的公式有

$$\frac{J_p}{J_n + J_p} = \frac{\dfrac{eD_p p_{n0}}{L_p}\left[\exp\left(\dfrac{eV_A}{kT}\right) - 1\right]}{\left(\dfrac{eD_p p_{n_0}}{L_p} + \dfrac{eD_n n_{p_0}}{L_n}\right)\left[\exp\left(\dfrac{eV_A}{kT}\right) - 1\right]} = \frac{\dfrac{eD_p p_{n0}}{L_p}}{\dfrac{eD_p p_{n_0}}{L_p} + \dfrac{eD_n n_{p_0}}{L_n}} = \frac{1}{1 + \sqrt{\dfrac{D_n \tau_{p_0}}{D_p \tau_{n_0}}} \cdot \dfrac{N_D}{N_A}}$$

MATLAB 程序如下所示。

```
clear
ND=1e16;
dp=12;
dn=35;
taup=1e-7;
taun=1e-6;
NA=logspace(15.18,100);
p=sqrt((dn*taup)/(dp*taun))*ND;
m=1./(1+(p./NA));
semilogx(NA,m)
grid on
axis([1e15 1e18 0 1])
```

计算得到的图形如图 5.29 所示。

3. 结果分析

下面对刚才定量推导得出的中间结果和最终结果进行分析。

1）理想 pn 结的单向导电性

当正向电压大于几个热电压（kT/e）时，可将式（5.72）中右边方括号中的 -1 略去，正向电流近似随正向电压的增大而指数增大，即 $I \approx I_0 \exp\left(\dfrac{eV_A}{kT}\right)$。当反向电压也大于几个热电

压时，由于 $\exp\left(\dfrac{-eV_\mathrm{R}}{kT}\right)\to0$，因此 $I\approx-I_0$，表现出预期的 pn 结的单向导电性，如图 5.30 所示。

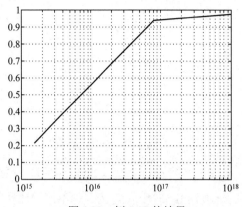

图 5.29　例 5.10 的结果

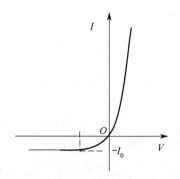

图 5.30　理想 pn 结的电流-电压特性曲线

2）理想 pn 结的载流子浓度

下面根据步骤（**2**）的结论来讨论理想 pn 结扩散区的过剩少子浓度。

式（5.64）和式（5.65）在正偏电压下的结果可以用图 5.31 表示，可以看出注入 p 区的电子或注入 n 区的空穴边扩散边复合，随着扩散的深入，过剩载流子按指数衰减，经过足够长的扩散距离，过剩载流子衰减为零，达到平衡状态载流子浓度，与第 4 章中例 4.5 的结论类似。

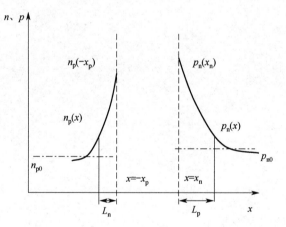

图 5.31　正偏电压下非平衡少子的浓度分布

而在式（5.64）和式（5.65）中，若令 $V_\mathrm{A}=-V_\mathrm{R}$，则可将理想 pn 结中的载流子浓度分布推广到反偏电压时的情形。对 p 区中的少子电子分布，有

$$\Delta n_\mathrm{p}(x)=n_{\mathrm{p}0}\left[\exp\left(\frac{-eV_\mathrm{R}}{kT}\right)-1\right]\exp\left(\frac{x_\mathrm{p}+x}{L_\mathrm{n}}\right)\tag{5.73}$$

由于加反偏电压时 $V_\mathrm{R}\gg\dfrac{kT}{e}$，因此 $\exp\left(\dfrac{-eV_\mathrm{R}}{kT}\right)\to0$，有

$$\Delta n_{\mathrm{p}}(x) = -n_{\mathrm{p}0} \exp\left(\frac{x_{\mathrm{p}} + x}{L_{\mathrm{n}}}\right) \tag{5.74}$$

同理，n 区中少子空穴的浓度为

$$\Delta p_{\mathrm{n}}(x) = p_{\mathrm{n}_0}\left[\exp\left(\frac{-eV_{\mathrm{R}}}{kT}\right) - 1\right]\exp\left(\frac{x_{\mathrm{n}} - x}{L_{\mathrm{p}}}\right) \tag{5.75}$$

由于加反偏电压时 $V_{\mathrm{R}} \gg \dfrac{kT}{e}$，因此 $\exp\left(\dfrac{-eV_{\mathrm{R}}}{kT}\right) \to 0$，有

$$\Delta p_{\mathrm{n}}(x) = -p_{\mathrm{n}_0} \exp\left(\frac{x_{\mathrm{n}} - x}{L_{\mathrm{p}}}\right) \tag{5.76}$$

对 p 区中的电子来说，$\Delta n_{\mathrm{p}}(x) = n_{\mathrm{p}}(x) - n_{\mathrm{p}0} = -n_{\mathrm{p}0}\exp\left(\dfrac{x_{\mathrm{p}} + x}{L_{\mathrm{n}}}\right)$，在 $x = -x_{\mathrm{p}}$ 处，$n_{\mathrm{p}}(x) \to 0$，$\Delta n_{\mathrm{p}}(x) \to -n_{\mathrm{p}0}$，与前面讨论的结果一样；对 n 区中的空穴，也有类似的结果，如图 5.32 所示。

【例 5.11】 室温 300K 下某 pn 结二极管的稳态载流子分布如图 5.33 所示。（1）判断该二极管是正偏的还是反偏的；（2）判断是否满足小注入近似；（3）确定外加电压的大小；（4）求该 pn 结在这种偏置状态下的耗尽区和扩散区的准费米能级的变化函数关系，并画出示意图。

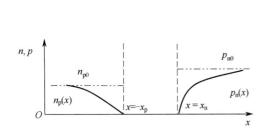

图 5.32 反偏电压下非平衡少子的浓度分布

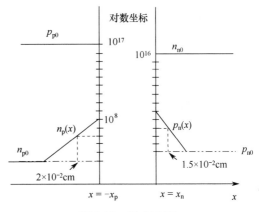

图 5.33 例 5.11 图

解：（1）由图可以看出，在 $x = -x_{\mathrm{p}}$ 或 $x = x_{\mathrm{n}}$ 处均有电子或空穴的注入，因此符合正偏电压下 pn 结的特征，属于正偏 pn 结。

（2）$\Delta n_{\mathrm{p}}(-x_{\mathrm{p}}) = n_{\mathrm{p}}(-x_{\mathrm{p}}) - n_{\mathrm{p}0} \approx 10^8\,\mathrm{cm}^{-3}$ 远小于该区的多子浓度，满足小注入条件。

（3）由图还可以看出在 $x = -x_{\mathrm{p}}$ 处满足关系式（5.60），即

$$n_{\mathrm{p}}(-x_{\mathrm{p}}) = n_{\mathrm{p}0} \exp\left(\frac{eV_{\mathrm{A}}}{kT}\right)$$

即

$$10^8 = 10^3 \exp\left(\frac{eV_{\mathrm{A}}}{kT}\right)$$

计算得

$$V_A = \frac{kT}{e}\ln(10^5) \approx 0.3\text{V}$$

（4）根据非平衡状态下的载流子浓度公式，有

$$p = p_{n_0} + \Delta p = N_v \exp\left[\frac{E_v - E_{Fp}}{kT}\right]$$

$$E_{Fp} = E_v + kT\ln\frac{N_v}{p_{n_0} + \Delta p}$$

式中，Δp 随 x 的增大按指数减小，它随 x 变化的函数关系为 $10^9 \exp\left(\dfrac{-x}{32.6\mu\text{m}}\right)$；类似地，$\Delta n$ 随 x 变化的函数关系为 $10^8 \exp\left(\dfrac{x}{43.4\mu\text{m}}\right)$，代入准费米能级的公式，得

$$E_{Fp} = E_v + kT\ln\frac{N_v}{10^4 + 10^9\exp\left(\dfrac{-x}{32.6\mu\text{m}}\right)} \tag{5.77}$$

类似地，有

$$E_{Fn} = E_c - kT\ln\frac{N_c}{10^3 + 10^8\exp\left(\dfrac{x}{43.4\mu\text{m}}\right)} \tag{5.78}$$

在忽略平衡少子浓度时，可以认为电子扩散区的电子准费米能级和空穴扩散区的空穴准费米能级近似地随 x 线性变化，如图 5.34 所示。

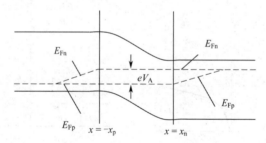

图 5.34　正偏 pn 结的准费米能级

由于假设载流子在通过空间电荷区时数量不发生变化，因此认为在空间电荷区内准费米能级不变，在准中性 n 区内（$x > x_n$）电子的浓度高，叠加上的过剩载流子对总电子浓度的影响很小，所以 n 区内电子的准费米能级可视为不变，而 n 区内的平衡空穴浓度很小，叠加过剩空穴时主要由过剩空穴决定其总空穴浓度，空穴准费米能级的变化如式（5.77）所示，近乎线性变化。随着深入 n 型半导体内部，随着过剩载流子空穴的扩散和复合，过剩空穴的浓度减小，空穴准费米能级逐渐向电子准费米能级靠拢，当过剩空穴通过复合减小为零时，二者重合，恢复到平衡状态。

在准中性 p 区（$x < -x_p$）内空穴的浓度较高，叠加上的过剩载流子空穴对总空穴浓度的影响很小，因此 p 区内空穴的准费米能级可视为不变，而 p 区的电子浓度很小，叠加上过剩载流子电子时主要由过剩电子决定其总电子浓度，电子准费米能级的变化如式（5.78）所示，近乎线性变化。随着深入 p 型半导体内部，随着过剩电子的扩散和复合，过剩电子的浓度减

小，电子准费米能级逐渐向空穴准费米能级靠拢，当过剩电子通过复合减小为零时，二者重合，恢复到平衡状态。

3）理想 pn 结中的电流

在按照理想 pn 结电流-电压特性定量推导的 4 个步骤中，采用了讨巧的办法：根据电流连续的条件，找到一个特殊的点（耗尽区的点）并计算出该点的电流强度，结果就是理想 pn 结中流过的电流强度。但是在保持总电流强度的前提下，并不知道在 pn 结中的其他地方，构成电流的具体成分及其如何随位置变化，即不了解电流的整体图像。

对进入 p 区的电子而言，其角色变为少子，它通过边扩散边复合的方式在 p 区运动，随着电子逐步扩散到 p 区内部，伴随着复合的不断进行，电子扩散电流不断减小，直至减小为零。式（5.65）表示的过剩载流子浓度对 x 求导并乘以 eD_n，就可得到电子扩散区内随 x 变化的电子扩散电流。如图 5.35 中左下角的实线所示，电子扩散电流的表达式为

$$J_n(x) = eD_n \frac{\mathrm{d}\Delta n_p(x)}{\mathrm{d}x} = \frac{eD_n n_{p0}}{L_n}\left[\exp\left(\frac{eV_A}{kT}\right) - 1\right]\exp\left(\frac{x_p + x}{L_n}\right) \tag{5.79}$$

类似地，如图 5.35 中右下角的实线所示，空穴扩散电流的表达式为

$$J_p(x) = -eD_p \frac{\mathrm{d}\Delta p_n(x)}{\mathrm{d}x} = \frac{eD_p p_{n0}}{L_p}\left[\exp\left(\frac{eV_A}{kT}\right) - 1\right]\exp\left(\frac{x_n - x}{L_p}\right) \tag{5.80}$$

式（5.57）和式（5.58）表明，耗尽区的电子或空穴电流密度不变，如图 5.35 中两条虚线 $-x_p$ 和 x_n 之间的两条平直线段所示。在电子扩散区，总电流减去已知的电子扩散流，在空穴扩散区，总电流减去已知的空穴扩散流，得到的两部分电流分别用虚线在图 5.35 中标出。这两部分电流是为满足电流连续的条件而必须存在的电流成分，那么它们分别代表的是哪部分电流呢？

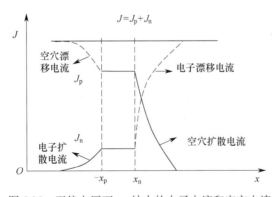

图 5.35　正偏电压下 pn 结内的电子电流和空穴电流

p 区的空穴在向 n 区扩散时，考虑到有一部分空穴会和扩散到 p 区的电子发生复合的事实，从 p 区内部出发的空穴数量要比到达边界 $x = -x_p$ 处的空穴数量多，其中多出的部分就是预留出来和 n 区扩散过来的电子复合的。但是，这里出现了一个新的问题：原来从 p 区向 n 区扩散的空穴指的是耗尽区附近的空穴，如果是从 p 区内部出发的空穴，那么它能以什么样的机制进行运动呢？第 3 章告诉我们，载流子只有两种运动机制——扩散和漂移，由于这里没有明显的浓度梯度，因此只能是漂移运动，这样就出现和理想 pn 结条件④矛盾的地方。事

实上，扩散区就是准中性区，而不是严格意义上的中性区。这部分空穴在向 $x = -x_p$ 漂移的过程中，即在赶去与 n 区扩散的电子复合前的运动产生空穴漂移电流，借助复合完成电子扩散电流和空穴漂移电流之间的转化。当电子扩散电流减小为零时，空穴漂移电流达到最大，电子扩散电流完全转化为空穴漂移电流。在电子扩散区的其他部分，电子扩散电流和空穴漂移电流都不为零，各占一定的比例，保持总和一定。

与 p 区内电子扩散电流的讨论类似，也可以分析 n 区内的空穴扩散电流。随着复合的不断进行和扩散的深入，空穴扩散电流不断减小，直至为零，此时借助复合空穴，扩散电流完全转化为电子漂移电流，在电流之间的不断转化中保持总电流为定值。

4）材料和温度的影响

不同材料对理想 pn 结电流-电压特性的影响主要体现在 J_s 或 I_0 上。式（5.69）表明，这两个参数与 n_i^2 成正比。因此，当其他条件相同时，在 300K 下由三种常见半导体材料硅、锗、砷化镓制作的 pn 结的 J_s 中，硅的 J_s 要比砷化镓的 J_s 大 8 个数量级，而锗的 J_s 要比硅的 J_s 大 6 个数量级。

材料种类确定后，由不同掺杂浓度的同种材料构成的 pn 结的电流-电压特性方程也有不同，具体表现为式（5.81）中不同的 N_A 和 N_D 对 J_s 的影响上。对实际中 N_A 和 N_D 相差较大的单边突变结来说，J_s 主要由低掺杂一侧的掺杂浓度决定，此时有

$$J_s = \left[\frac{eD_n n_i^2}{L_n N_A} + \frac{eD_p n_i^2}{L_p N_D} \right] \tag{5.81}$$

温度对理想 pn 结的反向饱和电流密度 J_s 的影响主要表现在 n_i^2 上，前面说过，对室温 300K 下的硅材料，温度每升高 7～8K，n_i 翻一番，J_s 增大为原来的 4 倍。

对于正偏 pn 结，温度除了影响 J_s，还通过 $\exp\left(\dfrac{eV_A}{kT}\right)$ 这一项发挥影响。由于二者的作用相反，因此表现出来的结果是：随着温度的升高，要维持相同的结电流，在结两端加的电压值降低；若所加的电压值不变，则结电流随着温度的升高而增大，但是与反向饱和电流随温度的升高而增大相比，正偏电流随着温度的升高而增大得不那么明显。

【例 5.12】 当温度变化范围是 300～500K 时，某半导体的迁移率、扩散系数和少子寿命为（采用室温 300K 下的数值）$\tau_{n_0} = 10^{-6}\,\text{s}$，$\tau_{p_0} = 10^{-7}\,\text{s}$，$N_D = 3 \times 10^{15}\,\text{cm}^{-3}$，$N_A = 5 \times 10^{16}\,\text{cm}^{-3}$，对硅和砷化镓分别画出理想反向饱和电流密度随温度变化的曲线。

解：反向饱和电流密度的表达式为

$$J = -\left[\frac{eD_n n_{p0}}{L_n} + \frac{eD_p p_{n0}}{L_p} \right]$$

变形得

$$J = -e n_i^2 \left[\frac{1}{N_A} \sqrt{\frac{D_n}{\tau_{n_0}}} + \frac{1}{N_D} \sqrt{\frac{D_p}{\tau_{p_0}}} \right]$$

根据题意假设可知，扩散系数和少子寿命都不随温度变化，导致理想反向饱和电流密度随温度变化的只有本征载流子浓度。MATLAB 程序如下所示。

```
%si
NA=5e16;
ND=3e15;
taun=1e-6;
taup=1e-7;
dn=35;
dp=12.4;
e=1.6e-19;
ni=1.5e10;
eg=1.12;
%compution
p=e*((1/NA)*sqrt(dn/taun)+(1/ND)*sqrt(dp/taup));
ncnv=ni^2/exp(-eg/0.0259);
t=linspace(300,500,100);
ncnv1=ncnv.*(t./300).^3;
k=0.0259/300;
k1=k.*t;
nit2=ncnv1.*exp(-eg./k1);
js=p.*nit2;
semilogy(t,js);
grid on
```

画出的图形如图 5.36 所示。

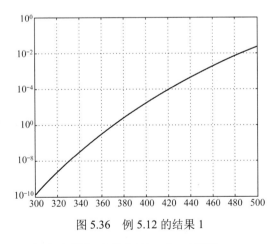

图 5.36　例 5.12 的结果 1

将材料换成砷化镓后，程序也做相应的调整，如下所示。

```
%GAAS
NA=5e16;
ND=3e15;
taun=1e-6;
taup=1e-7;
dn=220;
dp=10.4;
```

```
e=1.6e-19;
ni=1.8e6;
eg=1.42;
%compution
p=e*((1/NA)*sqrt(dn/taun)+(1/ND)*sqrt(dp/taup));
ncnv=ni^2/exp(-eg/0.0259);
t=linspace(300,500,100);
ncnv1=ncnv.*(t./300).^3;
k=0.0259/300;
k1=k.*t;
nit=ncnv1.*exp(-eg./k1);
js=p.*nit;
semilogy(t,js);
grid on
```

画出的图形如图 5.37 所示。

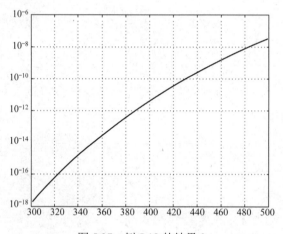

图 5.37　例 5.12 的结果 2

【例 5.13】　室温 300K 下某硅 pn 结的正偏电压为 0.7V，当温度升高至 310K 时，问要维持 300K 时 0.7V 状态下流过的电流，所需的外加正向电压将发生什么变化？变化量是多少？

解：将式（5.71）中与温度有关的部分提取出来，有

$$I \propto \exp\left(\frac{-E_{\mathrm{g}}}{kT}\right)\exp\left(\frac{eV_{\mathrm{A}}}{kT}\right)$$

要求

$$1 = \frac{\exp\left(\dfrac{-E_{\mathrm{g}}}{kT_1}\right)\exp\left(\dfrac{eV_{\mathrm{A1}}}{kT_1}\right)}{\exp\left(\dfrac{-E_{\mathrm{g}}}{kT_2}\right)\exp\left(\dfrac{eV_{\mathrm{A2}}}{kT_2}\right)}$$

式中，下标 1 表示室温 300K，下标 2 表示 310K，代入相关数据得

$$\frac{1.12-0.7}{0.0259}=\frac{1.12-V_{A2}}{0.0259\times\dfrac{310}{300}}$$

计算得到 $V_{A2}=0.686\mathrm{V}$，说明温度升高后要维持相同的结电流，外加正向电压减小，减小量为 0.014V。至此，本节的**任务 1）**完成。

5.4.4　对理想 pn 结电流-电压关系的修正

做理想 pn 结的假设是为了方便研究 pn 结。事实证明，理想 pn 结的一些假设与实际不相符，导致实际 pn 结测量得出的 I-V 曲线与式（5.72）不相符。在下面的讨论中，首先通过比较找出不同阶段实际 I-V 曲线与理想 I-V 曲线的偏离，然后找到出现偏离的原因并对理论做相应的修正，以期得到更符合实际的理论。

1. 理想 pn 结理论与实验结果的比较

比较图 5.38 所示的实际测量的硅 pn 结的电流-电压特性曲线与理想 pn 结的 I-V 曲线［即式（5.72）］，发现二者总体吻合得较好，但也存在如下不同。

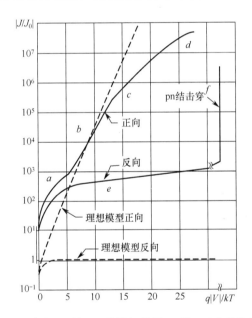

图 5.38　实际 pn 结 I-V 曲线与理想 pn 结 I-V 曲线的偏离

（1）最明显的不同是，在反偏电压增至一定数值后，会出现很大的反向电流，而不像理论预测的那样一直保持为小且恒定的饱和电流，如图 5.38 中的 f 段所示，这种现象被称为**击穿**，几乎所有 pn 结都存在击穿现象。

（2）当正偏电压较小时，实验观测值大于理论预测值，如图 5.38 中的 a 段所示。

（3）反偏时，在击穿之前，反偏电流也不是理论预测的恒定饱和电流，而是反向电流，呈现出随反向电压的增大而增大的现象，如图 5.38 中的 e 段所示。

2. pn 结击穿

所谓击穿，是指在外加反偏电压超过某个临界值后出现很大电流的现象。击穿时未发生器件内在的破坏，对二极管未产生损伤，是一个可逆的过程。当然，要保证通过外电路的合理设计，将电流限制在合理的范围内，防止过度发热而损坏器件。下面介绍 pn 结中的两种主要击穿机制：雪崩击穿和齐纳击穿。雪崩击穿是起主要作用的击穿过程，齐纳击穿的发生则是有条件的，即 pn 结必须是由重掺杂半导体材料形成的。

1）雪崩击穿

如前所述，当 pn 结加反偏电压时，耗尽层附近的少子因热运动随机进入耗尽层，由于耗尽层中存在电场，因此少子会被电场拉到耗尽层的另一边。p 区的电子被拉到 n 区，n 区的空穴被拉到 p 区。其中，少子在耗尽层做漂移运动，由第 3 章可知，少子在电场作用下的漂移运动不是一口气完成加速的，而是加速和散射叠加在一起的混合运动，表现为少子加速一段距离后被散射，失去能量，再加速、再散射，如图 5.39(a)所示。加速的平均自由程约为 10^{-6}cm，而耗尽层的厚度约为 1μm，这意味着少子在耗尽层中要经历约 100 次碰撞。

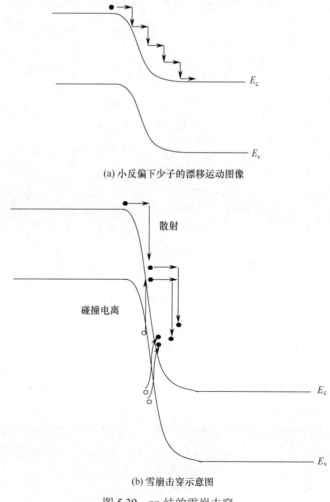

(a) 小反偏下少子的漂移运动图像

(b) 雪崩击穿示意图

图 5.39　pn 结的雪崩击穿

当电场较弱时，少子通过碰撞传递给晶格的能量较小，只加强晶格的振动，经过一段时间后消散。然而，当外加反偏电压很强进而导致耗尽区的电场很强时，少子在一次加速中获得的能量就很可观，会使半导体晶格中受共价键束缚的电子获得能量，摆脱共价键的束缚而成为准自由电子，在能带图中对应于价带顶的电子吸收能量跨越禁带，产生电子-空穴对。这种现象被称为**碰撞电离**。新产生的电子-空穴对处于强电场中，它们马上和原来的载流子一起加速，一起碰撞电离，一起产生新的电子-空穴对。可以想象，如果这样的过程一直进行下去，载流子的数量将会像雪崩一样迅速增加，如图 5.39(b)所示。按照漂移电流密度的表达式，此时反向电流密度将急剧增大，出现击穿。

使用反偏电压下 pn 结内存在的最大场强，可以估算发生雪崩击穿时临界电压和单边突变 pn 结（假设讨论 p^+n 结）掺杂浓度之间的关系。由式（5.53）可知，pn 结的交界面处存在最大电场，其表达式为

$$E_{max} = \frac{-eN_D x_n}{\varepsilon_s}$$

将单边突变结低掺杂一侧的势垒区宽度代入上式，可得

$$E_{max} = \frac{-eN_D x_n}{\varepsilon_s} = \frac{-eN_D \sqrt{\frac{2\varepsilon_s(V_D + V_R)}{eN_D}}}{\varepsilon_s} \approx \sqrt{\frac{2eN_D V_R}{\varepsilon_s}} \tag{5.82}$$

式中利用了条件 $V_D \ll V_R$ 和 $V_D + V_R \to V_R$。能否发生碰撞电离主要取决于电场的大小，而与 pn 结的掺杂浓度无关。因此，由式（5.82）可以得出击穿电压（N_B 表示单边突变结低掺杂一侧的掺杂浓度）

$$V_R \propto \frac{1}{N_B} \tag{5.83}$$

式（5.83）与实验观测结果不完全一致，但击穿电压随着掺杂浓度的增大而减小的趋势是没有错的。通过降低掺杂浓度可以有效地提升击穿电压。

对不同的半导体材料来说，禁带宽度不同，这意味着发生碰撞电离需要的能量不同，禁带宽度越大的材料，其发生碰撞电离所需的能量越大，对击穿电压的要求也就越高。对于由三种常见半导体材料制作的 pn 结（设掺杂浓度均相等），其击穿电压是按照 Ge、Si、GaAs 的顺序依次增大的。

最后讨论雪崩击穿的击穿电压随温度的变化。由第 3 章可知，随着环境温度的升高，晶格振动散射的作用增强，表现为对载流子进行次数更多的散射，或者用于加速的平均自由时间减小，平均自由程减小，要达到碰撞电离而发生击穿，需要更大的临界电场和更高的击穿电压。

2）齐纳击穿

齐纳击穿也称**隧道击穿**，它是反偏状态下 pn 结中出现的隧道效应。隧道效应是一种量子效应，如图 5.40(a)所示。当一个处在势垒一侧的粒子的能量 E 小于其面临的势垒高度 V 时，从经典物理的角度看，其无法跨过势垒到达另一侧，除非它获得额外的能量使其总能量大于势垒高度。从量子的角度看，该粒子即使满足 $E < V$，也有一定的概率到达势垒的另一侧，就像粒子在势垒上凿开了一条隧道那样。

反偏 pn 结要出现明显的隧道效，应满足两个条件：①要发生隧道击穿，隧道一侧应存在载流子，另一侧的相同位置应存在能够接收载流子的空状态；②理论推导表明，势垒的宽度越窄，隧道击穿发生的概率越大，仅当势垒足够薄时，隧道效应才足够明显。

对重掺杂半导体形成的 pn 结加反偏电压时，一方面因为其能带弯曲量很大，出现图 5.40(b)所示的 n 区导带底低于 p 区价带顶的现象，此时左侧 p 区有电子的价带和右侧 n 区无电子的导带隔着禁带，存在大量重叠的部分，满足隧道击穿的条件①。

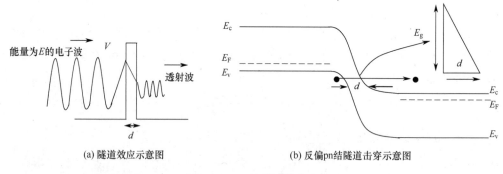

(a) 隧道效应示意图   (b) 反偏pn结隧道击穿示意图

图 5.40　pn 结的隧道击穿

同样，对重掺杂材料形成的 pn 结加反偏电压时，空间电荷区的能带弯曲量很大，在禁带宽度一定的前提下，空间电荷区禁带在 x 方向上的距离 d 很小，对应势垒的宽度很小，满足隧道击穿的条件②。因此，半导体两侧的掺杂浓度越高，外加的反偏电压越大，隧穿效应发生的概率就越大，隧穿电流也就越大。

由隧道效应导致的击穿现象最初是由齐纳提出解释的，因此也称**齐纳击穿**。对 pn 结两侧都重掺杂的半导体来说，发生隧道效应的概率越大，越容易发生隧道击穿，齐纳击穿越显著。

3. 耗尽区的复合-产生电流

比较理想 pn 结的电流-电压结果与实验结果可知，小正偏电压和全部反偏电压下，实验测量值均大于理论预测值，原因是在得出理想 pn 结的式（5.57）和式（5.58）时，认为耗尽区内不存在载流子的热复合和热产生。下面简单分析耗尽区中的复合电流和产生电流。

1）反偏时的产生电流

当 pn 结处于反偏状态时，由于反向抽取的作用，反偏时空间电荷区中的载流子浓度低于平衡时的值。系统为了向平衡状态过渡，在此时的空间电荷区中产生率大于复合率，会有载流子的净产生。载流子一旦在空间电荷区产生，就会被强大的电场驱逐而离开空间电荷区，其中电子被拉到 n 区，空穴被拉到 p 区，运动产生的电流方向与理想反偏电流方向一致，如图 5.41 所示。该产生电流将叠加到理想反偏电流上，使实际 pn 结的反向电流比理想 pn 结的反偏电流大，且因为产生电流是势垒区宽度的函数，而势垒区宽度又是外加反偏电压的函数，因此产生电流会随着反偏电压的增大而增大，所以总反向电流不再恒定，而随着反偏电压的增大而增大。

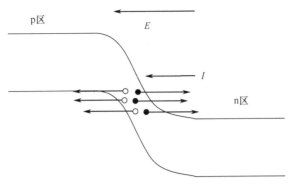

图 5.41　反偏时 pn 结的产生电流示意图

2）正偏时的复合电流

当 pn 结处于正偏状态时，大量的电子从 n 区向 p 区运动，大量的空穴从 p 区向 n 区运动。此时，空间电荷区内的载流子浓度远大于平衡时的载流子浓度，复合率大于产生率，存在净复合率。载流子穿过空间电荷区时发生复合，为了保证从 n 区向 p 区扩散的电子不变，即到达 $x = -x_p$ 处的电子数不变，从 n 区出发的电子就要多一些，以供其在空间电荷区复合。对从 p 区向 n 区扩散的空穴来说，同样如此。这些供在空间电荷区复合的载流子，在复合前由于漂移运动赶到复合地点而产生的电流就是复合电流，如图 5.42(a)所示。如图 5.42(b)所示，为应对复合而额外出发的电子或空穴，是那些来自被势垒挡住的 n 区电子和 p 区空穴，借助复合电流，它们对正偏电流也有贡献。

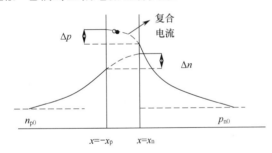

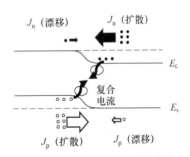

(a) 正偏时 pn 结空间电荷区内的复合电流示意图　　(b) 正偏时 pn 结能带图展示的复合电流形成

图 5.42　正偏 pn 结的复合电流

此时，pn 结内的总正偏电流是复合电流与理想正偏电流之和，它与外加正偏电压也不再是简单的指数关系。因此，这也解释了在小正偏电压下实际正向电流大于理论预测值的原因，即它是由存在的复合电流导致的。至此，本节的**任务 2）**完成。

【课程思政】

5.5　pn 结的小信号模型

5.4 节讨论了 pn 结的直流特性。在实际应用中，会遇到一个小正弦信号叠加到外加直流电压上的情形，此时 pn 结的小信号特性很重要。本节要解决的**问题 1）**如下：**1）如何描述 pn 结的小信号响应？**

常用一个小信号导纳来表示其交流响应，相应地用一个小信号等效电路表示其小信号响应。图 5.43(a)所示为叠加交流电压的 pn 结，图 5.43(b)所示为 pn 结的小信号等效电路。pn 结的小信号导纳由 $Y = i/v_a$ 定义，它通常表示为

$$Y = G + j\omega C \tag{5.84}$$

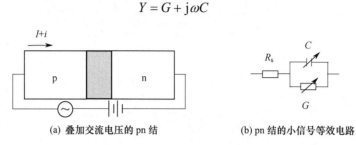

（a）叠加交流电压的 pn 结　　　　　　　（b）pn 结的小信号等效电路

图 5.43　pn 结的小信号模型

下面分两种情况讨论 pn 结的导纳：一是 pn 结反偏；二是 pn 结正偏。

5.5.1　pn 结反偏时的小信号模型

1. 反偏 pn 结的势垒电容

对反偏 pn 结而言，由于流过二极管的电流很小，因此由前面的分析可以看出，当在 pn 结两端接反偏电压时，空间电荷区中存在很小的电流，二极管电导近似等于零，即 $Y \approx j\omega C_j$。反偏时的 pn 结可简单地视为一个电容，它是在两侧中性 n 区和 p 区的导体中间夹一层视为绝缘体的耗尽层构成的。

当外加交流电压为负电压时，外加反偏电压增大，为使空间电荷区中的电荷量增加，必须要有一股放电电流从原来紧邻空间电荷区的 n 区（流出电子）和 p 区（流出空穴）流走，使其变为新加入的空间电荷区；类似地，当外加交流电压为正电压时，反偏电压减小，为了使空间电荷区中的电荷量减小，必须使一些载流子流入空间电荷区，以中和部分原来空间电荷区的正负电荷，使其空间电荷区的宽度减小。这个过程类似于电容器的充放电过程。这样，交流信号的加入就会使得耗尽层宽度在直流稳定值附近发生小范围摆动。

这种摆动引发的耗尽层内电荷量的变化及对应的电容称为**势垒电容**或**耗尽层电容**，用下标 J 标识。对于反偏 pn 结，不存在其他区域的明显电荷变化，总电容就是势垒电容。如图 5.44 所示，外加电压的变化引发势垒区或耗尽区内电荷量随之变化的电容效应。

因为交流信号的加入，要求相应的 n 区电子和 p 区的空穴配合交流信号的变化同步地流入或流出势垒区，这里对多子假设其能够快速响应交流信号的变化，如同该信号是直流信号一样，此时势垒电容与交流信号的频率无关。

势垒电容是微分电容，其定义式为

$$C_J = \frac{dQ}{dV_R} \tag{5.85}$$

根据前面的讨论有

$$dQ = eN_D dx_n = eN_A dx_p \tag{5.86}$$

根据前面推导出的势垒宽度的表达式，有

$$x_n = \left\{ \frac{2\varepsilon_s \left(V_D + V_R \right)}{e} \left[\frac{N_A}{N_D} \right] \left[\frac{1}{N_A + N_D} \right] \right\}^{\frac{1}{2}}$$

$$C_J = \frac{\mathrm{d}Q}{\mathrm{d}V_R} = eN_D \frac{\mathrm{d}x_n}{\mathrm{d}V_R} \tag{5.87}$$

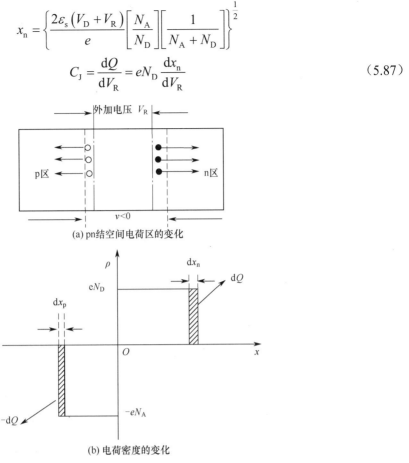

(a) pn结空间电荷区的变化

(b) 电荷密度的变化

图 5.44　反偏电压增大时 pn 结空间电荷区和电荷密度的变化

对 x_n 求微分，乘以 eN_D 后得到势垒电容的表达式

$$C_J = \left[\frac{e\varepsilon_s N_A N_D}{2 \left(V_D + V_R \right) \left(N_A + N_D \right)} \right]^{\frac{1}{2}} \tag{5.88}$$

也可利用 x_p 的表达式求微分，然后乘以 eN_A 得到相同的结果。事实上，还可直接将此种情况等同于平行板电容器，其电容值等于平板之间材料的介电常数除以平板之间的距离，即

$$C_J = \frac{\varepsilon_s}{W} \tag{5.89}$$

将式（5.38）代入式（5.89）可以得到与式（5.88）一样的结论。这里，pn 结势垒区宽度 W 是外加反偏电压的函数，会随反偏电压的增大而增大，而不是一个常数。然而，这会导致势垒电容随反偏电压的升高而减小的现象。

在单边突变结中，上述势垒电容的表达式可以进一步简化。对于 p^+n 结，由于 $N_A \gg N_D$，因此式（5.88）简化为

$$C_J = \left[\frac{e\varepsilon_s N_D}{2 \left(V_D + V_R \right)} \right]^{\frac{1}{2}} \tag{5.90}$$

对于 n⁺p 结，由于 $N_D \gg N_A$，因此（5.88）简化为

$$C_J = \left[\frac{e\varepsilon_s N_A}{2(V_D + V_R)}\right]^{\frac{1}{2}} \tag{5.91}$$

也可以将以上两式简化为下面的式子

$$C_J = \left[\frac{e\varepsilon_s N_B}{2(V_D + V_R)}\right]^{\frac{1}{2}} \tag{5.92}$$

式中，N_B 表示单边突变结中轻掺杂一侧的掺杂浓度。由式（5.92）还可以看出单边突变结的势垒电容与轻掺杂一侧的掺杂浓度的平方根成正比，降低单边突变结轻掺杂一侧的掺杂浓度，是减小单边突变结的势垒电容的有效方法。

单边突变结的势垒电容还与 $V_D + V_R$ 的平方根成反比。因此，一方面可以利用这一特性制作变容二极管，另一方面可以利用这一特性来测试单边突变结轻掺杂一侧的掺杂浓度。将式（5.92）的平方取倒数后得

$$\frac{1}{C_J^2} = \frac{2(V_D + V_R)}{e\varepsilon_s N_B} \tag{5.93}$$

通过实验测出一组 $\frac{1}{C_J^2}$ 与 V_R 的数据，画出一条直线，就可由直线的斜率求出轻掺杂一侧的掺杂浓度，由直线的截距求出 pn 结的内建电势差，如图 5.45 所示。

【例 5.14】 已知单边突变硅 p⁺n 结，实验测量得到了图 5.46 所示的 $\frac{1}{C_J^2}$-V_R 曲线，环境温度为 300K，求该 pn 结两侧的掺杂浓度。

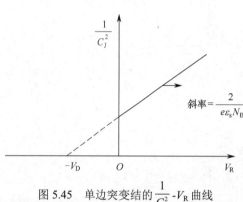

图 5.45　单边突变结的 $\frac{1}{C_J^2}$-V_R 曲线

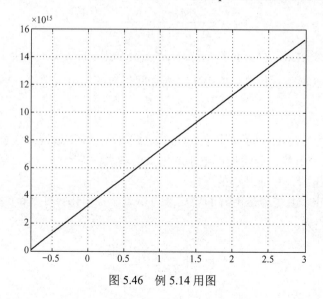

图 5.46　例 5.14 用图

根据该直线的截距得 $V_D = 0.8007$，根据直线的斜率 4.024×10^{15} 得

$$\frac{2}{e \varepsilon_s N_B} = 4.024 \times 10^{15}$$

$$\frac{2}{e \varepsilon_s \times 4.024 \times 10^{15}} = N_B \rightarrow N_B = 3 \times 10^{15}\, \mathrm{cm}^{-3}$$

根据内建电势差公式，推出重掺杂一侧的掺杂浓度为

$$\frac{n_i^2}{N_B} \exp\left(\frac{eV_D}{kT}\right) = 2 \times 10^{18}\, \mathrm{cm}^{-3}$$

说明：采用以上方法求出的内建电势差往往存在较大的误差。

2. 反偏 pn 结的电导

按照式（5.84），反偏 pn 结也存在电导。下面研究反偏 pn 结的电导分量。对应微分直流电导，其定义式为 $\dfrac{\mathrm{d}I}{\mathrm{d}V}$，它是 I-V 曲线在某个直流工作点处的斜率。如前所述，假设在一定的频率范围内多子变化跟得上交流信号的变化，此时二极管能够准静态地响应交流信号，其低频电导值 G_0 等于微分直流电导，即

$$G_0 = \frac{\mathrm{d}I}{\mathrm{d}V} \tag{5.94}$$

将理想 pn 结的 I-V 关系［式（5.72）］代入上式，得

$$G_0 = \frac{e}{kT} I_0 \exp\left(\frac{eV_A}{kT}\right) = \frac{e}{kT}(I + I_0) \tag{5.95}$$

只要外加反偏电压大于几个热电压，由于 $I \rightarrow -I_0$，因此 $G_0 \rightarrow 0$，这个结果与图 5.28 所示反偏时理想 I-V 曲线的斜率为零相吻合。

5.5.2　pn 结正偏时的小信号模型

pn 结两端加正偏电压时，交流信号的加入同样会导致耗尽区两端的电压发生变化，进而导致耗尽区的宽度发生变化，多子在耗尽层边界处移入或移出，引发势垒电容。然而，对于正偏 pn 结，由于正向注入作用，我们将目光移向扩散区，在 p 区（$x < -x_p$ 的区域）中有一定数量的电子积累，在 n 区（$x > x_n$ 的区域）中有一定数量的空穴积累，它们的扩散形成扩散电流。当外加正偏电压发生变化时，p 区中电子的数量和 n 区中空穴的数量都要发生相应的变化。当正偏电压增大时，p 区（电子扩散区）中积累的电子数增加，n 区（空穴扩散区）中积累的空穴数增加，如图 5.47 所示。这种扩散区内积累的电荷数随外加正偏电压变化而变化的效应，称为 pn 结的**扩散电容**。

如果扩散区内的少子能够跟随交流信号准同步变化，那么载流子分布可在任意时刻对应一条特定的随 x 指数衰减的曲线（图 5.47 中采用对数坐标，因此在图中画为直线）。然而，实际中少子的增加或减少不像多子那么快，即少子的变化无法与交流信号保持同步，导致其电容值不再是常数，而是交流信号的频率 ω 的函数；类似地，其电导值也是频率 ω 的函数。正偏 pn 结的小信号等效电路如图 5.48 所示，其中 C_J 表示势垒电容，C_D 表示扩散电容，G_D 表示扩散电导。

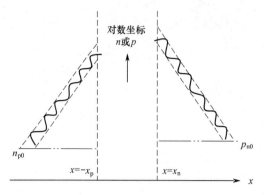

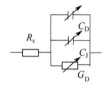

图 5.47　正偏电压变化时扩散区少子浓度变化示意图　　图 5.48　正偏 pn 结的小信号等效电路

下面定量推导出正偏 pn 结的导纳的表达式。

为讨论简单起见，假设对于一个单边突变 p^+n 结，只关注交流信号叠加到直流偏置电压上时的低掺杂 n 区，其少子满足的双极输运方程为

$$D_p \frac{d^2 \Delta p_n(x,t)}{dx^2} - \frac{\Delta p_n(x,t)}{\tau_p} = \frac{\partial \Delta p_n(x,t)}{\partial t} \tag{5.96}$$

假设交流信号是一个正弦函数或余弦函数，于是可以将过剩少子的解写为直流分量与交流分量之和，即

$$\Delta p_n(x,t) = \overline{\Delta p_n(x)} + \widetilde{p_n}(x,\omega) e^{j\omega t} \tag{5.97}$$

式中，$\overline{\Delta p_n(x)}$ 表示直流部分，$\widetilde{p_n}$ 表示交流部分。将式（5.97）代入（5.96），求对时间的微分，得到

$$D_p \frac{d^2 \overline{\Delta p_n(x)}}{dx^2} + D_p \frac{d^2 \widetilde{p_n}}{dx^2} e^{j\omega t} - \frac{\overline{\Delta p_n(x)}}{\tau_p} - \frac{\widetilde{p_n}}{\tau_p} e^{j\omega t} = j\omega \widetilde{p_n} e^{j\omega t} \tag{5.98}$$

分别分离直流项和交流项，得到

$$D_p \frac{d^2 \overline{\Delta p_n(x)}}{dx^2} - \frac{\overline{\Delta p_n(x)}}{\tau_p} = 0 \tag{5.99}$$

$$D_p \frac{d^2 \widetilde{p_n}}{dx^2} - \frac{\widetilde{p_n}}{\dfrac{\tau_p}{1 + j\omega\tau_p}} = 0 \tag{5.100}$$

通过比较，发现式（5.99）和式（5.100）的差别是交流形式的扩散方程用 $\dfrac{\tau_p}{1 + j\omega\tau_p}$ 代替了 τ_p。为了给式（5.100）的求解做准备，还需要相应的边界条件。对于 $x \to \infty$，边界条件不变，仍为 $\overline{\Delta p_n}(\infty) = \widetilde{p_n}(\infty) = 0$，但在空间电荷区边界 $x = x_n$ 处，有

$$\Delta p_n(x = x_n) = \overline{\Delta p_n(x_n)} + \widetilde{p_n}(x_n) = p_{n0} \left[\exp\left(\frac{e(V_A + v_a)}{kT} \right) - 1 \right] \tag{5.101}$$

分离为直流分量和交流分量后（V_A 和 v_a 分别表示直流信号和交流信号的幅值），得到

$$\overline{\Delta p_n(x_n)} = p_{n_0} \left[\exp\left(\frac{eV_A}{kT} \right) - 1 \right] \tag{5.102}$$

$$\widetilde{p_{\mathrm{n}}}(x_{\mathrm{n}}) = p_{\mathrm{n}0}\exp\left(\frac{eV_{\mathrm{A}}}{kT}\right)\left[\exp\left(\frac{ev_{\mathrm{a}}}{kT}\right)-1\right] \tag{5.103}$$

若假设交流信号 v_{a} 的幅度远小于热电压，则可对式（5.103）中方括号内的部分进行泰勒级数展开，保留至第二项得

$$\widetilde{p_{\mathrm{n}}}(x_{\mathrm{n}}) = p_{\mathrm{n}0}\frac{ev_{\mathrm{a}}}{kT}\exp\left(\frac{eV_{\mathrm{A}}}{kT}\right) \tag{5.104}$$

比较式（5.102）和式（5.104），可以看出边界条件由 $\exp\left(\frac{eV_{\mathrm{A}}}{kT}\right)-1$ 变成了 $\frac{ev_{\mathrm{a}}}{kT}\exp\left(\frac{eV_{\mathrm{A}}}{kT}\right)$。

下面从交流扩散方程和直流扩散方程的两点不同出发，直接写出交流扩散方程的解

$$I = Aep_{\mathrm{n}0}\sqrt{\frac{D_{\mathrm{p}}}{\tau_{\mathrm{p}}}}\left[\exp\left(\frac{eV_{\mathrm{A}}}{kT}\right)-1\right]$$

$$i = Aep_{\mathrm{n}0}\sqrt{\frac{D_{\mathrm{p}}}{\tau_{\mathrm{p}}}}\sqrt{1+\mathrm{j}\omega\tau_{\mathrm{p}}}\left[\frac{ev_{\mathrm{a}}}{kT}\exp\left(\frac{eV_{\mathrm{A}}}{kT}\right)\right] \tag{5.105}$$

寿命的变化　边界条件的变化

按照导纳的定义，有

$$Y_{\mathrm{D}} = \frac{i}{v_{\mathrm{a}}} = I_0\sqrt{1+\mathrm{j}\omega\tau_{\mathrm{p}}}\frac{e}{kT}\exp\left(\frac{eV_{\mathrm{A}}}{kT}\right) \tag{5.106}$$

式中，I_0 表示 $\mathrm{p^+n}$ 结的饱和电流。利用式（5.95）中 G_0 的定义，可将式（5.106）表示为

$$Y_{\mathrm{D}} = G_0\sqrt{1+\mathrm{j}\omega\tau_{\mathrm{p}}} \tag{5.107}$$

注意，式（5.107）只适用于 $\mathrm{p^+n}$ 结，若为 $\mathrm{n^+p}$ 结，则只需将式（5.107）中的 τ_{p} 变为 τ_{n}；若是非单边突变结的普通 pn 二极管，则其导纳表达式应为两部分之和，其中一部分正比于 $\sqrt{1+\mathrm{j}\omega\tau_{\mathrm{p}}}$，另一部分正比于 $\sqrt{1+\mathrm{j}\omega\tau_{\mathrm{n}}}$。

将式（5.104）中的实部和虚部分开，可以得到相应的扩散电导和扩散电容

$$G_{\mathrm{D}} = \frac{G_0}{\sqrt{2}}\sqrt{\sqrt{1+\omega^2\tau_{\mathrm{p}}^2}+1} \tag{5.108}$$

$$C_{\mathrm{D}} = \frac{G_0}{\omega\sqrt{2}}\sqrt{\sqrt{1+\omega^2\tau_{\mathrm{p}}^2}+1} \tag{5.109}$$

由式（5.108）和式（5.109）可以看出，此时 C_{D} 和 G_{D} 均为直流偏置电压和交流信号频率的函数。由于 G_0 正比于 $\exp\left(\frac{eV_{\mathrm{A}}}{kT}\right)$，扩散电容随正偏电压的增大而指数增大，因此在正偏电压较大时，扩散电容将超过势垒电容而占主导。至此，本节的**问题 1）**得以解决。

低频时，若满足 $\omega\tau_{\mathrm{p}}\ll 1$，则扩散电导和扩散电容不再是 ω 的函数，$G_{\mathrm{D}}=G_0$，$C_{\mathrm{D}}=\frac{\tau_{\mathrm{p}}}{2}G_0$。若以低频时的电导和电容作为参考值，则描述高频时由于少子的变化跟不上交流信号的变化，因此导致电导随着频率的增大而增大，电容随着频率的增大而减小的现象如图 5.49 所示。

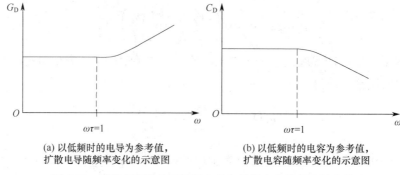

(a) 以低频时的电导为参考值，
扩散电导随频率变化的示意图

(b) 以低频时的电容为参考值，
扩散电容随频率变化的示意图

图 5.49　高频交流信号下扩散电导和扩散电容随频率的变化

5.6　pn 结二极管的瞬态响应

在实际工作中，利用 pn 结的单向导电性可将 pn 结当作电学开关使用：加正偏电压时，很小的外加电压就能产生较大的电流，开态；加反偏电压时，只存在很小的反偏电流，关态。将 pn 结作为开关使用时，需要关注开关速度，从开态变为关态时，速度受限的情况比较明显。

5.6.1　关瞬态

图 5.50(a)所示为 pn 结二极管的理想开关电路示意图。当 $t < 0$ 时，电路处于开态，有稳态电流 I_F 流过二极管；当 $t = 0$ 时，开关转向右边，流过二极管的电流能否马上调整到与目前所加反偏电压对应的小关态电流呢？实验测量表明，$t = 0$ 附近 pn 二极管中流过的电流随时间的变化如图 5.50(b)所示。在开关转换的瞬间，反向电流的大小和正向电流相当，保持一段时间后，逐步衰减为小稳态反偏电流。将图 5.50(b)中的 t_s 称为**存储时间**，将 t_R 称为**恢复时间**。

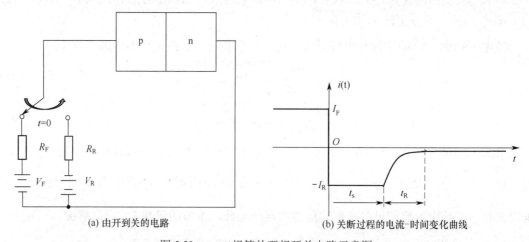

(a) 由开到关的电路

(b) 关断过程的电流-时间变化曲线

图 5.50　pn 二极管的理想开关电路示意图

本节的问题 **1）** 如下：**1）为什么二极管在由开态向关态变化的过程中存在图 5.50(b)所示的存储时间呢？**

在 5.4.3 节的讨论中，我们知道正偏 pn 结的扩散区存在过剩少子的积累或存储，但在反偏状态下变为过剩少子的抽取，在开态和关态下这两种不同的少子分布就是造成本节所讨论的开关延迟的根本原因。换句话说，当二极管由开态变为关态时，花费的存储时间就是用来移动图 5.51 对应阴影部分的过剩载流子的时间。

事实上，移动图 5.51 对应阴影部分的过剩载流子的方式有两种：第一种方式是就地解决，即通过复合使扩散区中存在的过剩少子消失，而衡量过剩载流子平均存活时间的物理量是寿命，可能测量出的存储时间和决定复合概率的寿命有关；第二种方式是在外加电压改变后，这些过剩少子倒流回其是多子的那个区域，理论上讲，这个时间可以很短，量级为 W/v_d，但此时这种返回的电流大小要受到此时关态下外电路决定的流过二极管的最大反向电流的限制，如果直接将二极管短路，那么可以快速完成这部分过剩少子的转移，但存在因电流过大而损坏二极管的可能。这也解释了在图 5.50(b)中的 t_s 时段内保持电流为 $-I_\text{R}$ 的原因。实际中，由这两种方式共同完成过剩载流子的转移，但无论是复合还是反向电流，都无法快速完成过剩少子的转移，因此存在图 5.50(b)中的存储时间。

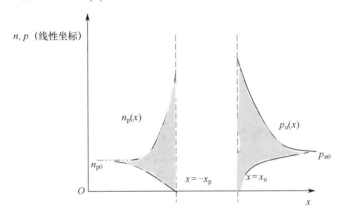

图 5.51　开/关态转换时需要转移的少子示意图

在图 5.50(b)中的 t_s 时段内，虽然外加偏置状态已由正偏变为反偏，但由于对应扩散区的少子跟不上电压的变化，需要一段时间移出，因此这段时间内在空间电荷区的边缘位置 $x=-x_\text{p}$ 和 $x=x_\text{n}$ 仍然存在少子的积累，前面的式（5.60）和式（5.61）表明，加正偏电压时，在空间电荷区边缘有过剩少子的积累，反过来在空间电荷区边缘有过剩载流子的积累，即可认为其处于正偏电压状态，如图 5.52(a)所示。到达 t_s 时刻，空间电荷区边缘达到平衡状态。在 t_R 时段内开始变为反偏，t_R 时段是 pn 结从开始反偏到达到稳定反偏状态所需的时间。

假设开态二极管上的正向压降远小于电源电压 V_F，则开态时流过二极管的电流近似为

$$I_\text{F} = \frac{V_\text{F} - V_\text{开}}{R_\text{F}} \approx \frac{V_\text{F}}{R_\text{F}}$$

而在从开态转换到关态后的存储时间范围（$0 \leqslant t \leqslant t_\text{s}$）内，电流近似为

$$I_\text{R} = \frac{V_\text{R} + V\left(0 \leqslant t \leqslant t_\text{s}\right)}{R_\text{R}} \approx \frac{V_\text{R}}{R_\text{R}}$$

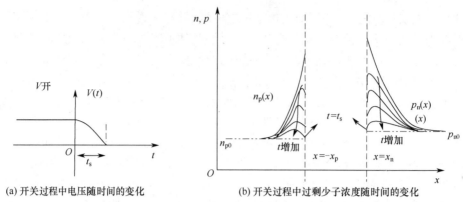

(a) 开关过程中电压随时间的变化   (b) 开关过程中过剩少子浓度随时间的变化

图 5.52   开关过程中 pn 结两端电压及扩散区内载流子随时间变化示意图

当开关电路的 $\dfrac{V_F}{R_F}$ 和 $\dfrac{V_R}{R_R}$ 近似相等时，就会出现正向电流和存储时间内的反向电流大小接近的情况。至此，本节的**问题 1）**得以解决。

为了加快 pn 结二极管的开关速度，缩短其存储时间和恢复时间，一方面可以在保证器件电流容限的基础上给反偏电流脉冲一个泄放路径，增大反偏电流，另一方面可以在半导体中掺入金这样的杂质，减小其过剩载流子的寿命。

5.6.2   开瞬态

pn 结二极管从反偏的关态转变为正偏的开态，称为**开瞬态**。开瞬态可以分为两个阶段：第一阶段是从反偏状态过渡到平衡状态的时间，这段时间对应发生少子注入耗尽区，时间非常短暂；第二阶段是从平衡状态过渡到正偏状态，建立扩散区内少子分布的时间，这段时间也比较短。

【例 5.15】 某 pn 二极管由开态变为关态后，其电流-时间变化曲线如图 5.49(b)所示，根据要求，画出发生下列变化后的新电流-时间变化曲线：（1）I_F 减小；（2）I_R 减小；（3）τ_p 减小。

解： 如图 5.53 所示，虚线表示原来的电流-时间变化曲线，实线表示按照题目要求发生变化后的电流-时间变化曲线。

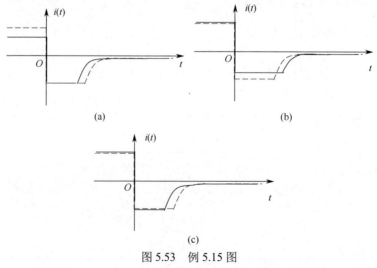

图 5.53   例 5.15 图

5.7 隧道二极管

当构成 pn 结的两种半导体的掺杂浓度都非常大，以至于可以认为 n 型和 p 型半导体都是简并半导体时，所构成的这种 pn 结被称为**隧道二极管**。隧道二极管由于重掺杂，导致其 *I-V* 曲线和普通二极管的不同。本节的**任务 1）**如下：**1）了解隧道二极管的 *I-V* 曲线的变化规律。**

下面首先了解隧道二极管处于平衡状态下的能带图。由于 n 型半导体的费米能级进入导带，p 型半导体的费米能级进入价带，为了达到平衡时统一的费米能级，隧道二极管的内建电势差更大，能带弯曲量和普通二极管相比更大，如图 5.54 所示。

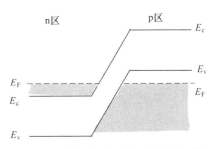

图 5.54 隧道二极管处于平衡状态下的能带图

在图 5.54 中，严格地讲，能带弯曲的函数是 x 的二次函数，但由于一方面两边的掺杂浓度很大，导致空间电荷区的宽度较窄，另一方面因为空间电荷区中的能带弯曲量很大，所以可以将能带弯曲的曲线近似为直线。下面在平衡状态的基础上，讨论给隧道二极管加电压时所产生电流的变化规律。为方便理解，参考不同偏压下隧道二极管的能带图变化以得出其电流变化。

由图 5.55(a)可以看出，当隧道二极管外加较小的正偏电压时，n 区导带能级提升，导致 n 区导带中被电子占据的量子态与 p 区的空量子态相对应，发生隧道效应，电子发生如图所示的转移，产生电流。随着外加正偏电压的进一步增大，n 区的能带进一步提升，n 区导带中被电子占据的量子态与 p 区价带的空量子态之间的重合最多，如图 5.55(b)所示，此时产生的电流增大。随着外加正偏电压的进一步增大，n 区的能带进一步提升，n 区导带中被电子占据的量子态与 p 区的空量子状态之间的重合减小，电流和图 5.55(b)的情况相比减小，如图 5.55(c)所示。在图 5.55(d)中，随着外加电压的进一步增大，n 区被电子占据的量子态和 p 区的空量子态之间的重合消失，不产生隧道电流，只发生从 n 区导带的电子向 p 区导带扩散的电流。

对隧道二极管加反偏电压时，能带图的变化如图 5.56 所示。从图中可以看出，此时 p 区价带内有电子的量子态和 n 区导带内的空量子态之间有重合，通过隧道效应，电子发生转移，产生隧穿电流。如图 5.56 所示，在反偏电压下，随着反偏电压的增大，二者的重合不断增加，隧道电流也单调地随着反偏电压的增大而增大。

结合上面讨论的隧道二极管在外加偏压下的行为，可以画出隧道二极管的电流-电压特性，如图 5.57 所示。

由图 5.57 可以看出，如图 5.55(a)和图 5.55(b)所示，隧道电流增大至最大值。如图 5.55(c)和图 5.55(d)所示，隧道电流减至最小，当电压继续增大时，电流成分变为扩散电流。在图 5.57 中，出现了一段随着电压的增大而减小的区域，对应这个区域的电阻是负的，实际中可以利用隧道二极管的这个区域制作振荡器。至此，本节的**任务 1）**完成。

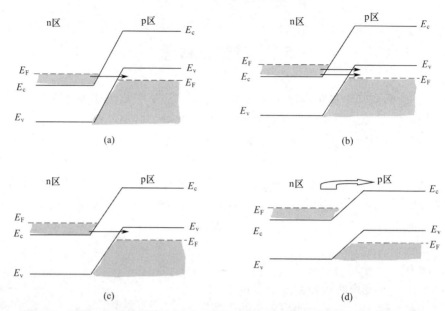

图 5.55　隧道二极管加正偏电压时，随着正偏电压的增大，能带图的变化示意图

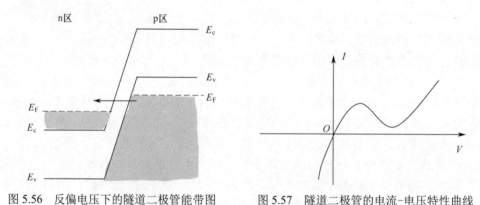

图 5.56　反偏电压下的隧道二极管能带图　　图 5.57　隧道二极管的电流-电压特性曲线

5.8　pn 结在光电器件中的应用

为了使针对 pn 结的讨论更全面，本节关注 pn 结在光电器件中的应用。本节讨论三种基于 pn 结的典型半导体光电器件：第一种光电器件完成从光信号向电信号的转换，目的是获取转换前光信号上的信息，其典型代表光电检测器；第二种光电器件完成从光能向电能的转换，用来产生电能，其典型代表是太阳能电池；第三种光电器件完成从电能向光能的转换，其典型代表光源包括发光二极管和激光二极管等。事实上，上面提到的这些器件在我们的生活中广泛应用，包括超市收银扫码枪中的光源、室外借助太阳能电池的路灯及汽车灯等。

在具体讨论光电器件之前，下面了解光与半导体相互作用的一些基本规律。由前面的学习可知，光与半导体的作用主要是光吸收，如果光子的能量大于半导体材料的禁带宽度，那么光被吸收，相应地将其能量传递给价带电子，使其克服共价键束缚，跨越禁带，产生电子-

空穴对。由于其只吸收能量大于禁带宽度的光子,因此对与半导体发生作用的光波长或频率提出了要求。于是,对应存在最低频率和最大波长(截止波长)

$$\lambda(\mu m) = \frac{c}{v} = \frac{hc}{hv} = \frac{hc}{E_g} = \frac{1.24}{E_g(eV)} \quad (5.110)$$

实际中,不同的光子在进入半导体的不同位置时被吸收。光在通过半导体材料时,其强度随着传播距离的增加而按指数减小,即满足

$$I = I_0 \exp(-\alpha x) \quad (5.111)$$

式中,I_0 表示入射到半导体材料表面的光强;α 表示吸收系数,当光在半导体中传播的距离为 $1/\alpha$ 时,光强减小为入射光的 $1/e$,因此 $1/\alpha$ 具有长度的量纲,表示光在半导体中的平均穿透深度。因此,吸收系数不仅决定光子能否被吸收产生光生载流子,而且决定光子在半导体中的什么位置被吸收。当光子能量 $hv \approx E_g$ 时,吸收系数很小,$1/\alpha$ 对应的平均穿透深度较大,可近似地认为光是被均匀吸收的。当入射光子的频率较高时,其吸收系数急剧上升,$1/\alpha$ 对应的平均穿透深度很小,可近似为表面吸收。

除了需要满足能量守恒定律,在光与半导体相互作用的过程中,还需要满足动量守恒定律。根据直接带隙半导体和间接带隙半导体的定义,对于直接带隙半导体,由于导带底和价带顶都位于 $k = 0$ 处,对应花费能量最少的价带顶的电子跃迁到导带底附近的过程在满足能量守恒的同时,也满足动量守恒,因此发生概率最大,吸收系数较大。对于间接带隙半导体,由于导带底处 $k \neq 0$,因此对应价带顶电子跃迁到导带底的过程只满足能量守恒,而动量不守恒。为了实现动量守恒,必须加入第三方——声子以满足动量守恒,导致光吸收效率低。

5.8.1 光电检测器

本小节要解决的问题①如下:①如何借助 pn 结完成光信号向电信号的转换并获取光信号上的信息?

光电检测器的实现由如下过程组成:①半导体材料吸收入射光的能量,产生载流子;②通过提供合适的条件形成载流子的输运(还可能包括倍增);③光生载流子形成电流输出,完成提取光信号信息的功能。

对于光电检测器,有灵敏度和响应速度的性能要求。灵敏度的一个衡量参数是光电流的最大化,其微观定义为量子效率,即每个入射光子产生的载流子数目

$$\eta = \frac{I_{光电流}/e}{P/hv} \quad (5.112)$$

式中,P 表示入射光的光功率。理想的量子效率为 1,但实际中存在光的反射、光的不完全吸收及载流子的复合等原因,造成量子效率降低,其值小于 1。灵敏度的另一个衡量参数是响应度,其定义为

$$R = \frac{I_{光电流}}{P} \quad (5.113)$$

1. pn 结光电检测器的工作原理

pn 结光电检测器是指普通 pn 结二极管经过特别设计、制作和封装后,能够保证光能穿透 pn 结的结区的二极管。实现光电检测的基本原理如图 5.58 所示,当合适波长的光照射 pn

结时，耗尽区及紧邻耗尽区的一个扩散长度范围的两侧扩散区由于吸收光子的能量，产生电子-空穴对，完成光电检测器的过程①。对于耗尽区内产生的电子-空穴对，其一产生即位于内建电场中，会在电场的作用下做漂移运动而形成电流。在耗尽区两侧的一个扩散长度范围的扩散区中，光照产生的电子、空穴经过一定的时间可以通过扩散进入有电场的耗尽区，在电场的作用下运动形成电流，完成光电检测器的过程②。若 pn 结二极管形成回路，则完成光电检测器的过程③，光照下 pn 结二极管的电流为

$$I = I_{暗电流} + I_{光电流} \qquad (5.114)$$

式中，

$$I_{光电流} = -eAG(L_{N} + L_{p} + W) \qquad (5.115)$$

式中，G 是光照导致的产生率，它与光强成比例。至此，本小节的**问题①**得以解决

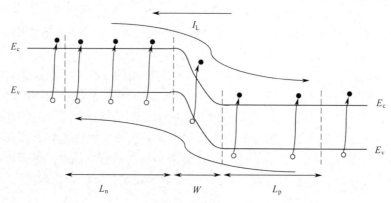

图 5.58   光照下 pn 结二极管的光生电流产生示意图

    实际中，为了在同样的光照情况下获得更大的光生电流，如图 5.58 所示，可以给 pn 结加反偏电压以增强耗尽区宽度和总电场强度，保证光照情况下产生的电子-空穴对更多地对光生电流有贡献，同时载流子在耗尽区的运动时间缩短，结电容减小，以提高响应速度。

    影响响应速度的主要因素包括：①载流子在耗尽区的漂移时间；②扩散区内载流子扩散运动到耗尽区的时间；③与势垒电容相关的 RC 时间常数。耗尽区的宽度小时，有利于减小载流子在耗尽区的漂移时间，由于势垒电容很大，导致 RC 时间常数很大，因此影响响应速度。耗尽区宽度大时，光的吸收比较充分，量子效率更高。选择耗尽区宽度时，在实际中要综合考虑响应速度和量子效率。

    由图 5.58 还可以看出，光电流的方向和 pn 结中的反向电流的方向一致，由于耗尽区宽度比扩散区宽度小，若在式（5.115）中略去 W，则光生电流与 pn 结的外加反偏电压无关，而只与光强决定的产生率有关，此时可以重新画出光照下 pn 结的 I-V 曲线，如图 5.59 所示。

    实际中人们发现光电二极管存在一个响应波长的范围，其中最大波长（即截止波长）由制作光电二极管的半导体材料的禁带宽度决定。随着波长的减小，光在半导体材料中的吸收系数 α 迅速增

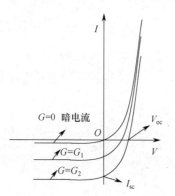

图 5.59   光电二极管的 I-V 曲线（$G_2 > G_1$）

大，如图 5.60(a)所示，导致$1/\alpha$ 代表的光在半导体中的平均穿透深度不断减小，非常接近半导体表面，此时光照产生的载流子远离耗尽区及扩散区，导致对光生电流的贡献大幅减小。硅 pn 结光电二极管的光谱响应示意图如图 5.60(b)所示。

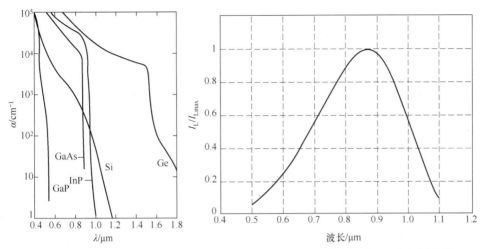

(a) 常见半导体材料中，光的吸收系数随波长变化示意图　　(b) 硅 pn 结二极管的光谱响应（保证入射光功率相等）

图 5.60　半导体材料的吸收系数随波长的变化及硅 pn 结的光谱响应示意图

由于光电检测器的核心任务是获取光能携带的信息，因此还要考虑光电二极管的频率响应；也就是当光信号随时间变化时，对应的光生电流能否跟得上光信号随时间的变化。由光电二极管的工作原理可知，产生光生电流的过程包括扩散区内的光生载流子向耗尽区扩散的过程，扩散过程比较慢，导致光生电流的时间响应比较慢，只适合低频光信号的信息获取。此外，pn 结光电二极管在一个扩散长度范围外的区域产生的光子载流子将对光生电流无贡献，导致其量子效率低。

本小节要解决的问题②如下：**②如何通过改善 pn 结的结构或使用条件以提升光电检测器的响应度及频率响应？**

解决问题②的方案有两种：使用 p-i-n 光电检测器和雪崩光电二极管。

2. p-i-n 光电检测器

为了进一步提升 pn 光电二极管的频率响应和响应度，人们改善了 pn 结的结构——在 p 层和 n 层之间加了一个本征层（即 i 层），构成了 p-i-n 光电检测器，其结构如图 5.61 所示。光照窗口的表面涂了一层抗反射涂层，i 层的宽度可以根据需要设计，而重掺杂的 p 层和 n 层很薄。

类似 pn 结的静电特性分析，可对 p-i-n 结的耗尽区电场分布进行求解。设其杂质分布如图 5.62 所示，为分析简单起见，假设 p-i-n 结中的 p 区和 n 区的掺杂浓度均为 N，且 i 层的载流子浓度可以忽略。

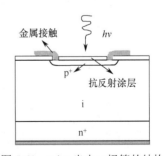

图 5.61　p-i-n 光电二极管的结构

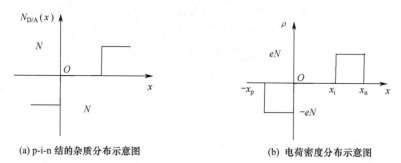

(a) p-i-n 结的杂质分布示意图　　　　　　(b) 电荷密度分布示意图

图 5.62　p-i-n 结的杂质分布及电荷密度分布

按照求解 pn 结的静电特性的方法，先找到该结的电荷密度分布，写出泊松方程的具体形式，对其进行积分运算，得到结的内建电场分布

$$\rho = \begin{cases} -eN, & -x_p \leqslant x < 0 \\ 0, & 0 \leqslant x \leqslant x_i \\ eN, & x_i < x \leqslant x_n \end{cases} \qquad (5.116)$$

根据泊松方程有

$$\frac{\mathrm{d}E}{\mathrm{d}x} = \frac{\rho}{\epsilon_s}$$

将式（5.116）代入上式得

$$\frac{\mathrm{d}E}{\mathrm{d}x} = \begin{cases} \dfrac{-eN}{\epsilon_s}, & -x_p \leqslant x < 0 \\ 0, & 0 \leqslant x \leqslant x_i \\ \dfrac{eN}{\epsilon_s}, & x_i < x \leqslant x_n \end{cases} \qquad (5.117)$$

对式（5.117）的第一式积分，并利用 $x = -x_p$ 处电场为零的边界条件求出积分常数，得出范围 $-x_p \leqslant x < 0$ 内的电场表达式为

$$E(x) = \frac{-eN(x + x_p)}{\epsilon_s}, \ x_p \leqslant x < 0 \qquad (5.118)$$

针对 i 层，对式（5.117）中的第二式进行积分，得出该范围内的电场强度为常数，它等于在式（5.118）中令 $x = 0$ 时的值

$$E(x) = \frac{-eNx_p}{\epsilon_s}, \quad 0 \leqslant x \leqslant x_i \qquad (5.119)$$

对式（5.117）中的第三式进行积分，利用 $x = x_n$ 处电场为零的边界条件求出积分常数，得出范围 $x_i < x \leqslant x_n$ 内的电场表达式为

$$E(x) = \frac{-eN(x_n - x)}{\epsilon_s}, \ x_i < x \leqslant x_n \qquad (5.120)$$

综合式（5.118）～式（5.120），画出 p-i-n 结的内建电场分布如图 5.63 所示。可以看出，当 p 层和 n 层重掺杂时，耗尽层宽度近似由器件的 i 层宽度决定，同时在耗尽层内电场保持为最大电场强度。由于 p 层和 n 层重掺杂导致由扩散长度决定的扩散区宽度相对耗尽层宽度

很小，因此可将式（5.115）中的 L_N 和 L_p 略去，认为 p-i-n 结中的光电流主要由耗尽区的光生载流子产生。由于这些载流子一产生就位于电场中，载流子通过耗尽区的时间近似等于 $t = W/v_{sat}$，其中 W 是耗尽区宽度（近似等于 i 层的厚度），v_{sat} 是强电场下载流子的饱和漂移速度，一般有 $v_{sat} = 10^7 \, cm/s$。若 i 层的厚度为 6μm，则光生电流的传输时间仅为 60ps，所以其响应速度和频率响应相比 pn 结有了很大的提升。此外，还可结合待测波长在半导体材料中的吸收系数，将 i 层的厚度设计为接近光在该材料中的穿透深度，提高光电转换的效率。这种光电检测器和普通 pn 结光电检测器相比，具有光电转换效率高、响应速度快、频率响应大的优点。

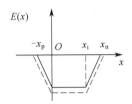

图 5.63　p-i-n 结的内建电场分布（虚线表示反偏 p-i-n 结的内建电场分布示意图）

3．雪崩光电二极管

为了进一步提升光电检测器的信噪比，人们利用 5.4.4 节讨论的雪崩击穿中的雪崩效应制作了工作在雪崩击穿点的光电二极管，这种光电二极管被称为**雪崩光电二极管**，其结构可以是 pn 光电检测器或 p-i-n 光电检测器，但其所加的反偏电压必须大到足以实现碰撞电离。雪崩效应可以使光生载流子在漂移过程中通过碰撞电离的方式产生更多的载流子，导致输出的光电流放大，提高光电信号转换中的信噪比。雪崩光电二极管在光纤通信系统中作为光检测器广泛使用。至此，本小节的**问题②**得以解决。

5.8.2　太阳能电池

本小节的**问题①**如下：**如何借助 pn 结实现太阳能电池？**

【课程思政】

顾名思义，太阳能电池是指借助半导体材料将太阳能转换为电能的装置。太阳能电池一般安放在屋顶或室外场地用于发电。其实，太阳能电池的本质也是大面积的 pn 结二极管，只需做特别的设计以保证光照射它的效率。**太阳能电池就是光照下不加偏置电压的 pn 结**。与光电二极管相比，虽然都借助半导体器件来完成光电转换，但光电二极管响应的波长范围窄、面积小，而太阳能电池响应的波长范围宽、面积大。与光电二极管关注响应速度和频率响应不同，太阳能电池关注的是光电转换效率。

太阳能电池的工作原理是光生伏特效应：当光照射到 pn 结上时，光生载流子在内建电场的作用下做漂移运动，n 区一端积累负电荷，p 区一端积累正电荷，导致器件两端产生电压。此时，在 pn 结内部形成由 n 区指向 p 区的光生电流 I_L。同时，由于光照到 pn 结两端时产生光生电动势，此时 pn 结相当于正偏，势垒降低，如图 5.64(b)所示，且产生正向电流 I_F。当 pn 结开路时，光生电流和正向电流大小相等、方向相反，总电流为零。此时，pn 结 p 区的电势高，n 区的电势低，存在开路电压。当 pn 结与外电路形成回路时，就会有源源不断的电流通过电路，起到电源的作用。

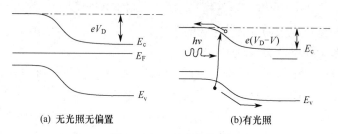

(a) 无光照无偏置　　　　　　　　(b)有光照

图 5.64　pn 结的能带图

工作的太阳能电池中存在三种电流：一是光生载流子在 pn 结内建电场作用下做漂移运动形成的光生电流 I_L，它从 n 区流向 p 区；二是在光生电压的作用下，正偏 pn 结流过的正向电流 I_F，它从 p 区流向 n 区，以上这两部分电流均流经 pn 结内部；三是由前两者决定的流经外电路的电流 I，且满足

$$I = I_F - I_L \tag{5.121}$$

这就是太阳能电池的电流-电压关系，其 *I-V* 曲线和图 5.58 类似，式（5.121）中的 I 也称**短路电流**。由图 5.59 可以看出，由于太阳能电池工作在 *I-V* 坐标系的第四象限，I 是负值，V 是正值，说明可以从器件抽取能量给负载，太阳能电池能发电。

式（5.121）的具体形式为

$$I = I_0 \left[\exp\left(\frac{eV}{kT}\right) - 1 \right] - eAG(L_N + L_p + W) \tag{5.122}$$

只关注两种特殊情况：第一种情况，pn 结短路，$V = 0$，故 I_F 等于 0，此时的短路电流等于光生电流 I_L，有时也表示为 I_{sc}；第二种情况，pn 结开路，外电路断开，式（5.122）中的 $I = 0$，从中解出开路电压为

$$V_{oc} = \frac{kT}{e} \ln\left(\frac{I_L}{I_0} + 1\right) \tag{5.123}$$

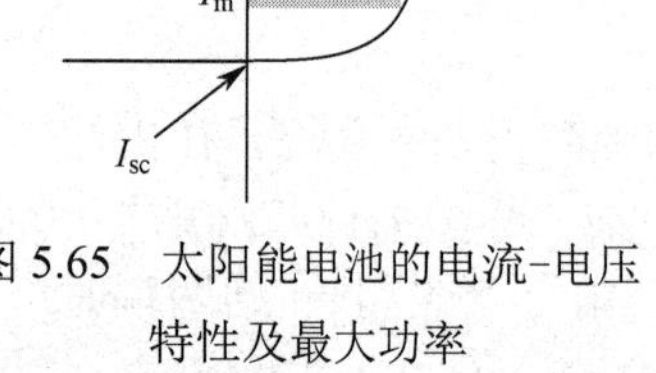

V_{oc} 是在给定光照下太阳能电池能提供的最大电压，I_{sc} 是太阳能电池能提供的最大电流。实际中，太阳能电池输出的最大功率小于 $V_{oc}I_{sc}$。在太阳能电池的 *I-V* 曲线的第四象限可以找到一点，使得该点的输出功率 *IV* 的绝对值达到最大，对应图 5.65 中的阴影部分面积，图中的 V_m 和 I_m 分别代表达到最大输出功率时的电压值、电流值。通常最大输出功率为 $V_{oc}I_{sc}$ 的 75%～80%。至此，本节的**问题①**得以解决。V_m 和 I_m 的确定方式如下所示，太阳能电池传送到负载上的功率为

图 5.65　太阳能电池的电流-电压特性及最大功率

$$P = IV = I_0 \left[\exp\left(\frac{eV}{kT}\right) - 1 \right] V - I_L V \tag{5.124}$$

令 $\mathrm{d}P/\mathrm{d}V = 0$，可以找到图 5.65 中的 V_m 和 I_m

$$I_0 \left[\exp\left(\frac{eV_m}{kT}\right) - 1 \right] + I_0 V_m \frac{e}{kT} \exp\left(\frac{eV_m}{kT}\right) - I_L = 0 \tag{5.125}$$

整理得

$$1 + \frac{I_L}{I_0} = \left(1 + \frac{eV_m}{kT}\right)\exp\left(\frac{eV_m}{kT}\right) \tag{5.126}$$

由式（5.126）虽然写不出 V_m 的显性表达式，但可以通过反复试验获得 V_m。

通过增大光强可以提升其对应的产生率 G，进而提升短路电流 I_{sc}。由于 I_L 正比于 G，因此短路电流随光强的增大而线性增大。由式（5.123）可以看出，开路电压近似随光强的增大而按对数增大。然而，开路电压的最大值是该 pn 结平衡时的势垒高度，此时由于不存在电场，因此开路电压无法继续增大。严格地讲，开路电压的最大值与 pn 结两端的掺杂浓度有关，实际中近似地认为开路电压的最大值与半导体材料的禁带宽度相当。

禁带宽度对输出功率的影响有两个方面：一方面，当禁带宽度减小时，光电流增大；另一方面，禁带宽度增大，式（5.123）中的 I_0 减小，开路电压增大，但禁带宽度太大时，会导致由于吸收光谱范围变窄而使短路电流 I_{sc} 减小。为使输出功率最大，存在一个优化的禁带宽度范围，实验证明，当禁带宽度为 1.2～1.9eV 时，太阳能电池的效率最高。

目前，太阳能电池已被广泛应用于人造卫星、宇宙飞船及计算机电源等方面；此外，光生伏特效应还可用于辐射探测，通过检测辐射导致的光生电压来探测辐射的强度。

5.8.3　发光二极管

本小节要解决的**问题①**如下：**①如何借助 pn 结完成从电信号向光信号的转换？**

本小节介绍在实际中应用广泛的发光二极管，它可用于通信、医疗及人们的日常生活之中，是半导体器件中唯一作为光源的器件。发光二极管与 5.8.1 节和 5.8.2 节中讨论的器件不同，是完成电能向光能转换的器件。

实际中发光二极管的应用集中在三个方面：①各种显示场合，包括手表、计算器、计算机及户外大型显示屏等；②各种灯，包括家用照明灯、汽车前灯、交通灯等，原因是其可靠性高、寿命长等；③在光纤通信系统中作为光源使用，一般应用于低速率和短距离的光纤通信系统中。

5.8.1 节和 5.8.2 节中发生的过程是光照射半导体器件，电子吸收光子的能量从低能级向高能级跃迁，产生非平衡载流子。本小节讨论与此相反的过程——高能级的电子向低能级跃迁，以光的形式释放多余的能量，称其为**辐射跃迁**。实际中，直接带隙半导体中存在的主要是带间复合对应的本征跃迁，间接带隙半导体中存在的主要是非本征跃迁。

本章前面说过，当 pn 结正偏时，大量电子从 n 区向 p 区扩散，大量空穴从 p 区向 n 区扩散，对于直接带隙半导体，注入的载流子可通过带间复合而消失，同时以光子的形式释放出多余的能量，如图 5.66 所示。根据能量守恒的要求，产生光子的频率由所用半导体材料的禁带宽度决定，通过调整禁带宽度，可实现输出光频率的选择。要产生可见光，根据式（5.110）的换算，得出对应半导体的禁带宽度 1.77～3.10eV。这种跃迁称为**本征跃迁**。

对于间接带隙半导体，其本征跃迁的概率很小，可借助掺入杂质在禁带中引入的杂质能级实现辐射跃迁。详细分析见下面在 GaAsP 中掺入 N 及在 GaP 中掺入 ZnO 的分析。

电子从高能级向低能级跃迁时，除了辐射跃迁，还有非辐射跃迁，比如将多余能量交给第三个载流子使其向更高能级跃迁的俄歇过程，以及将能量转换为晶格振动能量时伴随发射声子的过程。

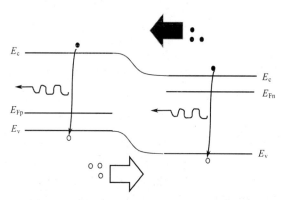

图 5.66　正偏 pn 结带间复合产生光子示意图

要提升发光效率，一方面可选择直接带隙半导体；另一方面，如果因为其他条件限制无法选择适当的直接带隙半导体材料，那么对于间接带隙半导体材料，可在其中掺入较多辅助非本征跃迁的发光中心来提升发光效率。

因此，实际中选择制作可见光 LED 的半导体材料时，要考虑以下三个因素：①为了保证辐射效率，即当电子、空穴复合时，大部分以光子输出的形式来释放多余的能量，要求半导体为直接带隙半导体，或者能发生非本征跃迁的间接带隙半导体；②要求其禁带宽度为 1.77～3.10eV；③半导体材料要容易形成 pn 结。前两个条件理解起来很容易，对于常见的三种半导体材料，Si 和 Ge 因为第一个因素而被排除，剩下的 GaAs 虽然是直接带隙半导体材料，但其禁带宽度为 1.42eV，因此也被排除，只能将目光投向其余的Ⅲ-Ⅴ族化合物半导体和Ⅱ-Ⅵ族化合物半导体。对于第三个因素，由于Ⅱ-Ⅵ族化合物半导体很难形成 pn 结，因此只能将重点放在由Ⅲ-Ⅴ族化合物半导体和Ⅱ-Ⅵ族化合物半导体的混合物构成的三元/四元化合物半导体上。除了满足以上三个因素，还要考虑制作中衬底的选择，由于衬底的材料和 LED 的材料不同，晶格常数不同，因此需要合适选择衬底材料以保证互相接近的晶格常数，避免由于晶格常数的适配导致的缺陷影响 LED 的效率及可靠性。

1. AlGaAs

严格地说，AlGaAs 指的是 $Al_xGa_{1-x}As$，通过调控 x，其发光波长范围覆盖从红光到红外线的宽波长范围，是较早用于高效 LED 的材料，可发射高亮度的红光，其主要应用包括汽车刹车灯等。由于几乎所有的 AlGaAs 都具有相同的晶格常数，且这种三元化合物半导体与 GaAs 的晶格常数非常接近，因此通常选择 GaAs 作为衬底材料［见图 5.67(a)］，并且能够非常方便地制作双异质结结构来提升发光效率［见图 5.67(b)］。

2. InAlGaP

这种四元化合物半导体由三个Ⅲ族元素和一个Ⅴ族元素组成，通过调整各组分的比例，可以覆盖红、橙、黄和绿等可见光范围。与 AlGaAs 类似，InAlGaP 与作为衬底的 GaAs 有相近的晶格常数，能够保证晶格匹配。

3. GaAsP 及 GaAsP：N

GaAs 是最常见的三种半导体材料之一，是直接带隙半导体，但其禁带宽度太小而无法产生可见光。GaP 的禁带宽度对应于产生可见光的范围,但它是间接带隙半导体材料。虽然这两种材料各自都不满足可见光 LED 的要求,但由它们混合而成的三元化合物半导体 $GaAs_{1-x}P_x$(其中 $x = 0.45$ 是直接带隙半导体和间接带隙半导体的分界)在 $x < 0.45$ 时保持为直接带隙半导体。实际发现当 $x = 0.4$ 时,对应产生的红光效率最高。

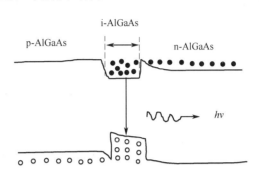

(a) AlGaAs LED横截面示意图　　　(b) AlGaAs LED双异质结能带示意图

图 5.67 AlGaAs LED 相关原理图

在用 $x > 0.45$ 时的间接带隙半导体来发光时,发光效率较低。然而,可以通过掺入杂质 N 或 ZnO 来改善其发光效率,掺入的杂质 N(其与 As、P 一样,同属 V 族元素)代替 As 或 P,它不像前面介绍的施主杂质或受主杂质那样通过电离给半导体提供电子和空穴,但会因为内层电子的不同而引入靠近导带底的电子陷阱能级,这种杂质的最外层电子与其代替的原子相同,也称**等电子陷阱**。N 的等电子陷阱位于导带底以下 0.1eV 处。

4. GaP:ZnO

在间接带隙半导体材料 GaP 中掺入的 ZnO 是另一种等电子陷阱,虽然 Zn 取代 Ga 成为受主杂质,O 取代 P 成为施主杂质,但是当掺入等量的 Zn 和 O,代替 Ga 的 Zn 和代替 P 的 O 形成近邻的组合时,可以认为它们的这个组合呈电中性,共同起着等电子陷阱的作用。ZnO 的等电子陷阱约位于导带底以下 0.3eV 处。

如图 5.68 所示,等电子陷阱通过分别陷落一个电子和一个空穴的方式形成一个激子,随着电子和空穴的复合而将多余的能量以光子的形式释放出去。一方面,此时借助等电子陷阱在间接带隙半导体中发生的辐射光子的过程仍要满足动量守恒,由于电子在位置上被束缚在等电子陷阱对应的能级,根据不确定原理,受陷落的电子有很大的动量变化范围,从而保证动量守恒。另一方面,由图 5.68 可以看出,借助等电子陷阱产生的光子的波长大于禁带宽度对应的波长,因此光子输出时不会面临被再次吸收的可能,从而提高了输出效率。

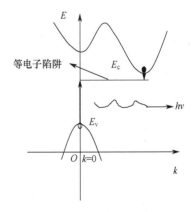

图 5.68 间接带隙半导体材料中借助等电子陷阱增强的辐射复合示意图

5. GaN

GaN 是III-V族化合物半导体中的直接带隙半导体，关于 GaN 在蓝光 LED 方面的研究早在 1971 年就已开始，但因发光效率低及工艺等原因而未商用化。1993 年，日本的中村修二、天野浩和赤崎勇制作出了高亮度蓝光 LED，并于 2014 年获得诺贝尔物理学奖。蓝光 LED 的发明凑齐了光的三原色，导致了白光 LED 的出现，极大地提高了照明效率。至此，本小节的**问题①**得以解决。

习　题　5

01. 室温 300K 下某 pn 结由掺杂浓度为 $N_D = 5 \times 10^{15} \text{cm}^{-3}$ 的 n 型硅和掺杂浓度为 $N_A = 1 \times 10^{16} \text{cm}^{-3}$ 的 p 型硅组成。(a)示意性地画出该 pn 结的能带图，标出能带图中的特征量；(b)求 pn 结的内建电势差；(c)求 $n_{n_0}, n_{p_0}, p_{p_0}, p_{n_0}$，并画出载流子浓度分布曲线。

02. 在平衡状态下，对于习题 01 中的 pn 结，计算：(a)p 区一侧的势垒区宽度和 n 区一侧的势垒区宽度，以及势垒区总宽度；(b)最大电场强度。

03. 对于习题 01 的硅 pn 结，当施加正偏电压 $V_A = 0.6\text{V}$ 时，计算：(a) $x = x_n$ 处的空穴扩散电流密度；(b) $x = -x_p$ 处的电子扩散电流密度；(c)求施加反偏电压 $V_R = -3\text{V}$ 时的反向电流密度。

04. 利用 MATLAB 编写程序，将平衡状态下 pn 结的 N_A 和 N_D 作为输入值，计算该 pn 结的内建电势差、n 区一侧的势垒区宽度、p 区一侧的势垒区宽度、势垒区总宽度及最大电场强度，并利用该程序验证习题 01 和习题 02 的计算结果。

05. 已知室温下硅 pn 结的掺杂浓度为 $N_D = 1 \times 10^{15} \text{cm}^{-3}$ 和 $N_A = 1 \times 10^{17} \text{cm}^{-3}$，计算平衡状态下外加正偏电压 0.6V 及外加反偏电压 5V 时的势垒区宽度。

06. 当 $T = 300\text{K}$ 时，硅 pn 结中 p 区一侧有 $E_F - E_v = 0.2\text{eV}$，n 区一侧有 $E_c - E_F = 0.16\text{eV}$。(a)求 pn 结的内建电势差；(b)求 p 区和 n 区的掺杂浓度。

07. pn 结的其他条件和习题 05 中的相同，计算 pn 结在平衡状态下外加正偏电压 0.6V 及外加反偏电压 5V 时的最大电场强度。

08. 某 pn 结二极管附近的掺杂分布如题 08 图所示，假设满足耗尽层近似，画出二极管内的电荷密度、电场和电势的变化示意图。

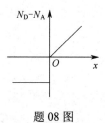

题 08 图

09. 室温 300K 下某 p-i-n 二极管是一个三层器件，结构如题 09 图所示。设 p 区和 n 区均是均匀掺杂的，掺杂浓度分别为 N_A 和 N_D，中间的 i 层无掺杂，为本征材料，宽度为 d。(a)画出该二极管的电荷密度 ρ、电场 E、电势 V 随 x 变化的示意图，同时画出平衡状态下二极管的能带图；(b)计算该二极管的内建电势差；(c)用 N_A, N_D 和 d 写出电荷密度 ρ、电场 E、电势 V 及 p 区一侧和 n 区一侧的势垒区宽度 x_p 和 x_n 的表达式；(d)当 $N_D = 5 \times 10^{16} \text{cm}^{-3}$，$N_A = 4 \times 10^{16} \text{cm}^{-3}$，$d = 0.5 \mu\text{m}$ 时，计算 x_p 和 x_n，以及最大电场强度和内建电势差。

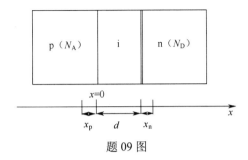

题 09 图

10. 室温下某硅 pn 结的结构如题 10 图所示。(a)已知 $N_D = 5 \times 10^{16} \text{cm}^{-3}$，$N_A = 4 \times 10^{16} \text{cm}^{-3}$，该 pn 结在外加反偏电压下，n 区和 p 区哪个先完全耗尽？此时外加的反偏电压是多少？(b)已知 $N_D = 3 \times 10^{16} \text{cm}^{-3}$，$N_A = 1 \times 10^{17} \text{cm}^{-3}$，重做(a)。(c)计算(a)和(b)两种情况下 pn 结的势垒电容。

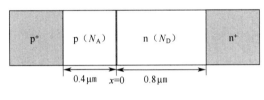

题 10 图

11. 对外加正偏电压的 pn 结而言，维持确定正向电流 I 对应的正偏电压 V 是温度 T 的函数。(a)推导出 $\Delta V / \Delta T$ 的表达式；(b)利用(a)的结果估算硅 pn 结中为维持确定正向电流 I 对应的 $\Delta V / \Delta T$，并基于此说明 pn 结可以用作温度探测器。

12. 某硅 p^+n 结的两区均为均匀掺杂的，已知 $\tau_{p_0} = 10^{-8} \text{s}$，$N_A = 1 \times 10^{16} \text{cm}^{-3}$。(a)当外加电压为 0.5V 时，求 n 区的空穴浓度随 x 变化的函数关系；(b)在(a)的条件下定量计算并示意性地画出 n 区的多子漂移电流和少子扩散电流随 x 的变化；(c)根据(b)的结果估算空穴扩散区存在的电场强度值，并证明该区域是中性区的假设正确。

13. 当 $T = 300\text{K}$ 时，已知 pn 结中 $N_D = 2 \times 10^{15} \text{cm}^{-3}$，$N_A = 1 \times 10^{17} \text{cm}^{-3}$，$\tau_{p_0} = 10^{-7} \text{s}$，$D_p = 12 \text{cm}^2/\text{s}$，且 pn 结的横截面积是 $3 \times 10^{-4} \text{cm}^2$，计算 pn 结的反向饱和电流密度与外加正偏电压 0.45V 时的正向电流。

14. 已知某硅 pn 结由电阻率为 $1.5 \Omega \cdot \text{cm}$ 的 p 型半导体和电阻率为 $2 \Omega \cdot \text{cm}$ 的 n 型半导体组成，计算该 pn 结的内建电势差。

15. 证明 pn 结的空穴电流和电子电流的比值为

$$\frac{J_n}{J_p} = \frac{\sigma_n L_p}{\sigma_p L_n}$$

式中，σ_n 和 σ_p 分别是 pn 结中 p 型半导体和 n 型半导体的电导率，L_n 和 L_p 分别是 pn 结中 n 型半导体和 p 型半导体的扩散长度。

16. 当 $T = 300\text{K}$ 时，硅 pn 结中 n 区和 p 区的掺杂浓度分别为 $N_D = 2 \times 10^{15} \text{cm}^{-3}$ 和 $N_A = 1 \times 10^{16} \text{cm}^{-3}$，已知 p 区的电子扩散系数和 n 区的空穴扩散系数分别是 $D_n = 15 \text{cm}^2/\text{s}$ 和 $D_p = 10 \text{cm}^2/\text{s}$，两区中非平衡载流子的寿命均为 $\tau = 5 \times 10^{-7} \text{s}$，pn 结的横截面积为 $1 \times 10^{-3} \text{cm}^2$。(a)当外加正偏电压为 0.5V 时，求 pn 结中流过的电流；(b)取从 p 区指向 n 区为 x 轴的正方向，写出 n 区内的空穴和电子浓度分布的函数表达式。

17. 室温 300K 下的两个硅 p^+n 结有 $N_{D1} = 1 \times 10^{15}\,\mathrm{cm}^{-3}$，$N_{D2} = 1 \times 10^{17}\,\mathrm{cm}^{-3}$。此外，假设这两个半导体器件的其余参数均相同，回答以下问题：(a)比较结 1 和结 2 的内建电势差的大小关系；(b)比较结 1 和结 2 的击穿电压的大小关系；(c)比较结 1 和结 2 的势垒电容的大小关系（设 $V_R \gg V_D$，忽略结 1 和结 2 内建电势差的不同）；(d)设结 1 和结 2 均为理想 pn 结，并设 V_R 远大于 V_D，比较结 1 和结 2 的反向饱和电流密度的大小关系。

18. 已知两个理想的 p^+n 结，其 n 区一侧少子随 x 变化的关系如题 18 图所示，结 1 和结 2 的 N_D 及横截面积都相等，满足小注入条件。(a)判断结 1 和结 2 的外加电压情况；(b)比较结 1 和结 2 上外加电压的大小关系；(c)比较图示对应偏置状态下流过结 1 和结 2 的电流大小；(d)比较结 1 和结 2 的击穿电压的大小关系。

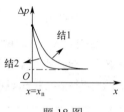

题 18 图

第6章　器件制备基本工艺

前面介绍了半导体的理论，那么第 5 章介绍的 pn 结在实际中是如何制备出来的？本章以这个问题为主线，首先介绍制备 pn 结的各种工艺，然后介绍制备 pn 结二极管的工艺流程。

本章要解决问题如下：**（一）半导体器件制备的基本工艺有哪些？各自是如何完成的？（二）pn 结二极管是如何通过基本工艺的组合和重复使用完成器件制备的？**

6.1　器件制备基本工艺

1958 年，第一块集成电路问世。在过去的几十年间，随着半导体器件制备工艺和技术的大力发展，在不断降低成本的前提下实现了晶体管的大规模集成。各种集成电路被广泛地应用于电子产品、汽车、医疗等方面，在极大地改善人们生活质量的同时，改变了人们的生活方式。

与此同时，与半导体设计和制造相关的公司也在不断分化。一些实力雄厚的大公司（如英特尔和三星）在设计集成电路的同时，也制造集成电路，这种公司也称 IDM（Integrated Design and Manufacturer，集成设计与制造商）；一些公司是没有自己的生产线的设计公司，称为 Fabless，只专注于集成电路芯片的设计；还有一些公司是专门负责芯片制造和生产的厂家，也称 Foundry，俗称**代工厂**。

一般来说，器件的基本制造工艺至少包括：①制膜；②膜的图形化；③掺杂等，如图 6.1 所示。实际中，器件通过这些基本工艺的组合和重复，可以制造出复杂的器件和电路。这种在硅片衬底上逐个工序制作器件的工艺被称为**平面制作工艺**。

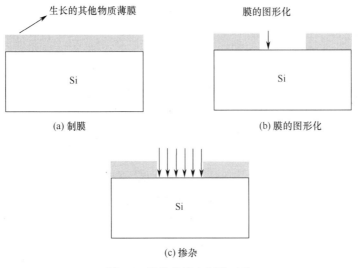

图 6.1　器件的基本制造工艺

平面制作工艺的主要优势是，涉及的每个工艺均可应用于整个硅片衬底，因此这种工艺不仅可以在同一硅片衬底上制作出各种器件并使其连接起来构成电路，而且可以在整个硅片衬底上制作出许多集成电路芯片，这对于降低生产成本有重要意义。

6.1.1　衬底材料的准备

目前大部分集成电路是制作在硅片上的，这些硅片也称**衬底材料**。下面简单介绍衬底材料是如何形成的。

由第 1 章可知，制备半导体器件的半导体材料绝大部分是单晶。对于硅材料，可以采用俗称"拉单晶"的成熟方法来生长高纯度的硅晶体，这种生长方法的结构示意图如图 6.2(a) 所示，图中的籽晶在最初接触时处于熔融体的同种材料内部，然后从中缓慢提升，随着远离加热器，表面熔融体在籽晶的引导作用下凝固并保持和籽晶相同的单晶结构，为了保证温度的均匀，在向上提升的同时，加上图 6.2(a)所示的水平面内的缓慢旋转。图 6.2(b)所示为这种工艺生长出来的硅锭的照片。

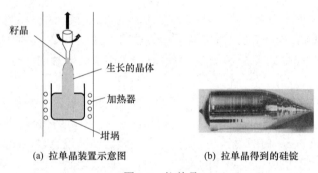

(a) 拉单晶装置示意图　　　　(b) 拉单晶得到的硅锭

图 6.2　拉单晶

接下来将硅棒沿着特定的晶面切成硅片，在集成电路中选择(100)晶面的较多，主要是考虑到该晶面的电子悬挂键密度低，同时电子在该晶面的电子迁移率高。要求切割出的硅片有一定的厚度，切割完成后的硅片要进行机械打磨、化学腐蚀和抛光等一系列工艺，得到符合要求的光滑表面。后续介绍的所有工艺均是在硅片上进行的。

6.1.2　氧化

在集成电路中，硅氧化后生成的二氧化硅在集成电路中既可作为 MOS（Metal-Oxide-Semiconductor，金属-氧化物-半导体）结构中的氧化物，又可作为选择性掺杂时的掩蔽层。一般采用两种方法来氧化硅，从而生长二氧化硅。第一种方法是硅与氧气发生反应，如式（6.1）所示，也称**干法氧化**，其特点是生长的二氧化硅的质量较高，生长速度慢，多用于生长 MOS 结构中的绝缘层。第二种方法是硅与水蒸气发生反应，如式（6.2）所示，也称**湿法氧化**，其特点是生长速度快，用于生长厚氧化层

$$Si + O_2 \rightarrow SiO_2 \tag{6.1}$$

$$Si + 2H_2O \rightarrow SiO_2 + 2H_2 \tag{6.2}$$

由于最先在硅片表面反应生成二氧化硅，因此后面的反应要想继续进行，就需要将氧气或水蒸气等氧化剂以扩散方式穿过已生成的氧化物，在硅和二氧化硅的界面生长更多的氧化

物。图 6.3 所示为氧化系统示意图，将待氧化的硅片插在石英舟上，石英舟通过推杆放在石英管的中央，在石英管外面通过电阻加热器对石英管加热，温度可达 700～1200℃。采用干法氧化时，氧气直接送入石英管。采用湿法氧化时，需要让加热的水容器携带水蒸气进入石英管，也可在管口通过燃烧氧气和氢气来制备水蒸气。生长的氧化层的厚度取决于管内的温度、氧化时间和硅片晶向等。

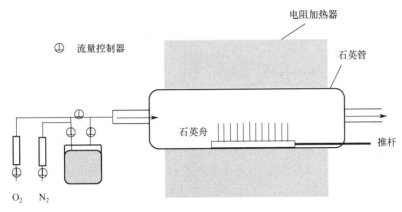

图 6.3　氧化系统示意图

6.1.3　薄膜生长

在半导体器件的制备过程中，除了二氧化硅薄膜，还需要氮化硅和不同种类的金属薄膜，因此仅有氧化工艺是不够的。下面介绍在半导体器件制备过程中使用的其他薄膜制备方法。

1. 溅射

溅射是在真空室中进行的，真空室内存在与高压电源相连的两个极板，其中位于上方且与负电位相接的是靶材料，而位于下方且与正电位相接的是硅片衬底材料。将溅射室抽成真空后，向溅射室注入低压溅射气体（通常为氩气），再在两个极板之间加高压将气体等离子体化。由于上方的极板处于负电位，因此氩离子向靶材料运动，并通过碰撞使靶材料上的原子或分子溅射出来。由于被溅射出来的原子或分子不带电，因此其最终淀积在下方的衬底材料上，形成薄膜材料，如图 6.4 所示。溅射过程还可以与化学反应过程结合，通过控制加入反应气体的种类和比例来控制薄膜的生成与淀积，如在含氮的等离子体中溅射金属钛时，可以生长出氮化钛薄膜。由于溅射可以在低温下实现低污染的薄膜生长，因此常被用于生长铝和其他金属薄膜。

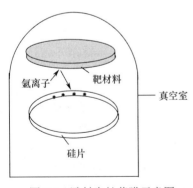

图 6.4　溅射生长薄膜示意图

2. 化学气相淀积（CVD，Chemical Vapor Deposition）

这种生长薄膜的技术有两个核心词：化学和气相。化学是指薄膜材料是通过化学反应生成的，气相是指参与反应的物质呈气相。图 6.5 所示为用化学气相淀积方法生长薄膜示意图，由图可以看出，两种不同气体的分子之间发生反应，反应物淀积在衬底材料上从而形成薄膜。

常用的化学气相淀积方法有三种，分别是常压 CVD、低压 CVD 和等离子体 CVD。常压 CVD 的淀积系统较为简单。低压 CVD 可以在减小气体消耗量的同时，得到均匀性和力学性质更好的薄膜。等离子体 CVD 借助等离子体中的电子，将能量传递给反应气体，达到在低温条件下促进反应的效果。

在半导体器件制备中，利用化学气相淀积方法生长的材料主要有氮化硅（Si_3N_4，具有很好的稳定性，可作为掩模或钝化层）、多晶硅（作为准金属使用）和二氧化硅。涉及的化学反应主要有

$$SiH_4 + O_2 \rightarrow SiO_2 + 2H_2 \quad （SiO_2） \tag{6.3}$$

$$SiH_4 \rightarrow Si + 2H_2 \quad （多晶硅） \tag{6.4}$$

$$3SiH_2Cl_2 + 4NH_3 \rightarrow Si_3N_4 + 6HCl + 6H_2 \quad （Si_3N_4） \tag{6.5}$$

用 CVD 方法制造薄膜的一个明显优势是，这种制作方法得到的薄膜保形性好，对基底具有台阶的情况友好，不管基底是平面还是有垂直的台阶，生长出来的薄膜厚度都是均匀的，而这一点在溅射法中无法做到。

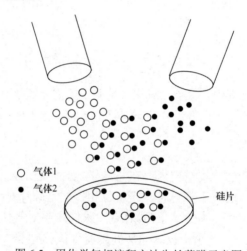

○ 气体1
● 气体2

硅片

图 6.5　用化学气相淀积方法生长薄膜示意图

3. 外延

前两种方法生长出来的薄膜结构是无定形的，或者是多晶。外延这种工艺是在单晶衬底上生长出单晶薄膜的，是沿着衬底硅的晶向生长的，相当于衬底结构的一种延展，单晶衬底也起到了籽晶的作用。根据衬底材料和生长薄膜的材料种类相同与否，可以分为同质外延和异质外延两种，例如，在单晶硅衬底上生长单晶硅薄膜属于同质外延。对于异质外延，为了保证生长出来的单晶结构不包含太多缺陷，要求衬底和薄膜材料结构相近，晶格常数尽可能匹配。

利用 CVD 方法，在足够高的温度下，可以让生成的原子最终停留在衬底材料引导的合适位置上，实现衬底材料结构的延展。但外延层的掺杂和衬底的掺杂可以不同，通过在反应过程中添加含杂质原子的物质，如磷烷（PH_3）、乙硼烷（B_2H_6）和砷烷（AsH_3），可以控制外延层的掺杂，实现所需要的结构。

6.1.4　薄膜的图形化

如何才能根据器件设计的需求，有选择地去除或图形化生长在整个衬底上的薄膜呢？这个过程是通过光刻工艺和刻蚀工艺的配合来完成的。

下面以图形化衬底上生长的二氧化硅薄膜为例，说明光刻工艺的主要步骤。首先，在整个被二氧化硅薄膜覆盖的硅片表面上涂一层紫外光敏材料——这种材料呈液态时称为**光刻胶**，通常将液态光刻胶滴到硅片上，高速旋转硅片，在其上形成一层均匀的光刻胶薄膜，再经过加温烘烤等步骤使光刻胶中的溶剂挥发，进而硬化光刻胶薄膜。

接着，将根据器件需求设计的掩模对准放在硬化后的光刻胶上，掩模是根据需要转移到二氧化硅薄膜上的图形而预先制备的玻璃板，图形是体现在掩模上的透明区域或不透明区域。接下来用紫外线照射这个组合体以进行曝光，只有位于掩模透明区域下的光刻胶才可以接收到光照，而位于掩模上的不透明区域下的光刻胶无法接收到光照。实际中使用的光刻胶有正胶和负胶两种。对于正胶，曝光后的光刻胶会在显影液中溶解，从而在光刻胶上留下与掩模上不透明区域对应的图形；对于负胶，情况和正胶的恰好相反，曝光后的光刻胶发生聚合反应而无法在显影液中溶解，留下与掩模上的透明区域对应的图形。然后，利用适当的溶液溶解未被光刻胶保护的其他区域的薄膜材料，最后去除完成使命的光刻胶。光刻工艺的主要步骤如图 6.6 所示。

光刻是所有半导体器件制备工艺中最贵、最难的工艺环节，在芯片的制造过程中，光刻平均要使用 20 次以上，每次光刻都采用不同的掩模。实际中光的衍射效应限制了芯片中能分辨的最小尺寸，为提高芯片的特征尺寸，可以使用波长更短的光源对其进行曝光。

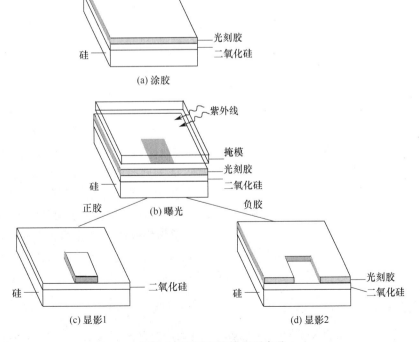

【课程思政】

图 6.6　光刻工艺的主要步骤

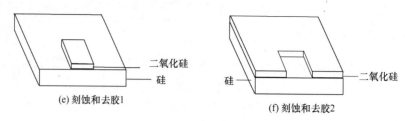

(e) 刻蚀和去胶1

(f) 刻蚀和去胶2

图 6.6　光刻工艺的主要步骤（续）

6.1.5　掺杂

掺杂是半导体器件制备的重要环节，是改善半导体导电性能的重要手段。实际中常用扩散和离子注入两种方法对半导体进行掺杂，下面分别介绍这两种掺杂工艺。

1. 扩散

扩散这种工艺是早期应用较广泛且目前仍在使用的对半导体进行掺杂的方法。类似于第 3 章中介绍的载流子的扩散，这里的扩散是指由于杂质分布的不均匀，导致杂质由半导体外部的高浓度区域向内部的低浓度区域自发转移的过程，同样可用扩散系数来衡量杂质扩散的程度，室温下的扩散系数小到可以忽略，在制备工艺中可通过加温来明显增大扩散系数，进而提高扩散的效率。

常用的扩散法有两步：第一步是利用固态源、气态源或液态源将杂质原子置于硅片表面，称为**预淀积**；第二步是使预淀积的杂质原子通过扩散，进一步向硅衬底内部运动，也称**再分布**。

首先将待掺杂的硅片置于含有高浓度杂质的固态、液态或气态环境下，硅片的部分区域因被二氧化硅或氮化硅等覆盖，杂质虽然在这些物质内也发生扩散，但由于扩散速度较慢，实际中可以当作扩散的掩蔽层来使用，但这种掩蔽不是绝对的，只保证在有限的时间内杂质无法进入被保护区域的硅片，该时间取决于氧化层厚度、扩散环境温度等。

下面以在硅中扩散磷杂质为例来说明扩散过程。扩散工艺使用的装置与图 6.3 所示的氧化系统类似，二者的温度也相近，只需更换反应气体。载气氮气通过液态三氯氧磷（$POCl_3$）的鼓泡瓶进入炉管，在通入氧气的情况下，于硅片表面上生成五氧化二磷（P_2O_5），硅与五氧化二磷反应生成磷，成为向硅内部扩散的杂质。考虑到高温环境下可能生成不希望出现的磷化物，在关断反应气体源后，再升高温度，以利于磷从硅表面开始扩散。图 6.7 示意性地画出了预淀积和再分布后对应的杂质分布情况，其中再分布后的杂质分布可以用高斯函数来描述。

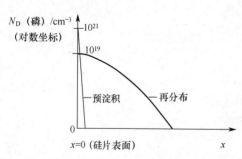

图 6.7　预淀积和再分布后对应的杂质分布情况

2. 离子注入

扩散且再分布后形成的杂质原子分布情况，只能通过环境温度等有限的调控变量来控制，相比之下，离子注入因对掺杂具有精确可控的特点而成为一种重要的掺杂工艺。离子注入是对半导体表面附近进行掺杂的一种常用的器件制备工艺，常用于浅结的生长。图 6.8 所示为离子注入系统的结构示意图。

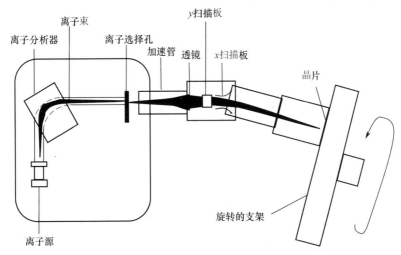

图 6.8　离子注入系统的结构示意图

在离子注入过程中首先产生杂质离子，并将离子导入质量分析仪，过滤掉其他不需要的离子，然后将这些离子加速至几千到几百万电子伏特，并在聚焦后对安装在金属板上的晶片进行扫描。可以通过静电扫描离子束或机械移动晶片两种方式实现扫描，也可以采用这两种方式的结合。考虑到离子注入会造成晶片的充电损伤，与硅片相连的电极提供与注入离子中和的电子流。

伴随着杂质离子的扫描，杂质进入半导体晶格，由于注入离子的冲击作用会使得半导体中的原子离开其平衡位置，同时注入的杂质往往不在晶格位置上，因此无法发挥其施主或受主的作用，进而达到改善半导体导电性能的作用。为此，需要在离子注入完成后进行退火，完成晶格恢复和杂质激活。所谓退火，是指对杂质离子扫描后的晶片在较高温度下保持一段时间的操作。考虑到在较高温度（900℃）下保持较长时间（30min）的退火会发生明显的不可控的扩散，使杂质分布偏离设计，可以采用高温下时间很短的退火——称为**快速热退火**。

总之，离子注入的优点如下：①低温工艺；②精确控制；③横向扩散小；④可实现将任何离子注入任何衬底材料。至此，本章的**问题（一）**得以解决。

6.2　pn 结二极管的制备

本节组合 6.1 节介绍的各种工艺来制作一个简单的 pn 结二极管，即使是制作这样简单的器件，其工艺流程也要超过 100 步，如图 6.9 所示。

首先假设我们拿到了一块平整、无缺陷的单晶硅片，该单晶硅片事先已进行均匀的受主杂质掺杂，是一块 p 型半导体。对该硅片进行清洗，去除表面可能存在的杂质、颗粒或有机物，如图 6.9(a)所示。

然后为后续 n 区的扩散做准备，先在硅片表面生长一层二氧化硅，然后进行光刻，做出扩散窗口，该位置也是最终生成 pn 结的位置，如图 6.9(d)所示。

　　接下来采用扩散或离子注入方式对窗口位置进行掺杂，若采用离子注入方式，则还需配合进行退火工艺，此时形成初步的 pn 结，如图 6.9(f)所示。

　　为了使器件能与外部相连，接下来对整个硅片表面溅射一层金属铝，随后借助光刻工艺将金属薄膜图形化，去除结区外的多余金属薄膜，如图 6.9(h)所示。然后，在图形化后的金属薄膜表面生长二氧化硅或氮化硅薄膜，用以密封器件，防止其受潮和被污染。再次利用光刻工艺在保护膜上开出窗口，露出的金属膜与外界形成引线键合，如图 6.9(j)所示。同时，将金属金淀积在硅片的背面。最后，将芯片切割成多块二极管芯片，每块芯片都被保护在一个管壳内，通过键合线将铝与第二个电极相连。至此，本章的**问题（二）**得以解决。

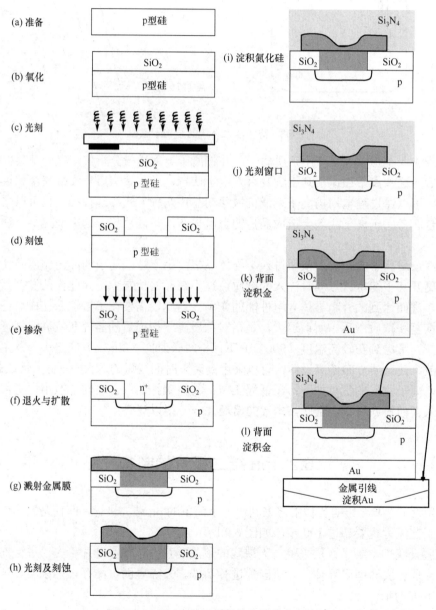

图 6.9　制作 pn 结二极管的主要流程示意图

习　题　6

01．名词解释：光刻胶、正胶、负胶、外延、扩散、离子注入、化学气相淀积、刻蚀。

02．扩散和离子注入这两种掺杂工艺对应的掺杂效果有何不同？为何完成离子注入掺杂后需要进行退火？

03．查阅相关资料，从半导体材料特性参数的影响角度，分析集成电路制造工艺对环境、所用的水及化学药品的纯净度要求很高的原因。

04．解释湿法氧化比干法氧化快的原因。

第7章　金属半导体接触和异质结

第5章讨论的 pn 结是由同种半导体材料在其交界面附近形成的结，也称**同质结**。本章利用讨论 pn 结时的方法，讨论不同材料在其交界面附近形成的结，包括金属−半导体结和异质结，在讨论中还会涉及利用这两种结形成的半导体器件和欧姆接触。

7.1　金属半导体接触

本节讨论金属和不同导电类型的半导体接触的不同情况。事实上，金属半导体接触的研究早于 pn 结，20 世纪二三十年代，人们开始研究将须状金属针压在半导体上形成的整流器，但其重复性很差。到 20 世纪 70 年代，随着半导体平面工艺和真空技术的提升，金属−半导体结器件得到了快速发展。

7.1.1　金属和半导体的功函数

本小节的**任务①**如下：**了解衡量金属和半导体费米能级位置的功函数。**

金属和半导体类似，也存在自己的费米能级。热力学零度下，费米能级以下的所有能级都被电子占据，费米能级以上的能级则是全空的。随着温度的升高，虽然有少量电子通过热激发能获得能量跃迁到高于费米能级的地方，但费米能级以下的能级几乎全满，费米能级以上的能级几乎全空。因此，金属中的电子虽然可以自由运动，但其仍受金属的束缚，相当于处在一个势阱中。用 E_0 表示真空能级，即真空中静止电子的能量，则金属费米能级的位置如图 7.1 所示，定义金属费米能级与真空能级 E_0 的差为金属的功函数，E_{Fm} 表示金属的费米能级，下标 m 表示金属

$$W_{\mathrm{m}} = E_0 - E_{\mathrm{Fm}} \tag{7.1}$$

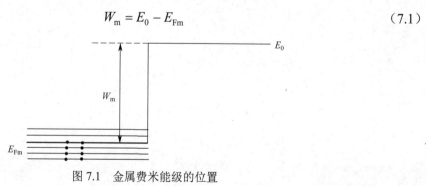

图 7.1　金属费米能级的位置

功函数标志着金属中的电子摆脱金属的束缚所需要的能量，对金属而言是一个不变的基本常数，表 7.1 给出了几种常见金属的功函数。类似地，也可定义半导体的功函数为半导体的费米能级与真空能级之差

$$W_{\mathrm{s}} = E_0 - E_{\mathrm{Fs}} \tag{7.2}$$

表 7.1　几种常见金属的功函数

金属	功函数/eV
Al（铝）	4.28
Au（铜）	5.1
Cr（铬）	4.5
Ti（钛）	4.33

图 7.2 显示了半导体的功函数，其中 E_{Fs} 表示半导体的费米能级。和金属不同，半导体的费米能级往往位于禁带，其上无电子。因此，定义 χ 为半导体的电子亲和能，表示半导体导带底的电子逸出体外所需的最小能量。不同的半导体材料具有不同的电子亲和能，表 7.2 给出了几种常见半导体的电子亲和能。半导体的功函数随半导体掺杂浓度的变化而变化，但在材料的种类确定后，半导体的电子亲和能就是定值，不随掺杂浓度的变化而变化。至此，本小节的**任务①**完成。

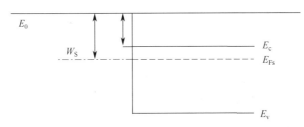

图 7.2　半导体的功函数

表 7.2　几种常见半导体的电子亲和能

半导体	电子亲和能/eV
Si（硅）	4.03
Ge（锗）	4.13
GaAs（砷化镓）	4.07

7.1.2　理想的金属半导体接触

本小节要解决的问题①和问题②如下：**①4 种理想金属半导体接触平衡能带图分析；②根据金属半导体接触的能带图定性地分析其整流特性和欧姆效应。**

在 pn 结中，一旦形成结，两边存在的载流子浓度梯度就会引发电子从 n 区向 p 区扩散，空穴从 p 区向 n 区扩散。金属半导体接触形成后，电子的流动方向取决于功函数的大小。由金属和半导体的功函数的定义可知，功函数大的物质，其电子占据较高能级的概率小，数目少，费米能级的位置低；相反，功函数小的物质，其电子占据较高能级的概率大，数目多，费米能级的位置高。因此，电子将从功函数小的一侧向功函数大的一侧流动，即电子从高能级的一侧向低能级的一侧流动。与 pn 结的讨论类似，载流子运动后将导致局部带电，但整体保持电中性。局部带电将出现空间电荷区。空间电荷区的存在又使能带发生弯曲，产生接触电势差，这种电子的流动一直进行，直到达到两侧费米能级的统一。

下面讨论金属与 n 型半导体接触（$W_{\mathrm{s}} < W_{\mathrm{m}}$），设它们有共同的真空能级，即 n 型半导体

的费米能级高于金属的费米能级，则电子将从费米能级高的 n 型半导体向费米能级低的金属流动。金属一侧将带负电，半导体一侧将带正电，由于金属一侧的电荷密度很大，因此积累的负电荷位于非常靠近金属表面的区域；相比之下，半导体一侧的电荷密度较小，是由掺杂浓度决定的，积累的正电荷将位于从半导体表面开始向内部延伸到相当厚的区域，即空间电荷区。空间电荷区存在内建电场，电场的方向是从带正电的半导体指向带负电的金属，即从半导体体内指向表面。电场的存在导致电势变化，进而导致电势能变化，出现能带弯曲，如图 7.3 所示。

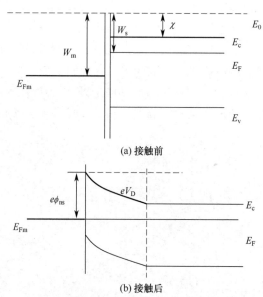

(a) 接触前

(b) 接触后

图 7.3　金属和 n 型半导体接触（$W_m > W_s$）的能带图

　　和 pn 结的讨论类似，这种接触最初形成时，电子从半导体向金属大量流动，伴随着内建电场的产生，出现能带弯曲，当半导体中的电子再向金属流动时，遇到势垒，阻止半导体中的电子进一步向金属流动，达到动态平衡状态，此时金属和半导体两侧的费米能级统一。在图 7.3 中，也可将能带弯曲的部分称为**势垒区**，势垒区主要由带正电的电离施主构成，因此是一个高阻区域，也称**阻挡层**。

　　当两个系统接触并达到平衡状态时，产生接触电势差，即保证费米能级统一而产生的金属和半导体之间的电势差，即

$$eV_{ms} = W_m - W_s \tag{7.3}$$

这种接触电势差全部由半导体承担，因此半导体体内和表面的电势差满足

$$-eV_s = W_m - W_s \tag{7.4}$$

半导体体内和表面的电势差反映在能带图中是能带从半导体体内向表面弯曲，弯曲量同样用 eV_D 表示

$$eV_D = W_m - W_s \tag{7.5}$$

　　在金属和半导体接触的界面处，由于接触前和接触后各能级之间的关系未发生变化，因此有

$$e\phi_{ns} = W_m - \chi \tag{7.6}$$

如图 7.3(b)所示，式（7.6）也满足

$$e\phi_{ns} = eV_D + W_s - \chi = W_m - W_s + W_s - \chi = W_m - \chi \tag{7.7}$$

这个结论与式（7.6）相同。

若金属与 n 型半导体接触，金属的功函数小于半导体的功函数，则电子从金属向半导体流动，半导体一侧带负电，金属一侧带正电，电场的方向是从带正电的金属指向带负电的半导体，即电场从半导体表面指向体内。电场方向就是电势降低的方向，乘以电子电量，就是电子电势能增大的方向，因此从半导体体内向半导体表面看时，能带是下弯的。此时，在能带弯曲的部分积累大量的电子，是一个高电导区域，被称为**反阻挡层**，与前面的阻挡层相对应。平衡时的能带图如图 7.4 所示。至此，本小节的**问题①**中的两种金属半导体与 n 型半导体接触的问题解决。

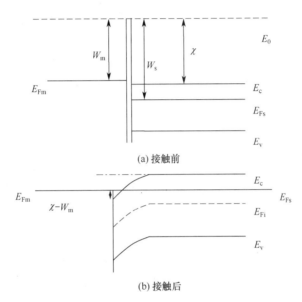

图 7.4　金属和 n 型半导体接触（$W_m < W_s$）的能带图

下面定性地研究金属与 n 型半导体这两种接触在外加偏压下的行为。对于 $W_m > W_s$ 的接触，内建电场的方向是从半导体指向金属。因此，如果外加电压产生的电场方向与内建电场的方向相反，那么为正偏电压；也就是说，金属接电源的正极、半导体接电源的负极为正偏；反之，金属接电源的负极、半导体接电源的正极为反偏。下面结合这两种偏压下的能带图，定性地讨论其电流-电压特性。

加正向偏压时，能带弯曲减弱，从半导体侧看，向金属侧运动的势垒减小，因此有电子从半导体向金属流动，产生正向电流。随着外加正向偏压的增加，势垒进一步降低，正向电流呈指数式增大，如图 7.5(a)所示。加反向偏压时，能带弯曲量进一步增大，势垒增强，阻止半导体侧的电子向金属流动，而金属侧的电子可以越过势垒到达半导体侧，由于金属侧的势垒几乎不受外加反向偏压的影响，因此在反向偏压增大至使得半导体到金属的电子流忽略后，反向电流几乎不变且保持反向电流很小，如图 7.5(b)所示。因此，定性分析的结果表明，这种 $W_m > W_s$ 的金属 n 型半导体接触的行为类似于 pn 结，具有单向导电性。

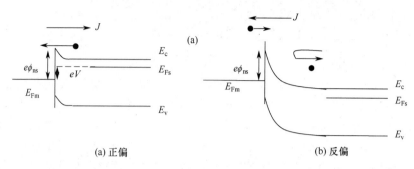

(a) 正偏　　　　　　　　　　　(b) 反偏

图 7.5　$W_m > W_s$ 时金属与 n 型半导体接触的能带图

$W_m < W_s$ 时金属与 n 型半导体接触在外加偏压下的行为与 $W_m > W_s$ 时的行为完全不同。这种结几乎不存在势垒，电子可以向任一方向自由流动。如果金属接电源的正极，半导体接电源的负极，即反向偏压，那么能带弯曲量增大，电子很容易向低电势能的方向流动，发生电子从半导体向金属的流动，如图 7.6(a)所示。反之，如果半导体接电源的正极，能带弯曲量减小，电子很容易穿过势垒从金属流向半导体，如图 7.6(b)所示，这种接触就是欧姆接触。至此，本小节的**问题②**中金属与 n 型半导体两种接触的整流效应和欧姆效应得以解决。

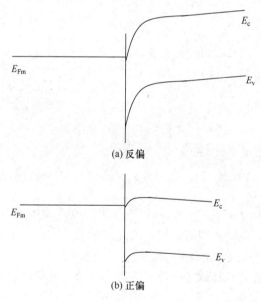

(a) 反偏

(b) 正偏

图 7.6　$W_m < W_s$ 时金属与 n 型半导体接触的能带图

对于金属和 p 型半导体之间形成的接触，也可以进行类似的讨论。当 $W_m < W_s$ 时，能带向下弯，形成空穴的势垒，即 p 型阻挡层，如图 7.7(a)所示；当 $W_m > W_s$ 时，能带向上弯，形成 p 型反阻挡层，如图 7.7(b)所示。

阻挡层可以形成整流接触，反阻挡层可以形成欧姆接触，以上 4 种情况总结在表 6.3 中。至此，本小节的**问题①**和**问题②**得以解决。

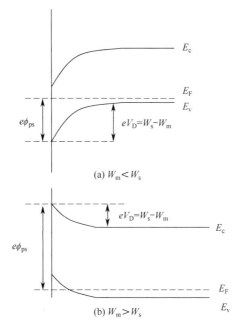

(a) $W_m < W_s$

(b) $W_m > W_s$

图 7.7　金属和 p 型半导体接触的能带图

表 7.3　金属半导体接触的特性

金属与半导体的功函数关系	n 型半导体	p 型半导体
$W_m > W_s$	阻挡层 整流接触	反阻挡层 欧姆接触
$W_m < W_s$	反阻挡层 欧姆接触	阻挡层 整流接触

7.1.3　表面态对金属半导体接触势垒的影响

由前面的讨论可知，金属与 n 型半导体形成阻挡层时，其接触电势差会因金属功函数的不同而改变，但实验测量结论表明，受表面态的影响，不同功函数的金属与同种 n 型半导体形成的接触电势差的差别很小。

本小节要解决的**问题①**如下：**从表面态出发解释不同功函数的金属与同种 n 型半导体形成的接触电势差的差别很小的现象。**

由第 1 章可知，周期性势场是产生允带和禁带这样能带结构的根本原因，因此周期性势场的破坏意味着在禁带中出现能级，如施主杂质或受主杂质。半导体表面的出现不可避免，由于表面晶格的断裂破坏了周期性势场，在半导体表面附近的禁带存在大量的能级。这些能级也可分为施主型和受主型两类，若能级有电子呈电中性，则能级释放电子带正电为施主型，若能级无电子呈电中性，则能级接受电子带负电为受主型。实际中，用中性能级 $E_{中}$ 表征表面能级的分布，$E_{中}$ 下面的表面能级均为施主型，$E_{中}$ 上面的表面能级均为受主型，当半导体费米能级与 $E_{中}$ 持平时，表面无净电荷。实际中 $E_{中}$ 的位置一般在价带顶上 $\frac{1}{3}E_g$ 处。

由于表面态存在，在 n 型半导体未与金属接触时，半导体内部电子向表面流动，形成局部带电区，形成内建电场，产生表面的能带弯曲。由于表面态密度太大（也称**能态海洋**），半导体内部和表面的费米能级的平衡过程可视为 $E_{中}$ 的位置几乎不变，半导体费米能级向 $E_{中}$ 靠拢的过程，称为**费米能级钉扎效应**。此时，稳定后半导体的能带弯曲情况是确定的，与半导体掺杂浓度关系不大，如图 7.8(a)所示。当具有高表面态的半导体和金属接触时，假设仍然满足 $W_{m} > W_{s}$，则电子仍然要从半导体向金属流动，不过此时流动的电子是由半导体表面态提供的，能态海洋能保证虽然有很多电子转移到金属侧，但 $E_{中}$ 的位置仍然不动，最终稳定后金属的费米能级向 $E_{中}$ 靠拢，如图 7.8(b)所示，可以看出势垒高度与金属几乎无关。此时，金属侧的势垒固定为

$$e\phi_{ns} = \frac{2E_{g}}{3} \tag{7.8}$$

半导体侧的能带弯曲量固定为

$$eV_{D} = \frac{2E_{g}}{3} - (E_{c} - E_{F}) \tag{7.9}$$

实际中即使 $W_{m} < W_{s}$，也可形成阻挡层。至此，本小节的**问题①**得以解决。

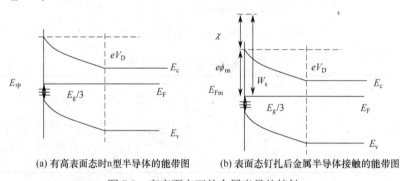

(a) 有高表面态时 n 型半导体的能带图　　　(b) 表面态钉扎后金属半导体接触的能带图

图 7.8　高表面态下的金属半导体接触

7.1.4　理想金属半导体接触的特性

本小节要完成的**任务①**如下：**求出阻挡层金属半导体接触的电场、电势分布。**

可以用与处理 pn 结类似的办法确定金属半导体接触的特性（以 $W_{m} > W_{s}$ 的金属与 n 型半导体接触为例）。首先利用泊松方程写出

$$\frac{\mathrm{d}E}{\mathrm{d}x} = \frac{\rho(x)}{\varepsilon_{s}} \tag{7.10}$$

金属半导体接触在 $W_{m} > W_{s}$ 时的电荷密度分布如图 7.9(a)所示，电场和电势随位置的变化如图 7.9(b)和图 7.9(c)所示。

类似于第 5 章，这里用 $\rho(x)$ 表示电荷密度，假设所用的半导体是均匀掺杂的，则有

$$E = \int \frac{eN_{D}}{\varepsilon_{s}} \mathrm{d}x = \frac{eN_{D}}{\varepsilon_{s}} x + C_{1} \tag{7.11}$$

在半导体空间电荷区的边界上，电场为零，即 $x = x_{n}$ 处的电场为零，由此确定 C_{1} 并代入式（7.11），得

$$E = -\frac{eN_D}{\varepsilon_s}(x_n - x) \tag{7.12}$$

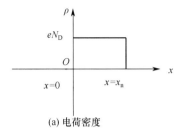

(a) 电荷密度

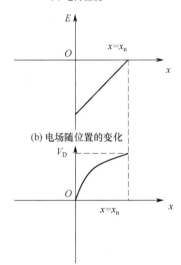

(b) 电场随位置的变化

(c) 电势随位置的变化

图 7.9　$W_m > W_s$ 的金属与 n 型半导体接触

$$\frac{\mathrm{d}V}{\mathrm{d}x} = -E \quad V = \int \frac{eN_D}{\varepsilon_s}(x_n - x)\mathrm{d}x \tag{7.13}$$

将 $x = 0$ 处的电势定义为零，确定积分常数，得到

$$V = -\frac{eN_D x^2}{2\varepsilon_s} + \frac{eN_D x_n x}{\varepsilon_s} \tag{7.14}$$

在式（7.14）中，令 $x = x_n$，则 $V = V_D$，有

$$V_D = \frac{eN_D x_n^2}{2\varepsilon_s} \tag{7.15}$$

从式（7.15）中解出 x_n，得到

$$x_n = \left(\frac{2\varepsilon_s V_D}{eN_D}\right)^{\frac{1}{2}} \tag{7.16}$$

当金属半导体接触外加反向偏压时，式（7.16）变为

$$W = x_n = \left[\frac{2\varepsilon_s(V_D + V_R)}{eN_D}\right]^{\frac{1}{2}} \tag{7.17}$$

利用与 pn 结求电容的相同方法，求出

$$C = eN_D \frac{dx_n}{dV_R} = \left[\frac{e\varepsilon_s N_D}{2(V_D + V_R)} \right]^{\frac{1}{2}} \tag{7.18}$$

【例 7.1】 室温 $T = 300K$ 下金属铬和 n 型硅半导体形成金属半导体接触，已知金属铬的功函数为 4.5eV，硅的电子亲和能为 4.03eV，n 型半导体的掺杂浓度为 $5 \times 10^{17} cm^{-3}$，求其势垒高度、内建电势差、空间电荷区宽度和最大电场强度。

解：按照已知的条件，结合前面对肖特基势垒的定义，可得

$$e\phi_{ns} = W_m - \chi = 4.5 - 4.03 = 0.47eV$$

根据图 7.3(b)，对 n 型半导体有

$$E_c - E_F = kT \ln\left(\frac{N_c}{N_D}\right) = 0.0259 \times \ln\left(\frac{2.8 \times 10^{19}}{5 \times 10^{17}}\right) \approx 0.1043eV$$

内建电势差为

$$V_D = 0.47 - 0.1043 = 0.3657V$$

空间电荷区宽度为

$$W = x_n = \left[\frac{2\varepsilon_s V_D}{eN_D}\right]^{\frac{1}{2}} = \left[\frac{2 \times 11.7 \times 8.85 \times 10^{-14} \times 0.3657}{1.6 \times 10^{-19} \times 5 \times 10^{17}}\right]^{\frac{1}{2}} \approx 0.307 \times 10^{-5} cm$$

最大电场强度为

$$E = -\frac{eN_D x_n}{\varepsilon_s} = -\frac{1.6 \times 10^{-19} \times 5 \times 10^{17} \times 0.307 \times 10^{-5}}{11.7 \times 8.85 \times 10^{-14}} \approx 2.384 \times 10^5 V/cm$$

7.1.5 金属半导体接触的电流-电压关系

当电子在两次散射之间的平均自由程远大于势垒宽度时，相当于电子在穿越势垒区时未发生碰撞，金属和 n 型半导体接触产生的电流，取决于电子能否超越势垒到达金属侧，或者金属中的电子能否超越势垒到达半导体侧。从这个角度看，计算金属半导体接触产生的电流归结为计算超越势垒的多子数目，这就是热电子发射理论。这里的热是指当电子跨过势垒顶向金属发射时，它们的能量比金属中的电子能量大，对应的等效温度高，因此认为其是热的。在热电子到达金属后，通过碰撞释放出多余的能量，达到与金属的平衡状态。

本小节的**任务①**如下：**定量推导出金属半导体阻挡层的电流-电压关系。**

热电子发射理论的前提是假设势垒高度大于 kT，在这一假设下，热平衡的载流子浓度分布不变，可视为常数。电流 $J_{s \to m}$ 表示从半导体向金属流动形成的电流密度，$J_{m \to s}$ 表示电子从金属向半导体流动产生的电流密度。本小节以金属半导体 n 型阻挡层为例进行推导。

先考虑电子从半导体向金属流动的情况。由第 2 章的式（2.34）和式（2.35）可知，在半导体体内由于 E_{Fi} 保持平直，因此 n_0 和 p_0 是不随位置变化的常数（E_{Fi0} 表示半导体体内不变的费米能级）

$$n_0 = n_i \exp\left[\frac{E_F - E_{Fi0}}{kT}\right]$$

$$p_0 = n_i \exp\left[-\frac{(E_F - E_{Fi0})}{kT}\right]$$

考虑到此时金属半导体接触形成 n 型阻挡层，所以在阻挡层中 E_{Fi} 从体内到表面向上弯曲，导致这一区域的载流子浓度满足

$$n = n_i \exp\left[\frac{E_F - E_{Fi}(x)}{kT}\right] \tag{7.19}$$

$$p = n_i \exp\left[-\frac{(E_F - E_{Fi}(x))}{kT}\right] \tag{7.20}$$

注意，在式（7.19）和式（7.20）中，由于 E_{Fi} 弯曲，因此电子浓度和空穴浓度随着位置的变化而变化。由于

$$E_{Fi}(x) = E_{Fi0} - eV_s(x) \tag{7.21}$$

式中，$V_s(x)$ 是在 n 型阻挡层中逐点变化的电势。将式（7.21）代入式（7.19）式（7.20），得

$$n(x) = n_i \exp\left[\frac{E_F - E_{Fi0} + eV_s(x)}{kT}\right] = n_0 \exp\left[\frac{eV_s(x)}{kT}\right] \tag{7.22}$$

$$p(x) = n_i \exp\left[\frac{(E_{Fi0} - E_F) - eV_s(x)}{kT}\right] = p_0 \exp\left[\frac{-eV_s(x)}{kT}\right] \tag{7.23}$$

在半导体与金属接触的表面，有

$$n_s = n_0 \exp\left[\frac{eV_s}{kT}\right] \tag{7.24}$$

$$p_s = p_0 \exp\left[-\frac{eV_s}{kT}\right] \tag{7.25}$$

若将半导体内部取为电势零点，则 $V_s = -V_{ms}$，有

$$n_s = n_0 \exp\left[\frac{-eV_{ms}}{kT}\right] = N_c \exp\left[\frac{-e(E_c - E_F)}{kT}\right] \exp\left[\frac{-eV_{ms}}{kT}\right] = N_c \exp\left[\frac{-e\phi_{ns}}{kT}\right] \tag{7.26}$$

式中，最后一个等号右侧的变换利用了式（7.6）。

对于外加电压后的金属半导体接触，式（7.26）仍然成立，只需将 ϕ_{ns} 替换为 $\phi_{ns} - V$

$$n_s = N_c \exp\left[\frac{-e(\phi_{ns} - V)}{kT}\right] \tag{7.27}$$

只有能量在 $e(\phi_{ns} - V)$ 之上的电子才能进入金属，根据气体动力学，单位时间穿过单位面积从半导体进入金属的电子数目为 $\dfrac{n_s v_{th}}{4}$，其中 $v_{th} = \sqrt{\dfrac{8kT}{\pi m^*}}$ 表示热电子平均热运动速度，则有

$$J_{s \to m} = \frac{eN_c v_{th}}{4} \exp\left[\frac{-e(\phi_{ns} - V)}{kT}\right] \tag{7.28}$$

相应地，电子从金属向半导体运动时，由于面临的势垒是固定的 ϕ_{ns}，它不随外加偏压而变化，因此有

$$J_{m \to s} = \frac{eN_c v_{th}}{4} \exp\left[\frac{-e\phi_{ns}}{kT}\right] \tag{7.29}$$

总电流密度为

$$J = J_{s \to m} + J_{m \to s} = \frac{e N_c v_{th}}{4} \exp\left(-\frac{e\phi_{ns}}{kT}\right)\left[\exp\left(\frac{eV}{kT}\right) - 1\right] = J_{ST}\left[\exp\left(\frac{eV}{kT}\right) - 1\right] \qquad (7.30)$$

$$J_{ST} = A^* T^2 \exp\left(-\frac{e\phi_{ns}}{kT}\right) \qquad (7.31)$$

式（7.31）中的 A^* 称为**有效理查德常数**，$A^* = \dfrac{4\pi k^2 e m^*}{h^3}$。

7.1.6　镜像力的影响

在金属和半导体接触中存在一种镜像电荷，当半导体中的电子向金属运动时，会在金属侧产生一个镜像正电荷，如图 7.10(a)所示。这两个电荷之间存在库仑作用力

$$f_{im} = \frac{-e^2}{4\pi\varepsilon_s (2x)^2} = -eE \qquad (7.32)$$

相应地，这会产生镜像势，它对应于电子在库仑力作用下产生的电子电势能，即

$$U_{im} = \int_x^\infty f_{im}\,\mathrm{d}x = \frac{-e^2}{16\pi\varepsilon_s x} \qquad (7.33)$$

存在镜像力后，半导体侧的能带应该再叠加上式（7.33）对应的镜像势，由式（7.33）可以看出其为负值。由图 7.10(b)可以看出，叠加上镜像势后，半导体侧的阻挡层势垒降低，使得半导体侧向金属运动的电流在有镜像电荷后增加。

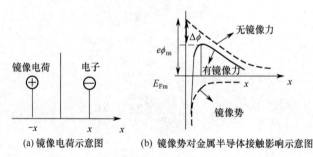

(a) 镜像电荷示意图　　　　(b) 镜像势对金属半导体接触影响示意图

图 7.10　镜像电荷对金属半导体接触的影响

7.1.7　肖特基势垒二极管和 pn 结二极管的比较

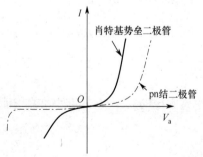

图 7.11　肖特基二极管和 pn 结二极管的
电流-电压特性曲线的比较

由金属和半导体整流接触形成的二极管称为**肖特基势垒二极管**。由式（7.30）可以看出，肖特基势垒二极管的电流-电压关系与 pn 结二极管的非常类似，但肖特基势垒二极管与 pn 结二极管还是有区别的。本小节的**任务①如下：分析肖特基势垒二极管和 pn 结二极管的不同。**

由图 7.11 可以看出，肖特基势垒二极管正向时电流随电压增加得比 pn 结二极管的快，导通电压低，同时反向电流也比 pn 结二极管的大，还存在反向电流随反向电压的增大的不饱和现象。

二者最主要的区别有两点。第一，pn 结二极管中的

正向电流是由从 n 区扩散到 p 区的电子和从 p 区扩散到 n 区的空穴形成的，它们在边界处先形成积累，以少子的身份受浓度梯度的驱使而扩散形成电流。这种载流子的积累导致电荷存储效应，使 pn 结二极管只能在低频下使用。而肖特基势垒二极管是多子器件，是以 n 型半导体的多子电子跃迁过势垒进入金属变成漂移电流而流动形成的，因此肖特基势垒二极管比 pn 结二极管具有更好的高频特性。第二，对于相同的势垒高度，肖特基势垒二极管的 J_{ST} 比 pn 结二极管的 J_S 大得多，硅肖特基势垒二极管的 J_{ST} 是硅 pn 结二极管的 J_S 的 $10^3 \sim 10^8$ 倍。也就是说，对于同样的使用电流，肖特基势垒二极管具有较低的正向导通电压。pn 结二极管的正向导通电压约为 0.7V，肖特基势垒二极管的正向导通电压约为 0.3V。肖特基势垒二极管更适合低电压大电流整流的应用。

二者的导通电压之所以相差较大，是因为按照肖特基势垒二极管的热电子发射理论，外加正向偏压后能量高过势垒的电子就会流动形成电流；对于 pn 结二极管，其电流是梯度依赖的扩散电流，所以 0.3V 的正向偏压可满足 n 区电子浓度的要求，但其除以扩散长度后，浓度梯度达不到要求，只能要求 0.6V 的开启电压。

【例 7.2】　室温 $T = 300$K 下由金属钨和半导体硅形成的肖特基势垒二极管，其肖特基势垒为 0.52eV，有效理查德常数为 114A/（K^2·cm^2）。计算肖特基势垒二极管的反向饱和电流密度，并与第 5 章中例 5.9 中 pn 结的反向饱和电流密度相比较；要产生 5A/cm^2 的正偏电流密度，对肖特基势垒二极管和 pn 结二极管各自需要加的电压分别是多少？

解：肖特基势垒二极管的反向饱和电流密度的公式为

$$J_{ST} = A^* T^2 \exp\left(-\frac{e\phi_{ns}}{kT}\right)$$

代入数值后得到

$$J_{ST} = 114 \times 300^2 \exp\left(-\frac{0.52}{0.0259}\right) \approx 0.0196 \text{A/cm}^2$$

例 5.9 中计算得到的反向饱和电流密度为 3.94×10^{-11} A/cm^2。

要产生 5A/cm^2 的正向电流密度，根据公式

$$J = J_{ST}\left[\exp\left(\frac{eV_a}{kT}\right) - 1\right]$$

变换后得（变换时略去 -1 这一项）

$$V_a = \frac{kT}{e} \ln\left(\frac{J}{J_{ST}}\right) = 0.0259 \ln\left(\frac{5}{0.0196}\right) \approx 0.1435 \text{V}$$

类似地，对 pn 结二极管有

$$V_a = \frac{kT}{e} \ln\left(\frac{J}{J_S}\right) = 0.0259 \ln\left(\frac{5}{3.94 \times 10^{-11}}\right) \approx 0.6622 \text{V}$$

由上面的计算结果可以看出，由于肖特基势垒二极管的反向饱和电流密度比 pn 结二极管的反向饱和电流密度大几个数量级，要产生同样的正偏电流，肖特基势垒二极管上所加的电压比 pn 结二极管上的电压小得多。至此，本小节的**任务①**完成。

7.1.8 欧姆接触

对于金属和半导体形成的接触，不仅需要整流接触，当任何半导体器件向外引出连线时，还需要欧姆接触。与外加偏压的正负无关且始终保持低阻抗的金属半导体接触就是欧姆接触，欧姆特性示意图如图 7.12 所示。半导体器件在和外部电路相连时，必须采用欧姆接触，任何半导体器件都需要欧姆接触。也可以说，欧姆接触是对半导体器件电阻而言接触电阻可以忽略的金半接触。

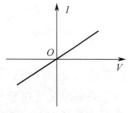

图 7.12　欧姆特性示意图

实际中有两种形成欧姆接触的方法。第一种方法是实现低势垒，即理想金属半导体接触的反阻挡层。具体地说，$W_m < W_s$ 的金属与 n 型半导体的接触和 $W_m > W_s$ 的金属与 p 型半导体的接触可以形成欧姆接触，其在外加正向偏压和反向偏压下的行为如图 7.6 所示。但在实际中，由于存在表面态，因此很难通过金属材料的选择来获得反阻挡层从而实现欧姆接触。

第二种方法是对金属半导体接触中的半导体进行重掺杂。在单边突变结中，一侧半导体掺杂浓度的增大会导致势垒区宽度减小，在金属半导体接触中也有类似的规律。随着半导体掺杂浓度的不断增大，n 型阻挡层的势垒区（即能带弯曲的部分）变得非常薄，很容易发生隧道效应。电子可以在金属和半导体之间自由流动，电流正比于外加电压。此时，虽然势垒仍然存在，但由于重掺杂导致的隧道效应，势垒的存在并不影响电子的流动，与金属材料的选择也无关系。如图 7.13 所示，通过重掺杂可以将阻挡层变为欧姆接触。

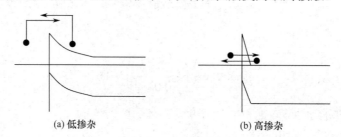

(a) 低掺杂　　　　　　　　　　(b) 高掺杂

图 7.13　金属 n 型半导体接触阻挡层重掺杂下欧姆接触的形成示意图

7.2　异质结

当结的两侧是不同的半导体材料时，这种结称为**异质结**。由于构成异质结的两种材料不同，两种材料的禁带宽度、折射率、介电常数、吸收系数等参数也就不同，因此不同的带隙提供了结的另一个设计自由度。本节只介绍异质结的基本概念、能带结构、电流-电压特性方程。

7.2.1　异质结的分类及其能带图

本小节要解决的问题①如下：**如何定性地画出不同异质结的能带图？**

异质结是由两种不同的半导体材料形成的，根据两种半导体的情况，可分为下面两类异质结。

1. 反型异质结

反型异质结是指由导电类型不同的半导体材料构成的异质结。反型异质结的一侧是一种材料的 n 型半导体，另一侧是另一种材料的 p 型半导体。例如，一种反型异质结由 p 型的 Ge 和 n 型的 GaAs 形成，可记为 p-NGe-GaAs 或（p）Ge-（N）GaAs。一般来说，对于异质结，对窄禁带的材料用小写字母 n 或 p 来表示其导电类型，而对宽禁带的材料用大写字母 N 或 P 来表示其导电类型，且习惯上将窄禁带的材料放在前面，将宽禁带的材料放在后面。因此，反型异质结有 pN 异质结和 nP 异质结两种。

2. 同型异质结

同型异质结（简称同质结）是指由导电类型相同的两种不同半导体材料构成的异质结。例如，由 n 型的 Ge 和 n 型的 GaAs 构成的结就是同型异质结，按照上面的规则，可将其表示为 n-NGe-GaAs 或（n）Ge-（N）GaAs。同样，对窄禁带的材料用小写字母 n 或 p 来表示其导电类型，对宽禁带的材料用大写字母 N 或 P 来表示其导电类型，窄禁带的材料放在前面，宽禁带的材料放在后面。同型异质结有 nN 异质结和 pP 异质结两种。

与同质结的定义类似，按照界面处异质结两侧的掺杂浓度的分布情况，可将异质结分为突变异质结和缓变异质结两种，下面主要讨论突变异质结。

与前面其他器件的讨论类似，器件的能带图对分析其工作特性具有重要作用，异质结也不例外。下面首先以一种具体的突变异质结为例来分析其在理想情况下的能带图。所谓理想情况，是指忽略两种半导体界面处存在的表面态的情况，此时异质结的能带图只取决于两种半导体材料的禁带宽度和掺杂浓度等因素。

以突变 pN 异质结为例来分析其形成结之前和之后的能带变化。图 7.14 所示为一种窄禁带的 p 型半导体和一种宽禁带的 n 型半导体各自独立时的能带图。假设这两种物质具有共同的真空能级 E_0，图中所有参量下标加 1 的表示窄禁带的 p 型半导体的参数，所有参量下标加 2 的表示宽禁带的 n 型半导体的参数。图 7.14 中标出了两种半导体的禁带宽度、功函数、电子亲和能、导带底、价带顶及共同的真空能级，还标出了两种半导体的费米能级的位置。由于两种材料的禁带宽度不同，因此 E_{c1} 和 E_{c2} 之间有能量差，用 ΔE_c 表示；类似地，用 ΔE_v 表示两种材料价带顶的差值。

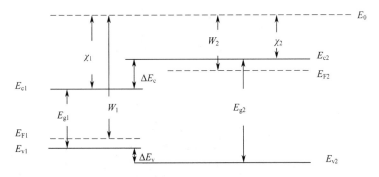

图 7.14　突变 pN 异质结形成前独立 p 型和 n 型的能带图

图 7.15 所示为形成的异质结达到平衡状态后突变 pN 异质结的能带图。独立时 n 型半导体的费米能级较 p 型半导体的费米能级高，接触形成后，电子从 n 区向 p 区扩散，空穴从 p

区向 n 区扩散，直至两侧的费米能级持平，此时达到异质结的平衡状态，具有统一的费米能级。伴随着电子从 n 区向 p 区流动，空穴从 p 区向 n 区流动，与同质结的讨论类似，n 区内剩下带正电的电离施主，p 区内剩下带负电的电离受主，形成空间电荷区。空间电荷区内正电荷的总量与负电荷的总量相等，产生电场，称为**内建电场**。内建电场的存在会阻止电子继续从 n 区向 p 区转移，也会阻止 p 区空穴继续从 p 区向 n 区转移，达到突变 pN 异质结的平衡状态。如图 7.15 所示，和 pn 结相同的是，异质结的能带也在空间电荷区发生弯曲，其中 p 区的能带向下弯，n 区的能带向上弯，由于两侧半导体的材料种类不同，因此禁带宽度不同，出现了图 7.15 所示的能带弯曲的不连续。

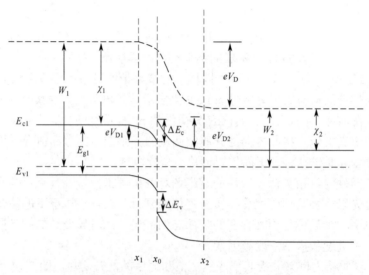

图 7.15　突变 pN 异质结形成后的能带图

另一种突变 nP 异质结的能带图如图 7.16 所示。按照前面的惯例，将禁带宽度小的 n 型半导体的能带图放在左边。

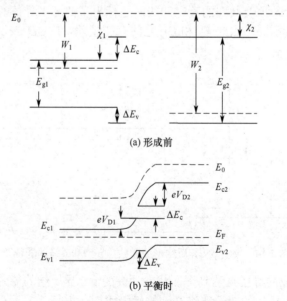

(a) 形成前

(b) 平衡时

图 7.16　突变 nP 异质结的能带图

突变 nP 异质结的情况与突变 pN 异质结的类似，电子从 n 区向 p 区扩散，空穴从 p 区向 n 区扩散，伴随着扩散的进行，n 区局部带正电，p 区局部带负电，产生空间电荷区和内建电场，内建电场的出现阻止电子进一步向 p 区扩散、空穴进一步向 n 区扩散，直至达到载流子扩散运动和漂移运动之间的动态平衡。

下面以突变 nN 异质结为例来讨论突变同型异质结的一些特征。图 7.17(a)所示为形成异质结前，窄禁带和宽禁带 n 型半导体各自独立的能带图。可以看出，宽禁带 n 型半导体的费米能级比窄禁带 n 型半导体的费米能级高，一旦形成接触，电子将从宽禁带 n 型半导体向窄禁带 n 型半导体流动。宽禁带 n 型半导体一侧形成耗尽区带正电，窄禁带 n 型半导体一侧形成电子积累区带负电。不同于反型异质结，在同型异质结中，只有一侧是载流子的耗尽区，另一侧必定为载流子的积累区。电场方向从右向左，因此沿着电场的方向电势能增大，宽禁带 n 型半导体能带向上弯，窄禁带 n 型半导体能带向下弯。与反型异质结相比，在同型异质结中，由于独立时窄禁带 n 型半导体的费米能级和宽禁带 n 型半导体的费米能级相差较小，因此 nN 同型异质结的内建电势差较小，能带弯曲量也较小。图 7.18 所示为 pP 同型异质结的平衡能带图。至此，本小节的问题①得以解决。

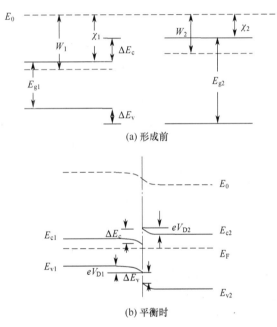

(a) 形成前

(b) 平衡时

图 7.17　突变 nN 异质结的能带图

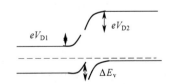

图 7.18　pP 同型异质结的平衡能带图

以上是不考虑半导体表面态时的异质结能带图分析，实际中不同半导体材料的晶格常数不同，导致异质结界面附近存在大量的悬挂键，对应在界面的能带中产生大量的表面态，类似于金属半导体接触中表面态的讨论，当表面态浓度很高时，其能带弯曲情况主要受表面态的影响，而与形成异质结两侧半导体的费米能级关系不大。实际中，为了减小表面态的影响，选择由晶格常数接近的材料构成异质结。最理想的异质结是由具有相同晶格常数和不同禁带宽度的材料构成的。

7.2.2　突变反型异质结的静电特性

本小节要完成的**任务**是得出突变反型异质结的如下物理量：①**电场强度**；②**电势**；③**内建电势差**；④**势垒区宽度**。

由于两种材料的介电常数不同，因此依据泊松方程计算得到的内建电场的电场强度在交界面处是不连续的。电场的存在导致空间电荷区内的电势随位置的不同而变化，各点均有附加电势能，能带发生弯曲。由于两种材料的禁带宽度不同，因此能带的弯曲也不连续。p 区的能带向下弯，n 区的能带向上弯，界面处则出现导带底的突变和价带顶的突变。这个突变与异质结形成前的 p 型半导体和 n 型半导体两个导带底与价带顶的突变是一致的，因此有

$$\Delta E_c = \chi_1 - \chi_2 \tag{7.34}$$

$$\Delta E_v = (E_{g2} - E_{g1}) - (\chi_1 - \chi_2) \tag{7.35}$$

得到

$$\Delta E_v + \Delta E_c = (E_{g2} - E_{g1}) \tag{7.36}$$

异质结能带的总弯曲量是 p 型半导体一侧的能带弯曲量与 n 型半导体一侧的能带弯曲量之和，即这两种材料的功函数之差

$$eV_D = eV_{D1} + eV_{D2} \tag{7.37}$$

$$eV_D = W_1 - W_2 \tag{7.38}$$

与同质结的讨论类似，可以得到 pN 突变异质结的电势和势垒区宽度的公式。由于平衡时 pN 突变异质结的正、负电荷数量相等，因此有

$$eN_{A1}(x_0 - x_1) = eN_{D2}(x_2 - x_0) = Q \tag{7.39}$$

变形后得

$$\frac{x_0 - x_1}{x_2 - x_0} = \frac{N_{D2}}{N_{A1}} \tag{7.40}$$

式中，N_{A1} 是窄禁带的 p 型半导体的净受主杂质浓度，N_{D2} 是宽禁带的 n 型半导体的净施主杂质浓度。式（7.40）表明，pN 突变异质结的空间电荷区的宽度与其掺杂浓度成反比。如果一侧的掺杂浓度远大于另一侧，则称其为**单边突变 pN 异质结**。单边突变 pN 异质结的空间电荷区主要分布在低掺杂浓度一侧。

与同质结的讨论类似，分别求解异质结两侧的泊松方程

$$\frac{d^2 V_1(x)}{dx^2} = -\frac{eN_{A1}}{\varepsilon_1}, \quad x_1 < x < x_0 \tag{7.41}$$

$$\frac{d^2 V_2(x)}{dx^2} = \frac{eN_{D2}}{\varepsilon_2}, \quad x_0 < x < x_2 \tag{7.42}$$

式中，ε_1 是 p 型半导体的介电常数，ε_2 是 n 型半导体的介电常数。一次积分后，得

$$\frac{dV_1(x)}{dx} = -\frac{eN_{A1}x}{\varepsilon_1} + C_1, \quad x_1 < x < x_0 \tag{7.43}$$

$$\frac{\mathrm{d}V_2(x)}{\mathrm{d}x} = \frac{eN_{D2}x}{\varepsilon_2} + C_2, \quad x_0 < x < x_2 \tag{7.44}$$

其中 C_1 和 C_2 是积分常数，由边界条件决定。由于空间电荷区边界位置的电场为零，因此有

$$E(x_1) = -\frac{eN_{A1}x_1}{\varepsilon_1} + C_1 = 0 \rightarrow C_1 = \frac{eN_{A1}x_1}{\varepsilon_1} \tag{7.45}$$

$$E(x_2) = \frac{eN_{D2}x_2}{\varepsilon_2} + C_2 = 0 \rightarrow C_2 = -\frac{eN_{D2}x_2}{\varepsilon_2} \tag{7.46}$$

将 C_1 和 C_2 代入式（7.43）和式（7.44）得

$$E_1(x) = \frac{eN_{A1}(x_1 - x)}{\varepsilon_1}, \quad x_1 < x < x_0 \tag{7.47}$$

$$E_2(x) = \frac{eN_{D2}(x - x_2)}{\varepsilon_2}, \quad x_0 < x < x_2 \tag{7.48}$$

此时，异质结交界面处的电场不连续，但其电位移连续，满足 $\varepsilon_1 E_1(0) = \varepsilon_2 E_2(0)$

$$V_1(x) = -\int E(x)\mathrm{d}x = \int \frac{eN_{A1}(x - x_1)}{\varepsilon_1}\mathrm{d}x, \quad x_1 < x < x_0 \tag{7.49}$$

$$V_2(x) = -\int E(x)\mathrm{d}x = \int \frac{eN_{D2}(x_2 - x)}{\varepsilon_2}\mathrm{d}x, \quad x_0 < x < x_2 \tag{7.50}$$

对式（7.49）和式（7.50）进行运算，得到

$$V_1(x) = \frac{eN_{A1}x^2}{2\varepsilon_1} - \frac{eN_{A1}x_1 x}{\varepsilon_1} + C_1', \quad x_1 < x < x_0 \tag{7.51}$$

$$V_2(x) = -\frac{eN_{D2}x^2}{2\varepsilon_2} + \frac{eN_{D2}x_2 x}{\varepsilon_2} + C_2', \quad x_0 < x < x_2 \tag{7.52}$$

令电势最小处（即 $x = x_1$ 处）的电势为零，$V_1(x = x_1) = 0$，有

$$V_1(x = x_1) = \frac{eN_{A1}x_1^2}{2\varepsilon_1} - \frac{eN_{A1}x_1^2}{\varepsilon_1} + C_1' = 0 \rightarrow C_1' = \frac{eN_{A1}x_1^2}{2\varepsilon_1} \tag{7.53}$$

将 C_1' 代入式（7.51）得

$$V_1 = \frac{eN_{A1}}{2\varepsilon_1}(x - x_1)^2 \tag{7.54}$$

在式（7.54）中，令 $x = x_0$，得到 p 区一侧电势差的表达式为

$$V_{D1} = \frac{eN_{A1}}{2\varepsilon_1}(x_0 - x_1)^2 \tag{7.55}$$

异质结的总内建电势差为

$$V_D = V_2(x_2) - V_1(x_1) \tag{7.56}$$

在 $x = x_0$ 处，电势是连续的，$V_1(x_0) = V_2(x_0)$，因此有

$$V_D = V_2(x_2) - V_1(x_1) = V_2(x_2) - V_2(x_0) + V_1(x_0) - V_1(x_1) = V_{D1} + V_{D2} \tag{7.57}$$

根据 $x = x_2$ 处的电势为 V_D，确定 C_2'

$$V_2(x = x_2) = -\frac{eN_{D2}x_2^2}{2\varepsilon_2} + \frac{eN_{D2}x_2^2}{\varepsilon_2} + C_2' = V_D \rightarrow C_2' = V_D - \frac{eN_{D2}x_2^2}{2\varepsilon_2} \tag{7.58}$$

将 C_2' 代入式（7.52）得

$$V_2(x) = V_D - \frac{eN_{D2}(x_2 - x)^2}{2\varepsilon_2} \tag{7.59}$$

根据式（7.54）和式（7.59）在 $x = x_0$ 处电势连续的条件，得到

$$\frac{eN_{A1}}{2\varepsilon_1}(x_0 - x_1)^2 = V_D - \frac{eN_{D2}(x_2 - x_0)^2}{2\varepsilon_2} \tag{7.60}$$

$$\frac{eN_{A1}}{2\varepsilon_1}(x_0 - x_1)^2 + \frac{eN_{D2}(x_2 - x_0)^2}{2\varepsilon_2} = V_D \tag{7.61}$$

结合式（7.55）和式（7.57）有

$$V_{D2} = \frac{eN_{D2}}{2\varepsilon_2}(x_2 - x_0)^2 \tag{7.62}$$

由式（7.55）及式（7.62）并利用式（7.40）得

$$\frac{V_{D1}}{V_{D2}} = \frac{\varepsilon_2}{\varepsilon_1}\frac{N_{A1}}{N_{D2}}\frac{(x_0 - x_1)^2}{(x_2 - x_0)^2} = \frac{\varepsilon_2}{\varepsilon_1}\frac{N_{D2}}{N_{A1}} \tag{7.63}$$

由 $V_D = V_{D1} + V_{D2}$，结合式（7.63）得

$$V_{D1} = \frac{\varepsilon_2 N_{D2} V_D}{\varepsilon_2 N_{D2} + \varepsilon_1 N_{A1}} \tag{7.64}$$

$$V_{D2} = \frac{\varepsilon_1 N_{A1} V_D}{\varepsilon_2 N_{D2} + \varepsilon_1 N_{A1}} \tag{7.65}$$

将式（7.64）及式（7.65）代入式（7.54）及式（7.62）得

$$x_0 - x_1 = \left[\frac{2\varepsilon_1\varepsilon_2 N_{D2} V_D}{eN_{A1}\left(\varepsilon_2 N_{D2} + \varepsilon_1 N_{A1}\right)}\right]^{\frac{1}{2}} \tag{7.66}$$

$$x_2 - x_0 = \left[\frac{2\varepsilon_1\varepsilon_2 N_{A1} V_D}{eN_{D2}\left(\varepsilon_2 N_{D2} + \varepsilon_1 N_{A1}\right)}\right]^{\frac{1}{2}} \tag{7.67}$$

总势垒区的宽度为

$$W = (x_0 - x_1) + (x_2 - x_0) = \left[\frac{2\varepsilon_1\varepsilon_2\left(N_{A1} + N_{D2}\right)^2 V_D}{eN_{D2}N_{A1}\left(\varepsilon_2 N_{D2} + \varepsilon_1 N_{A1}\right)}\right]^{\frac{1}{2}} \tag{7.68}$$

上面对突变 pN 异质结适用的内建电势差和空间电荷区宽度等公式也可推广到突变 nP 异质结，只需在上述公式中将标为 1 的材料改为窄禁带 n 型半导体的相关参数，将标为 2 的材料改为宽禁带的 p 型半导体的相关参数。以上公式适用于平衡状态下的异质结，当异质结外加电压时，只需将上述公式中出现的 V_D，V_{D1} 和 V_{D2} 分别用 $V_D - V$，$V_{D1} - V_1$ 和 $V_{D2} - V_2$ 代替，其中 V 是外加电压，V_1 是外加电压分配到 p 区一侧的电压降，V_2 是外加电压分配到 n 区一侧的电压降，且满足关系 $V = V_1 + V_2$。至此，本小节的所有**任务**完成。

7.3　异质结的电流-电压特性

与同质结类似，异质结的电流-电压特性对异质结的理论研究和实验研究都有重要作用。

然而，由于交界面附近存在能带的不连续，导致分析异质结的电流-电压特性较为复杂，只能根据不同能带图中交界面附近的情况提出各自的电流输运模型。

下面简单介绍几种模型。

7.3.1 突变反型异质结中的电流输运模型

根据异质结中界面附近可能出现的两种势垒情况，异质结的势垒分为负峰势垒和正峰势垒，如图 7.19(a)和图 7.19(b)所示。

1. 负峰势垒突变 pN 异质结的电流-电压特性

对图 7.19(a)所示的情况，禁带宽度较大的半导体的势垒峰位置低于禁带宽度较小的半导体的导带底，为负峰势垒。异质结的电流主要由扩散机制决定。扩散模型是指在异质结中通过载流子扩散运动来产生电流的模型。在前面讨论同质结的电流-电压特性时，利用的就是这种理论。此时，空穴从 p 区向 n 区运动的势垒为 $eV_D + \Delta E_v$，它比电子从 n 区向 p 区运动的势垒 $eV_D - \Delta E_c$ 大，因此，电子电流的数值要大于空穴电流的数值。与同质结的讨论类似，有

$$n_{10} = n_{20} \exp\left[-\frac{\left(eV_D - \Delta E_c\right)}{kT} \right] \tag{7.69}$$

式中，下标为 1 的参数表示左边的材料即窄禁带 p 型半导体的参数，下标为 2 的参数表示右边材料即宽禁带 n 型半导体的参数，n_{10}, n_{20} 分别表示材料 1 和材料 2 在平衡状态下的电子浓度，当异质结两端加正向偏压 V_A 时，$x = x_1$ 处的电子浓度为

$$n_1(x_1) = n_{20} \exp\left[-\frac{\left(eV_D - \Delta E_c - eV_A\right)}{kT} \right] \tag{7.70}$$

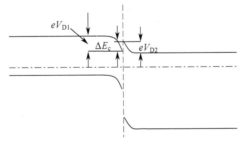

(a) 负峰势垒突变pN异质结的平衡能带图

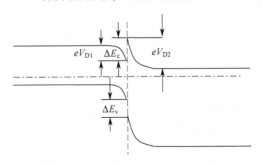

(b) 正峰势垒突变pN异质结的平衡能带图

图 7.19 负峰势垒和正峰势垒的异质结能带图

与同质结中的计算类似，求解只包含扩散和复合两项的连续性方程，并利用式（6.58）和式（7.70）作为边界条件确定方程的解中的常数，得到

$$J_\mathrm{n} = \frac{eD_\mathrm{n1}n_{20}}{L_\mathrm{n1}} \exp\left[-\frac{(eV_\mathrm{D} - \Delta E_\mathrm{c})}{kT}\right]\left[\exp\left(\frac{eV_\mathrm{A}}{kT}\right) - 1\right] \tag{7.71}$$

类似地，两侧空穴浓度的关系为

$$p_{20} = p_{10} \exp\left[-\frac{(eV_\mathrm{D} + \Delta E_\mathrm{v})}{kT}\right] \tag{7.72}$$

式中，p_{10}，p_{20} 分别表示材料 1 和材料 2 在平衡状态下的空穴浓度。

当异质结两端加正向偏压 V_a 时，空穴电流为

$$J_\mathrm{p} = \frac{eD_\mathrm{p2}p_{10}}{L_\mathrm{p1}} \exp\left[-\frac{(eV_\mathrm{D} + \Delta E_\mathrm{v})}{kT}\right]\left[\exp\left(\frac{eV_\mathrm{A}}{kT}\right) - 1\right] \tag{7.73}$$

如前所述，由于产生空穴电流需要克服的势垒比产生电子电流需要克服的势垒大得多，因此空穴电流远小于电子电流，有

$$J_\mathrm{n} \propto \exp\left(\frac{\Delta E_\mathrm{c}}{kT}\right), \quad J_\mathrm{p} \propto \exp\left(-\frac{\Delta E_\mathrm{v}}{kT}\right)$$

这是由异质结能带的少子注入不对称导致的。由于异质结中两种材料的不同禁带宽度产生了 ΔE_c，与同质结相比，n 区电子面临的势垒由 eV_D 降为 $eV_\mathrm{D} - \Delta E_\mathrm{c}$，p 区空穴面临的势垒则由 eV_D 升至 $eV_\mathrm{D} + \Delta E_\mathrm{v}$。于是，总电流近似等于电子电流，有

$$J \approx J_\mathrm{n} = \frac{eD_\mathrm{n}n_{20}}{L_\mathrm{n}} \exp\left[-\frac{(eV_\mathrm{D} - \Delta E_\mathrm{c})}{kT}\right]\left[\exp\left(\frac{eV_\mathrm{A}}{kT}\right) - 1\right] \tag{7.74}$$

在实际中，一般满足 $eV_\mathrm{A} \gg kT$，式（7.74）近似为

$$J = \frac{eD_\mathrm{n}n_{20}}{L_\mathrm{n}} \exp\left[-\frac{(eV_\mathrm{D} - \Delta E_\mathrm{c})}{kT}\right]\exp\left(\frac{eV_\mathrm{A}}{kT}\right) \tag{7.75}$$

因此，与同质结类似，负峰势垒突变 pN 异质结的正向电流随正向偏压的增大而按指数增大。

加反向偏压时，一般来说也满足 $e|V_\mathrm{R}| \gg kT$，式（7.74）近似为

$$J = -\frac{eD_\mathrm{n}n_{20}}{L_\mathrm{n}} \exp\left[-\frac{(eV_\mathrm{D} - \Delta E_\mathrm{c})}{kT}\right] \tag{7.76}$$

式（7.76）表明，反向偏压下的电流方向与正向偏压下的电流方向相反，且反向电流与外加电压无关，是一个恒定值。因此，突变反型异质结中的负反向势垒的电流-电压关系与同质结的类似，即正向偏压下，正向电流随正向电压的增大而增大，反向偏压时，反向电流与反向偏压无关，保持一个恒定值。

2. 正峰势垒突变 pN 异质结的电流-电压特性

在异质结交界面处，当禁带宽度大的 n 型半导体的势垒峰高于势垒区外的禁带宽度小的 p 型半导体的导带底时，称其为**正峰势垒**，如图 7.19(b)所示。由图 7.19(b)可以看出，产生空穴电流所要克服的势垒远大于产生电子电流所要克服的势垒，因此忽略空穴电流，只考虑电子电流。由扩散模型可知，未加偏压时，从材料 1 扩散到材料 2 中的电子数与从材料 2 扩散到材料 1 中的电子数相等，即有

$$n_2 \exp\left(-\frac{eV_{D2}}{kT}\right) = n_1 \exp\left(-\frac{(\Delta E_c - eV_{D1})}{kT}\right) \tag{7.77}$$

当异质结外加偏压 V_A 时，材料 2 中的电子要克服势垒高度 $eV_{D2} - V_2$ 才能到达材料 1，形成扩散电流。与前面的计算类似，得到

$$J_1 = \frac{eD_n n_{20}}{L_n} \exp\left[-\frac{eV_{D2}}{kT}\right]\left[\exp\left(\frac{eV_2}{kT}\right) - 1\right] \tag{7.78}$$

当异质结外加偏压 V_A 时，对材料 1 向材料 2 中扩散的电子，要克服的势垒高度变成 $\Delta E_c - eV_{D1} + eV_1$，扩散电流的结果为

$$J_2 = -\frac{en_1 D_n}{L_n} \exp\left[-\frac{(\Delta E_c - eV_{D1})}{kT}\right]\left[\exp\left(-\frac{eV_1}{kT}\right) - 1\right] \tag{7.79}$$

利用式（7.77），化简得到通过异质结的总电流密度为

$$J = J_1 + J_2 = -\frac{en_2 D_n}{L_n} \exp\left[-\frac{eV_{D2}}{kT}\right]\left[\exp\left(\frac{eV_2}{kT}\right) - \exp\left(-\frac{eV_1}{kT}\right)\right] \tag{7.80}$$

式中，V_1 和 V_2 分别为外加偏压 V_A 时在材料 1 和材料 2 上的压降。

7.3.2　突变同型异质结中的电流输运模型

下面仍然以图 7.17 中的突变 nN 异质结为例来说明其电流输运模型。因为在同型异质结中，结两侧材料的载流子浓度相差较小，所以同质异质结的内建电场比反型异质结的要小得多，这限制了对同型异质结所能施加的电压范围。在同型异质结中，由于左侧的材料 1 是电子积累层，右侧的材料 2 才是耗尽层，因此有 $V_1 \ll V_2$，前面适用于反型异质结的式（7.80）简化为

$$J = J_1 + J_2 = -\frac{en_{20} D_n}{L_n} \exp\left[-\frac{eV_{D2}}{kT}\right]\left[\exp\left(\frac{eV_2}{kT}\right) - 1\right] \tag{7.81}$$

7.3.3　异质结的注入比特性

1. 异质结的注入比特性及应用

前述异质结两侧材料的禁带宽度差导致 ΔE_c 与 ΔE_v 出现，使得两侧的载流子扩散时面临势垒不对称，影响其注入比。注入比是指在 pn 结中流过的总电流中电子电流和空穴电流的比值，即

$$\frac{J_n}{J_p} = \frac{D_{n1} n_{20} L_{p2}}{D_{p2} p_{10} L_{n1}} \exp\left(\frac{\Delta E}{kT}\right) \tag{7.82}$$

式中，$\Delta E = \Delta E_c + \Delta E_v = E_{g1} - E_{g2}$。若异质结两侧的半导体均完全电离，则式（7.82）可写为

$$\frac{J_n}{J_p} = \frac{D_{n1} N_{D2} L_{p2}}{D_{p2} N_{A1} L_{n1}} \exp\left(\frac{\Delta E}{kT}\right) \tag{7.83}$$

根据式（7.83），在同质结中，由于两区少子的扩散系数和扩散长度的数值差异不大，为同一数量级，因此要提高注入比，只能依靠一侧重掺杂、一侧轻掺杂来实现。而在异质结中，

由于存在 $\exp\left(\dfrac{\Delta E}{kT}\right)$，其值远大于 1，因此可以在 $N_{D2} < N_{A1}$ 时，仍能使得注入比很大。

下面做简单的估算，忽略两区扩散系数和扩散长度的差异。假设 N_{D2} 比 N_{A1} 大两个数量级，对由材料 p-nGaAs-Al$_x$Ga$_{1-x}$As 构成的异质结，其 $\Delta E = 0.37\text{eV}$，利用式（7.83）进行计算，得到注入比高达

$$\frac{J_n}{J_p} = 10^{-2}\exp\left(\frac{0.37}{0.0259}\right) \approx 1.6 \times 10^4$$

异质结的这一特性可用在双极晶体管中制作异质结双极晶体管，以获得高的电流放大倍数。

2. 异质结的超注入现象及应用

超注入是指在异质结中由宽禁带半导体注入窄禁带半导体的少子浓度超过宽禁带半导体的多子浓度的现象。当对由宽禁带 n 型半导体和窄禁带 p 型半导体构成的异质结加较大的正向偏压时，会出现这种现象。如图 7.20 所示，当对这种异质结加较大的正偏电压时，n 区的能带相应地有较大的提升，n 区的电子向 p 区大量扩散，导致 p 区的电子准费米能级迅速提升，在正向大电流的稳态下，当 p 区的准费米能级与 n 区的费米能级（与 n 区的准费米能级接近，忽略二者的区别）持平时，由于存在 ΔE_c，E_{c2} 甚至高于 E_{c1}

$$n_1 = N_{c1}\exp\left(\frac{E_{Fn} - E_{c1}}{kT}\right) \tag{7.84}$$

$$n_2 = N_{c2}\exp\left(\frac{E_{Fn} - E_{c2}}{kT}\right) \tag{7.85}$$

$$\frac{n_1}{n_2} = \exp\left(\frac{E_{c2} - E_{c1}}{kT}\right) \tag{7.86}$$

很明显，比较式（7.84）与式（7.85）可以看出，宽禁带 n 区一侧的电子浓度低于窄禁带 p 区一侧的电子浓度，实现了超注入。实际中，N_{c1} 和 N_{c2} 的差别不大，可以近似地认为二者相等，因此满足式（7.86）。由于室温下 kT 很小，因此只需要 $E_{c2} - E_{c1}$ 为 $2kT$，n_1 为 n_2 的 e^2 倍。这种异质结的超注入现象在异质结激光器中有重要应用，可帮助其实现粒子数反转。

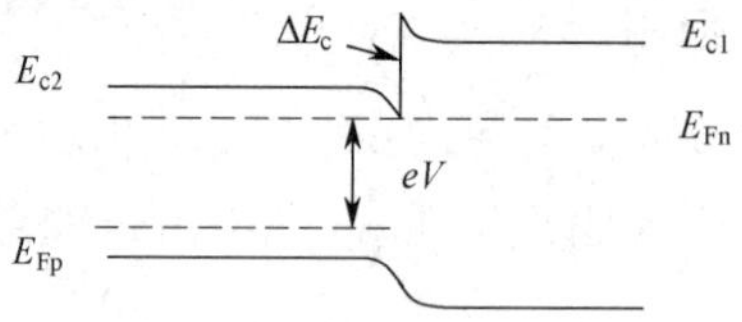

图 7.20 窄禁带 p 型半导体和宽禁带 n 型半导体在大正偏电压下的超注入示意图

习 题 7

01. 什么是金属的功函数？什么是半导体的功函数？半导体的功函数由哪些因素决定？

02. 画出金属和 n 型半导体接触及金属和 p 型半导体接触的 4 种情况的能带图，说明哪些情况是阻挡层，哪些情况是反阻挡层。

03. 什么是欧姆接触？实现欧姆接触的方法有哪些？

04. 已知一个 n 型半导体和金属形成一个理想金属半导体接触，金属的功函数为 4.8eV，半导体的电子亲和能为 4.03eV，$N_D = 2 \times 10^{15} \text{cm}^{-3}$，计算该接触的势垒高度、自建电势差及势垒区宽度。

05. 已知一个 n 型半导体硅的掺杂浓度为 $N_D = 1 \times 10^{16} \text{cm}^{-3}$，硅的电子亲和能为 4.03eV，当这种半导体分别与铝及金理想接触时，是形成阻挡层还是形成反阻挡层？请示意性地画出这两种情况下的能带图。

06. 一个肖特基二极管由 n 型半导体和金属的接触形成，已知内建电势差为 0.75V，半导体的掺杂浓度为 $N_D = 1 \times 10^{16} \text{cm}^{-3}$，当外加反向偏压为 10V 时，计算该接触的势垒区宽度和势垒电容。

07. 什么是异质结？什么是同型异质结？什么是反型异质结？

08. 证明式（7.47）、式（7.54）和式（7.63）。

第8章 双极晶体管

1947 年 12 月 23 日下午，在位于美国新泽西州的贝尔实验室的现代研究基地，肖克利、巴丁和布拉顿为上司展示了他们一周前用锗元素晶片、塑料楔形和金箔条组成的电子器件，该器件将电信号放大了约 100 倍。布拉顿为现场演示接通了电源，当他用开关使这个电路时通时断时，面对示波器屏幕中忽上忽下的亮点，人们发现当这个新器件被接入回路时，输入信号被放大了若干倍。贝尔实验室留存的档案中有这样的记录："布拉顿通过麦克风即席讲了几句话，当贝尔实验室主任鲍恩通过耳机听到布拉顿的声音时，脸上露出了一副异常惊讶的神情。"对贝尔实验室来说，这是一个神圣的时刻。这就是本章的主角即双极结型晶体管（Bipolar Junction Transistor，BJT）的诞生过程。双极结型晶体管是世界上第一种批量生产的晶体管，它的出现对电子工业产生了巨大的冲击力。比它晚十年的 MOS 场效应管因具有低功耗的特点被广泛使用，但双极晶体管因其高速、低噪声和高输出功率的优点，仍被用在部分高频及模拟电路中。

双极结型晶体管中的双极是指半导体中的两种载流子电子和空穴都参与晶体管工作；结型是指 pn 结面接触型是双极晶体管工作的基础。通常可将双极结型晶体管简称为**双极型晶体管**或**双极晶体管**。

8.1 双极晶体管的基本情况

本节要解决的问题如下：①双极结型晶体管的结构是什么样的？②定性解释双极结型晶体管放大的工作原理。

8.1.1 双极晶体管的结构

双极晶体管是一个三端口器件，是由三个相邻区域（三个区域的半导体掺杂情况不同）构成的半导体器件。常见的 NPN 晶体管由一个重掺杂的 n 型发射区、一个中间的基区和一个 n 型集电区构成，如图 8.1(a)所示，右侧所示为 NPN 晶体管的符号，箭头方向表示正常工作状态下电流的方向；另一种双极晶体管是 PNP 晶体管，它由一个重掺杂的 p 型发射区、一个中间的基区和一个 p 型集电区构成，如图 8.1(b)所示，右侧同样是 PNP 晶体管的符号。由于电子迁移率一般大于空穴迁移率，根据爱因斯坦关系，电子扩散系数大于空穴扩散系数，少子扩散在 BJT 中起主导作用，所以 NPN 晶体管比 PNP 晶体管的速度更快，应用更广泛，目前使用的大多数双极晶体管均是 NPN 型的。

下面的讨论均以 NPN 晶体管为例，对 PNP 晶体管的讨论可以类似地得出。

图 8.2(a)所示为集成电路工艺中采用的 NPN 晶体管的横截面图，衬底提供机械支撑作用，先在衬底上生长 N$^+$埋层，在 N$^+$埋层上生长出 N 型外延层，在 N 型外延层上先形成较大范围

的 p 型扩散区，再在 p 型扩散区进行高浓度 n 型扩散。金属电极通过开在二氧化硅上的窗口与各部分保持欧姆接触并引出电极。由于都采用扩散工艺进行杂质注入，因此 NPN 晶体管的杂质分布如图 8.2(b)所示，各区域不是均匀掺杂的。

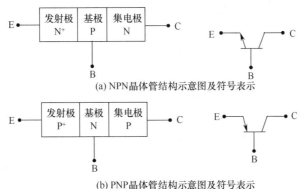

(a) NPN晶体管结构示意图及符号表示

(b) PNP晶体管结构示意图及符号表示

图 8.1　NPN 晶体管和 PNP 晶体管

对于双极晶体管，由于其存在三个区域，且相邻区域的半导体导电类型不同，因此其对应两个 pn 结，分别是发射极和基极之间形成的发射结，以及基极和集电极之间形成的集电结。由图 8.2(b)可以看出，这两个 pn 结并不是严格意义上的突变结，但在实际应用中可近似地认为发射结和集电结均为突变结。

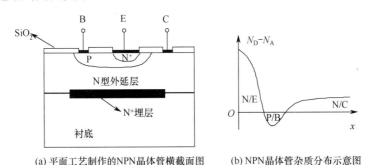

(a) 平面工艺制作的NPN晶体管横截面图　　　(b) NPN晶体管杂质分布示意图

图 8.2　NPN 晶体管的结构及杂质分布示意图

这两个 pn 结的不同偏压对应不同的偏置状态，因此决定了双极晶体管的不同运作方式。双极晶体管共有 4 种偏置状态，如表 8.1 所示。

表 8.1　双极晶体管的 4 种偏置状态

发射结偏置状态	集电结偏置状态	双极晶体管状态
正偏	正偏	饱和
正偏	反偏	放大
反偏	正偏	反向放大
反偏	反偏	截止

为形成输入/输出回路，双极晶体管的三个极中的一个是公用的。根据工作时哪个极为输入和输出电路公用，双极晶体管可连接成三种电路组态，分别为共基极、共发射极和共集电极。共基极工作组态是指基极作为输入回路和输出回路的公共点，类似地，共发射极、共集

电极以发射极、集电极作为公共点。图 8.3 所示为 NPN 晶体管在放大工作模式下的三种组态的示意图。

(a) 共基极　　　(b) 共发射极　　　(c) 共集电极

图 8.3　放大工作模式下 NPN 晶体管的三种工作组态

　　若 NPN 晶体管的三端都接地，则此时晶体管处于热平衡状态，那么其对应的电荷分布、电场分布和热平衡状态下的能带图如图 8.4 所示。由图 8.4(b)可以看出，对于三个区域的掺杂浓度，发射区的最高，集电区的最低，基区则介于两者之间。第 5 章中关于 pn 结在热平衡态下的所有讨论结果分别适用于这里的发射结和集电结。发射结的耗尽区宽度主要位于基区内，而集电结的耗尽区宽度主要位于集电区内。由于此时晶体管处于热平衡状态，因此图 8.4(d)所示具有统一的费米能级。至此，本小节的**问题①**得以解决。

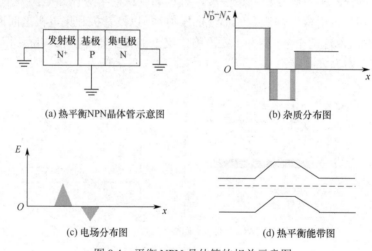

(a) 热平衡NPN晶体管示意图　　　　　(b) 杂质分布图

(c) 电场分布图　　　　　(d) 热平衡能带图

图 8.4　平衡 NPN 晶体管的相关示意图

　　由于共基极工作状态的物理过程最直观，因此假设在共基极的工作组态下，NPN 晶体管处于放大工作模式，即发射结正偏，集电结反偏，此时相应晶体管的接法、电荷分布、电场分布和能带图如图 8.5(a)～(d)所示。约定电压 V_{BE} 的正、负代表第一个电极 B 和第二个电极 E 之间的电压的正、负。下面考虑图 8.5 所示的 NPN 晶体管处于放大工作模式下的主要电流分量，以此来定性地说明双极晶体管的基本工作原理。发射结正偏时，根据第 5 章中对正偏 pn 结的分析可知，此时扩散电流占优势，流过 pn 结的电流是发射区向基区发射的电子电流和从基区流向发射区的空穴电流之和，如图 8.6 所示，所以发射极电流 $I_E = I_{nE} + I_{pE}$，其中 I_{nE} 是发射结的电子扩散电流，I_{pE} 是发射结的空穴扩散电流，由于发射区重掺杂，因此 $I_{nE} \gg I_{pE}$。

　　由第 5 章对 pn 结的分析可知，从发射区注入基区的电子按照边扩散边复合的方式在基区运动。在晶体管中，基区是联系两个 pn 结的重要区域，若基区宽度远大于电子在 p 区的扩散长度，则发射区注入的电子在基区几乎都会复合，此时同一晶体管中的两个 pn 结没有联系，与两个相邻的背靠背 pn 结无异。这里设计基区的长度远小于电子在 p 型基区中的扩散长度，于是从发射区注入的电子还没来得及扩散就已运动至反偏集电结的耗尽区，进入耗尽区的电子会被集电结的强电场漂移而进入集电区，成为集电极电流 I_{nC}，如图 8.6 所示。当然，处于反偏状态的集电极还有另一个电流成分，即集电结反向饱和电流 I_{CBO}。集电极电流 $I_C = I_{nC} + I_{CBO}$，由于反偏电流很小，因此 $I_{nC} \gg I_{CBO}$。

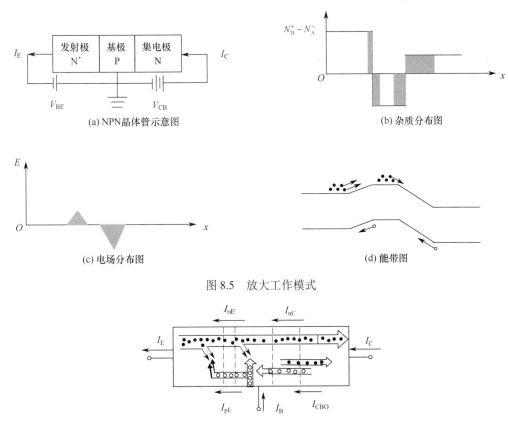

(a) NPN晶体管示意图　　　　　　　　(b) 杂质分布图

(c) 电场分布图　　　　　　　　(d) 能带图

图 8.5　放大工作模式

图 8.6　NPN 晶体管内的电流传输图像

严格地讲，基区电流由三部分组成：第一部分是在正偏发射结中注入发射区的空穴电流 I_{pE}，第二部分是基区中的复合电流 $I_{rB} = I_{nE} - I_{nC}$，第三部分是反偏集电结中的反向饱和电流 I_{CBO}。由于 I_{CBO} 的方向与 I_B 的方向相反，因此基极电流 $I_B = I_{pE} + I_{rB} - I_{CBO} = I_E - I_C$。对于晶体管，虽然有三个电流可以确定晶体管的特性，但是只有两个电流是独立的，流入器件的电流和流出器件的电流必须相等，即 $I_E = I_B + I_C$，这一结果也与基尔霍夫定律一致。这个三端器件只有两个独立电流，已知两个电流，就可以计算出第三个电流。

总之，NPN 晶体管要工作在放大模式下，需要同时满足三个条件：①基区宽度远小于电子在基区的扩散长度；②发射结正偏；③集电结反偏。

由上面对共基极组态放大模式下的工作状态的分析可知，其并不存在电流放大作用，但可以起电压与功率的放大作用。如图 8.7 所示，对于共基极组态的放大工作状态，在发射结正偏时，输入回路中发射结上的小电压变化，根据 pn 结的电流电压关系，对应导致发射结流过的电流按指数函数规律发生大变化，由于发射极电流几乎全部转化为集电极电流，若输出

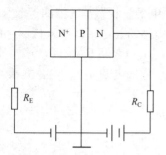

图 8.7　NPN 晶体管共基极接法下电压放
　　　　大原理示意图

回路中存在提供大电压的电池，则这种电流变化会在输出回路的大电阻 R_C 两端产生大电压变化或功率变化，实现电压和功率放大。满足

$$G_V = \frac{R_C I_C}{R_E I_E} \approx \frac{R_C}{R_E} \tag{8.1}$$

$$G_P = \frac{I_C^2 R_C}{I_E^2 R_E} \approx \frac{R_C}{R_E} \tag{8.2}$$

8.1.2　双极晶体管的特性参数

为了表征双极晶体管的特性，下面介绍一些常用于衡量双极晶体管的特性参数，这些特性参数既包括衡量晶体管内部工作的特性参数，又包括衡量晶体管外部工作的特性参数，可为定量分析晶体管提供参考。

如图 8.6 所示，采用共基极的工作组态时，发射极是输入端，发射极电流为输入电流，集电极是输出端，集电极电流为输出电流，因此定义共基极直流电流增益系数 α 为

$$\alpha = \frac{I_C}{I_E} \tag{8.3}$$

其含义是发射极输入的电流能有多大的比例传输到集电极而成为输出电流。α 越大，晶体管的放大能力就越强，理想晶体管的 α 趋近但小于 1。α 是输出负载电阻为零，即集电结零偏时，输出电流与输入电流之比。

可以将 α 分解为下面的表达式

$$\alpha = \frac{I_C}{I_E} = \frac{I_{nE}}{I_E} \cdot \frac{I_{nC}}{I_{nE}} \cdot \frac{I_C}{I_{nC}} \tag{8.4}$$

式中，第一项 I_{nE}/I_E 是发射结电流中电子电流所占的比例，称为**发射效率 γ** 或注入比；第二项 I_{nC}/I_{nE} 是被集电极收集的电子电流占发射极发射的电子电流的比例，称为**基区传输效率**；第三项 I_C/I_{nC} 是总集电极电流与集电极收集的发射极电子电流的比值，称为**集电区倍增因子**，在目前要求集电结零偏的条件下，该参数等于 1。

发射效率 γ 可进一步表示为

$$\gamma = \frac{I_{nE}}{I_E} = \frac{I_{nE}}{I_{nE} + I_{pE}} = \frac{1}{1 + I_{pE}/I_{nE}} \tag{8.5}$$

由式（8.5）可以明显看出 $0 < \gamma < 1$，因此控制发射区和基区的掺杂浓度，使 γ 尽可能接近 1，可以提高发射结的发射效率，获得大的晶体管电流增益。也就是说，当发射区重掺杂，其掺杂浓度远大于基区掺杂浓度时，其值近似为 1。

基区传输效率可进一步表示为

$$\alpha_T = \frac{I_{nC}}{I_{nE}} = \frac{I_{nE} - I_{rB}}{I_{nE}} = 1 - \frac{I_{rB}}{I_{nE}} \tag{8.6}$$

要提高基区传输效率 α_T，使其趋于 1，则要求 I_{rB} 趋于零，这只能通过要求基区宽度远小于电子扩散长度来实现。

共发射极的工作组态的放大能力很强，基极是输入端，基极电流为输入电流，集电极是输出端，集电极电流为输出电流。定义共发射极直流电流增益系数为输出回路的电压 V_{CE} 保持

不变时，输出电流与输入电流的比值

$$\beta = \frac{I_C}{I_B} \tag{8.7}$$

这是晶体管最重要的直流参数之一。I_B 很小，通过 I_B 来控制 I_C 可以实现电流放大。β 的典型值是 100。由于晶体管内部的电流传输是确定的，因此这里定义的 α 和 β 之间有确定的关系

$$\alpha = \frac{I_C}{I_E} = \frac{I_C}{I_C + I_B} = \frac{I_C/I_B}{1 + I_C/I_B} = \frac{\beta}{1+\beta} \tag{8.8}$$

对式（8.8）变形得

$$\beta = \frac{\alpha}{1-\alpha} \tag{8.9}$$

严格地讲，虽然基区电流由三部分组成，但其中的复合电流因基区很窄可以忽略，而集电结反向饱和电流由于数值很小也可以忽略，于是基区电流可认为是正偏发射结中基区多子空穴向发射区扩散形成的空穴电流 I_{pE}。当 α 趋于 1 时，I_C 近似等于 I_E，即正偏发射结中发射区的多子电子向基区扩散形成的电子电流 I_{nE}。因此，β 近似等于发射极正偏时电子电流与空穴电流之比，即 I_{nE}/I_{pE}，其值取决于两区的掺杂浓度之比，这是设计晶体管时获得较大 β 的物理保证。同时将基区变窄是分离发射结的空穴电流 I_{pE} 和电子电流 I_{nE} 的必要条件。分离后的空穴电流和电子电流可分别作为共发射极工作组态时的输入电流和输出电流。至此，本节的**问题②**得以解决。

8.2 双极晶体管的电流-电压特性

本节讨论双极晶体管的静态响应模型。首先采用类似于第 5 章中针对 pn 结的分析模型和分析方法，来分析理想晶体管的特性参数，得出其静态特性，并根据理想特性和实际特性的差异分析成因。

本节要解决的问题如下：**①推导出理想晶体管的电流-电压方程；②了解晶体管的实际电流-电压特性与其理想特性的差异，并对其进行分析。**

8.2.1 理想晶体管模型及其求解

本小节的讨论类似于对理想 pn 结二极管的讨论，但此时出现了较窄的基区及需要处理三个区域的电流-电压表达式，因此求解的复杂度增大。首先，给出理想晶体管满足的所有条件或假设，接着给出各个不同区域内需要求解的微分方程和边界条件，为解微分方程做好准备，最后根据方程的解得出晶体管三个区域的电流-电压表达式。

理想晶体管对应的假设如下。

（1）本节中以 NPN 晶体管为例进行分析，其中的每个区域均为非简并的、均匀掺杂的半导体，发射结和集电结均为突变结。

（2）晶体管在稳态条件下工作。

（3）假设晶体管是一维的。

（4）在扩散区内满足过剩载流子的小注入条件。

（5）除了漂移、扩散和载流子的热产生与复合，不存在其他载流子产生源。

（6）对于发射结和集电结的耗尽区，载流子经过时，数量不发生变化。

（7）认为发射区和集电区的宽度都远大于该区域的少子扩散长度，基区的宽度远小于少子扩散长度。

满足上面提出的关于理想晶体管的全部假设后，下面针对要计算的 NPN 晶体管，确定坐标系和边界条件，为求解过剩少子扩散方程进而得到晶体管内的各电流成分做好准备，如图 8.8 所示，图中的灰色部分表示发射结和集电结的空间电荷区。

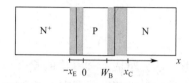

图 8.8　分析理想晶体管时所用的坐标系

首先讨论基区的过剩少子的分布。基区过剩少子满足的双极输运方程为

$$\frac{\mathrm{d}^2 \Delta n_B(x)}{\mathrm{d}x^2} - \frac{\Delta n_B(x)}{L_{nB}^2} = 0 \tag{8.10}$$

与对 pn 结二极管进行的分析类似，基区内的少子是按照边扩散边复合的方式稳定存在的，式（8.10）中的 $\Delta n_B(x)$ 是基区过剩少子电子随 x 变化的函数，L_{nB} 是电子在基区中的扩散长度，$L_{nB} = \sqrt{D_{nB}\tau_{nB}}$，$D_{nB}$ 和 τ_{nB} 分别是基区电子的扩散系数和寿命。式（8.10）的解为

$$\Delta n_B(x) = A_1 \exp\left(\frac{x}{L_{nB}}\right) + B_1 \exp\left(\frac{-x}{L_{nB}}\right) \tag{8.11}$$

式中，A_1 和 B_1 是积分常数，它们由边界条件确定。根据图 8.8 给出的坐标系，基区的边界条件为

$$\Delta n_B(0) = n_{B0}\left[\exp\left(\frac{eV_{BE}}{KT}\right) - 1\right] \tag{8.12}$$

$$\Delta n_B(W_B) = n_{B0}\left[\exp\left(\frac{eV_{BC}}{KT}\right) - 1\right] = -n_{B0} \tag{8.13}$$

正常使用晶体管时，其发射结正偏，集电结反偏，$V_{BE} > 0$，$V_{BC} < 0$，因此存在式（8.13）中第二个等号后面的运算结果。将式（8.12）和式（8.13）代入式（8.11），得到 A_1 和 B_1 的表达式，代回后得

$$\Delta n_B(x) = n_{B0}\left[\exp\left(\frac{eV_{BE}}{KT}\right) - 1\right]\left[\frac{\sinh\left(\dfrac{W_B - x}{L_{nB}}\right)}{\sinh\left(\dfrac{W_B}{L_{nB}}\right)}\right] \tag{8.14}$$

式（8.14）对应的图像是图 8.9，由图 8.9 可以看出，当基区宽度远小于电子扩散长度时，基区中的过剩少子随着 x 的增大而线性减小。在现代工艺条件下，基区宽度通常约为 0.1 μm，远小于常为几十微米的扩散长度，此时基区中的过剩少子简化为线性减小的变化规律，有 $\sinh(x) \approx x$，所以有

$$\Delta n_{\mathrm{B}}(x) = \frac{n_{\mathrm{iB}}^2}{N_{\mathrm{B}}}\left[\exp\left(\frac{eV_{\mathrm{BE}}}{KT}\right) - 1\right]\left(1 - \frac{x}{W}\right) \tag{8.15}$$

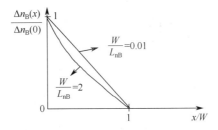

图 8.9 基区中的过剩少子随 x 的变化

在发射区内，和 pn 结类似，从基区注入的过剩少子空穴按照边扩散边复合的方式在发射区内扩散一段距离，直至过剩少子全部复合完（此时假设发射区足够长），其边界条件为

$$\Delta p_{\mathrm{E}}\left(-x_{\mathrm{E}}\right) = p_{\mathrm{E}0}\left[\exp\left(\frac{eV_{\mathrm{BE}}}{KT}\right) - 1\right] \tag{8.16}$$

$$\Delta p_{\mathrm{E}}\left(-\infty\right) = 0 \tag{8.17}$$

将式（8.16）和式（8.17）代入式（8.11）（基区和发射区的过剩少子的解的形式相同）得

$$\Delta p_{\mathrm{E}}(x) = p_{\mathrm{E}0}\left[\exp\left(\frac{eV_{\mathrm{BE}}}{KT}\right) - 1\right]\exp\left(\frac{x + x_{\mathrm{E}}}{L_{\mathrm{pE}}}\right), \quad x \leqslant -x_{\mathrm{E}} \tag{8.18}$$

在集电区，由于是反向偏置，因此其边界条件为

$$\Delta p_{\mathrm{C}}\left(x_{\mathrm{C}}\right) = p_{\mathrm{C}0}\left[\exp\left(\frac{-eV_{\mathrm{BC}}}{KT}\right) - 1\right] \approx -p_{\mathrm{C}0} \tag{8.19}$$

$$\Delta p_{\mathrm{C}}(\infty) = 0 \tag{8.20}$$

类似地，可得集电区内的过剩空穴分布为

$$\Delta p_{\mathrm{C}}(x) = -p_{\mathrm{C}0}\exp\left(\frac{x_{\mathrm{C}} - x}{L_{\mathrm{pC}}}\right), \quad x \geqslant x_{\mathrm{C}} \tag{8.21}$$

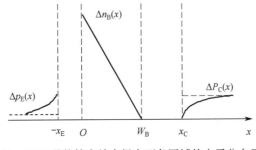

图 8.10 NPN 晶体管在放大组态下各区域的少子分布示意图

知道晶体管内部少子分布的函数后，就可求出晶体管内部的各个电流成分。下面按照得出理想 pn 结电流–电压特性类似的过程，计算出双极晶体管的发射极电流和集电极电流，并由二者之差得出基极电流。先根据已有的少子分布函数计算出各区域的少子扩散电流。首先计算基区（p 区）的电子电流 I_{nB}，其中下标 n 和 B 分别代表电子电流和基区

$$I_{nB} = eD_{nB} \frac{d\Delta n_B(x)}{dx} \tag{8.22}$$

当基区宽度远小于电子在基区的扩散长度时，将式（8.15）代入式（8.22）得

$$I_{nB} = \frac{AeD_{nB}n_{iB}^2}{W_B N_B} \left[\exp\left(\frac{eV_{BE}}{KT}\right) - 1 \right] \tag{8.23}$$

由式（8.23）可以看出，在基区很薄的假设下，基区中的电子电流是常数，这一结果与前面基区内不存在载流子复合的假设是一致的。

下面求发射区中 $-x_E$ 处的空穴电流和集电区中 x_C 处的空穴电流，这是一个已知少子分布函数来求扩散电流密度的过程，是其对 x 求导并乘以电子电量和扩散系数的计算过程

$$I_{pE}(-x_E) = \frac{AeD_{pE}n_{iE}^2}{L_{pE}N_E} \left[\exp\left(\frac{eV_{BE}}{KT}\right) - 1 \right] \tag{8.24}$$

$$I_{pC}(x_C) = \frac{AeD_{pC}n_{iC}^2}{L_{pC}N_C} \left[\exp\left(\frac{eV_{BC}}{KT}\right) - 1 \right] \tag{8.25}$$

相应地，理想晶体管沿 x 方向的电流密度分布图如图 8.11 所示。

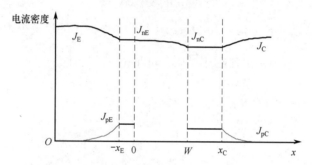

图 8.11　理想晶体管沿 x 方向的电流密度分布图

下面根据前面的结果分别写出发射极电流和集电极电流的表达式。类似于 pn 结，发射极电流是 $-x_E$ 处的电子扩散电流和空穴扩散电流之和，即

$$J_E = J_{nE}(-x_E) + J_{pE}(-x_E) = J_{nB}(0) + J_{pE}(-x_E) \tag{8.26}$$

将前面 $J_{nB}(0)$ 和 $J_{pE}(-x_E)$ 的表达式代入式（8.26），并且假设基区宽度远小于电子扩散长度，得到

$$I_E = AJ_E = a_{11} \left[\exp\left(\frac{eV_{BE}}{kT}\right) - 1 \right] + a_{12} \left[\exp\left(\frac{eV_{BC}}{kT}\right) - 1 \right] \tag{8.27}$$

式中，

$$a_{11} = -eA \left[\frac{D_{nB}n_{iB}^2}{W_B N_B} + \frac{D_{pE}n_{iE}^2}{L_{pE}N_E} \right] \tag{8.28}$$

$$a_{12} = eA \frac{D_{nB}n_{iB}^2}{W_B N_B} \tag{8.29}$$

类似地，求得集电极电流 I_C 为

$$J_C = J_{nC}(x_C) + J_{pC}(x_C) = J_{nB}(W) + J_{pC}(x_C) \tag{8.30}$$

将前面 $J_{nB}(0)$ 和 $J_{pC}(x_C)$ 的表达式代入式（8.30），并且假设基区宽度远小于电子扩散长度，得到

$$I_C = -AJ_C = a_{21}\left[\exp\left(\frac{eV_{BE}}{kT}\right) - 1\right] + a_{22}\left[\exp\left(\frac{eV_{BC}}{kT}\right) - 1\right] \tag{8.31}$$

式中，

$$a_{21} = eA\frac{D_{nb}n_{iB}^2}{W_B N_B} = a_{12} \tag{8.32}$$

$$a_{22} = -eA\left[\frac{D_{nB}n_{iB}^2}{W_B N_B} + \frac{D_{pC}n_{iC}^2}{L_{pC}N_C}\right] \tag{8.33}$$

可以利用基极电流与发射极电流和集电极电流的关系得出基极电流

$$I_B = I_E - I_C = (a_{11} - a_{21})\left[\exp\left(\frac{eV_{BE}}{kT}\right) - 1\right] + (a_{12} - a_{22})\left[\exp\left(\frac{eV_{BC}}{kT}\right) - 1\right] \tag{8.34}$$

至此，本节的**问题①**得以解决。

求出晶体管在放大模式下的各个电流成分后，可以利用式（8.23）～式（8.34）来表示前面衡量晶体管的两个重要特性常数：共基极直流电流增益系数 α 和共发射极直流电流增益系数 β。根据式（8.4），为了写出 α 与晶体管的材料常数和几何常数的关系，先来看第一项，即发射效率 γ，结合式（8.5）有

$$\gamma = \frac{1}{1 + I_{pE}/I_{nE}} = \frac{1}{1 + I_{pE}(-x_E)/I_{nB}(0)} \tag{8.35}$$

将式（8.23）和式（8.24）代入上式得

$$\gamma = \left(1 + \frac{D_{pe}}{D_{nb}}\frac{W_B}{L_{pe}}\frac{p_{e0}}{n_{b0}}\right)^{-1} \tag{8.36}$$

利用爱因斯坦关系，并且忽略基区和发射区载流子迁移率的不同，得到

$$\gamma = \left(1 + \frac{\mu_{pb}}{\mu_{ne}}\frac{W_B}{L_{pe}}\frac{N_B}{N_E}\right)^{-1} = \left(1 + \frac{\rho_e}{\rho_b}\frac{W_B}{L_{pe}}\right)^{-1} \approx \left(1 + \frac{\rho_e}{\rho_b}\frac{W_B}{W_E}\right)^{-1} \tag{8.37}$$

式中，ρ_e 和 ρ_b 分别是发射区和基区的电阻率，其中约等于号是在假设基区宽度远小于空穴在发射区的扩散长度时得出的。若定义方块电阻 $R_{\square e}$ 和 $R_{\square b}$ 分别为 $R_{\square e} = \dfrac{\rho_e}{W_E}$，$R_{\square b} = \dfrac{\rho_b}{W_B}$，则式（8.37）可表示为

$$\gamma = \left(1 + \frac{R_{\square e}}{R_{\square b}}\right)^{-1} \tag{8.38}$$

根据电阻公式 $R = \rho\dfrac{l}{s}$，设电阻的长度为 l，宽度为 b，则电阻 $R = R_{\square}\dfrac{l}{b}$，所以得名方块电阻。实际中，还可利用第 2 章中介绍的四探针法直接测量出基区和发射区的方块电阻，进而计算出发射效率。也可以根据式（8.38）来反向设计晶体管。由式（8.38）可以看出，要使发射效率趋于 1，要求 $\dfrac{R_{\square e}}{R_{\square b}}$ 尽量小，因此发射区要重掺杂，基区要轻掺杂，对应发射区的方块电

阻与基区方块电阻的比值要小。

下面来看式（8.6）对应的基区传输效率 α_{T}

$$\alpha_{\mathrm{T}} = \frac{I_{\mathrm{nC}}}{I_{\mathrm{nE}}} = \frac{J_{\mathrm{nb}}(W_{\mathrm{B}})}{J_{\mathrm{nb}}(0)} \approx 1 - \frac{W_{\mathrm{B}}^2}{L_{\mathrm{nb}}^2} \tag{8.39}$$

若假设集电区倍增因子为 1，则根据式（8.37）和式（8.39），共基极直流电流增益系数 α 可以表示为

$$\alpha = \gamma\alpha_{\mathrm{T}} \frac{1 - \dfrac{W_{\mathrm{B}}^2}{L_{\mathrm{nb}}^2}}{\left(1 + \dfrac{\rho_{\mathrm{e}}}{\rho_{\mathrm{b}}} \dfrac{W_{\mathrm{B}}}{W_{\mathrm{E}}}\right)} \approx 1 - \frac{\rho_{\mathrm{e}}}{\rho_{\mathrm{b}}} \frac{W_{\mathrm{B}}}{L_{\mathrm{pe}}} - \frac{W_{\mathrm{B}}^2}{2L_{\mathrm{nb}}^2} \approx 1 \tag{8.40}$$

式（8.40）在发射区重掺杂和基区宽度很薄的近似下趋于 1。

对于共发射极直流电流增益系数 β，根据其与 α 的关系 [式（8.9）] 得

$$\beta = \frac{\alpha}{1 - \alpha} \approx \frac{1}{1 - \alpha} \approx \left(\frac{\rho_{\mathrm{e}}}{\rho_{\mathrm{b}}} \frac{W_{\mathrm{B}}}{L_{\mathrm{pe}}} + \frac{W_{\mathrm{B}}^2}{2L_{\mathrm{nb}}^2}\right)^{-1} \gg 1 \tag{8.41}$$

因此，由式（8.40）和式（8.41）可知，根据要求的晶体管参数（即共基极直流电流增益系数 α 和共发射极直流电流增益系数 β）可以反推出晶体管的各种几何参数和材料参数。

8.2.2 理想晶体管输入/输出特性曲线

下面讨论理想晶体管的输入/输出特性曲线，即输入和输出的电流-电压特性曲线。实际中,晶体管的输入/输出特性曲线是观察其特性和判断其质量的重要方法。

本小节要完成的**任务①**如下：**定性说明两种组态下的输入/输出特性曲线的变化规律。**

1. 共基极组态下的输入/输出特性曲线

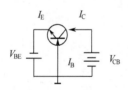

图 8.12　共基极组态下晶体管的连接示意图

共基极组态下晶体管的连接示意图如图 8.12 所示，图中的左侧对应输入回路，右侧对应输出回路。因此，其输入特性曲线是输入电流 I_{E} 随输入电压 V_{BE} 变化的函数，而输出特性曲线是输出电流 I_{C} 随输入电压 V_{CB} 变化的函数。共基极输入和输出特性曲线如图 8.13 所示。

图 8.13(a)所示为共基极输入特性曲线，即固定 V_{CB} 的数值后，输入电流 I_{E} 随输入电压 V_{BE} 变化的函数，是正偏 pn 结的简单电流-电压关系，是输入电流随输入电压按指数增大的关系。注意，图 8.13(a)中纵坐标即发射极电流的单位为 mA，对应正偏发射结中流过的大电流 I_{E}。

图 8.13(b)所示为共基极输出特性曲线，即固定不同输入电流 I_{E} 的数值后，输出电流 I_{C} 随输入电压 V_{CB} 变化的函数。可以看出，即使 V_{CB} 等于零，输出电流的数值也很大，因为在发射结正偏时，发射极向很薄的基区发射的电子仍会受到集电结的抽取作用，因此会向集电极运动而形成集电极电流 I_{C}。随着 V_{CB} 的增大，集电结由零偏变为反偏，集电结抽取基区电子的能力进一步增强，电流略有增大后达到其饱和值。

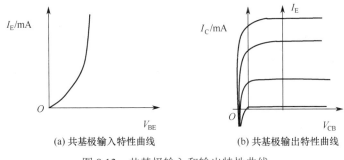

(a) 共基极输入特性曲线　　　　(b) 共基极输出特性曲线

图 8.13　共基极输入和输出特性曲线

分析共基极直流电流增益系数 α 时，我们知道它趋于 1，所以输出特性曲线中的输出电流 I_C 趋于 I_E。要使输出电流 I_C 趋于零，集电结应正偏，对应图 8.13(b)中的 V_{CB} 值为负，此时通过外加正偏电压，可削弱集电结的空间电荷区的电场，进而使输出电流趋于 0。

2. 共发射极组态下的输入/输出特性曲线

下面介绍共发射极组态下的另一种常用输入/输出特性曲线。共发射极组态下晶体管的连接示意图如图 8.14 所示，图中的左侧对应输入回路，右侧对应输出回路。因此，其输入特性曲线是输入电流 I_B 随输入电压 V_{BE} 变化的函数，而输出特性曲线是输出电流 I_C 随输入电压 V_{CE} 变化的函数。共发射极输入和输出特性曲线如图 8.15 所示。

此时，输入特性曲线 I_B 随输入电压 V_{BE} 变化，虽然曲线形状与图 8.13(a)中的类似，均为随着 V_{BE} 的增大而按指数增大，但图 8.15(a)中纵坐标的单位是 μA，而不是图 8.13(a)中的 mA。这是因为此时基极电流最主要的成分是 I_{pE}，而 $I_E = I_{pE} + I_{nE}$，由于发射极的掺杂浓度远大于基区的掺杂浓度（大三个数量级），因此基极电流 I_B（主要是 I_{pE}）比 I_E 小三个数量级。

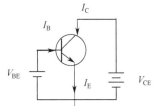

图 8.14　共发射极组态下晶体管的连接示意图

图 8.15(b)中的输出特性曲线是在输入回路正偏时，保持 I_B 不变，I_C 随输入电压 V_{CE} 的变化。$V_{CE} = 0$ 时，相当于发射极接地，电位为零，集电极的电位也为零，此时 NPN 晶体管的两个 pn 结由于 B 极电位大于 0.7V 而均正偏，这两个 pn 结均等价为小电阻。图 8.15(b)中的曲线表现为随着 V_{CE} 的增大，I_C 几乎线性增大，斜率由输出回路中的限流电阻的大小确定。

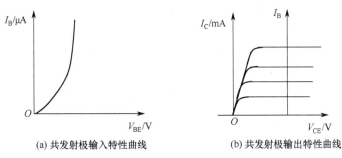

(a) 共发射极输入特性曲线　　　　(b) 共发射极输出特性曲线

图 8.15　共发射极输入和输出特性曲线

随着 V_{CE} 的进一步增大，集电极逐渐变为弱正偏，直至达到某个数值后开始反偏，此时集电极电流变为抽取基区的少子电流——电子电流，出现图 8.15(b) 所示的曲线拐弯，直至水平的变化趋势。至此，本小节的**任务①**完成。

8.2.3 非理想晶体管

根据理想晶体管的假设条件，本小节讨论的是小注入、发射区和基区宽度恒定及结的空间电荷区不存在载流子的产生与复合的理想情况。对于实际中的晶体管，以上的假设均不存在，因此要分别对晶体管的特性进行修正。

1. 基区宽度调制效应

由图 8.8 中分析理想晶体管时采用的坐标系可知，定义靠近发射极一侧的中性基区边缘为 $x = 0$，中性基区的宽度为 W_B，并默认 W_B 为恒定值。而在实际晶体管中，由于基区的掺杂浓度不是很高，集电结的耗尽区宽度是外加反向偏压的函数，因此随着 V_{CE} 的增大，集电结的耗尽区宽度明显增大，如图 8.16(a) 中的虚线位置所示，使得中性基区的宽度 W_B 不断减小。由于中性基区的宽度减小，而两边界处的少子浓度不变，导致少子电子在基区中的分布发生变化，电子的浓度梯度增大，如图 8.16(b) 所示。

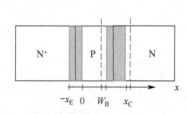

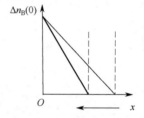

(a) 实际晶体管的基区宽度调制效应   (b) 基区宽度调制导致基区电子浓度梯度的变化

图 8.16　晶体管的基区宽度调制效应

理想晶体管的共发射极输出特性曲线如图 8.15(b) 所示，集电极电流与 V_{CE} 无关，曲线平坦，对应的曲线斜率为零，晶体管的输出电导为零。由于扩散电流密度正比于载流子的浓度梯度，因此中性基区宽度的减小导致集电极电流 I_C 随着 V_{CE} 的增大而增大。由于存在基区宽度调制效应［也称厄利（Early）效应］，因此变为图 8.17 所示的输出特性曲线，此时根据式（8.30）可知，集电极电流 I_C 随着 V_{CE} 的增大而增大，曲线有一定的斜率，使输出阻抗不再为无穷大，而变为一个有限值。如图 8.17 所示，将集电极电流特性曲线外推，其反向延长线将交于一点，该点对应电压的绝对值称为**厄利电压** V_A，它是晶体管的特性参数之一，用于描述共发射极输出特性曲线的平坦程度。

晶体管共发射极组态下的输出电阻可表示为

$$r_0 = \left(\frac{\partial I_C}{\partial V_{CE}} \right)^{-1} = \frac{V_A}{I_C} \qquad (8.42)$$

实际中，为了增大厄利电压 V_A 和输出电阻 r_0，可以采用减小集电区掺杂浓度的方法来减小集电极反偏

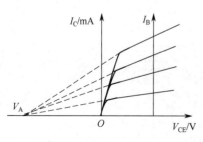

图 8.17　Early 效应

电压增大对基区宽度的调制作用，通常集电区的掺杂浓度比基区低一个数量级。

2. 发射结的结面积对晶体管注入效率的影响

由图 8.2 可知，晶体管的制造工艺是在集电区的部分区域扩散制作出基区，又在基区的部分区域扩散制作出发射区，如图 8.18 所示。在发射极正偏向基区扩散电子的过程中，并不是只有图 8.18 中向下箭头的运动，还存在发射极向侧面的电子扩散，由于侧面基区的宽度不是很小，因此这些向侧面发射的电子以边扩散边复合的方式最后消耗掉，这部分电流不会对集电极电流有贡献，同时配合它的复合基区电流 I_{pE} 还会增大。这将使得晶体管的发射效率降低，此时发射效率的表达式为

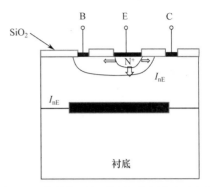

图 8.18　发射结面积对注入效率影响示意图

$$\gamma = \frac{I_{nE}}{I_{pE} + I_{nE} + I'_{nE}} \tag{8.43}$$

式（8.43）的分母中增加了因发射极电子向侧面扩散运动产生的电流 I'_{nE}，为便于表示，将式（8.43）变换为

$$\gamma = \left(1 + \frac{I_{pE}}{I_{nE}} + \frac{I'_{nE}}{I_{nE}}\right)^{-1} = \left(1 + \frac{(A' + A)J_{pE}}{AJ_{nE}} + \frac{A'}{A}\right)^{-1} \tag{8.44}$$

式中，A 是发射结的底面面积，A' 是发射结的侧面面积。对式（8.44）进行化简得

$$\gamma = \left(1 + \frac{A'}{A}\right)^{-1}\left(1 + \frac{J_{pE}}{J_{nE}}\right)^{-1} \tag{8.45}$$

与式（8.35）对比可以发现，考虑发射结的结面积后，注入效率增加了 $(1 + A'/A)^{-1}$ 这一项，换句话说，考虑发射结的侧面面积后，其发射效率降低。实际中，为了减小这部分对发射效率的影响，应该尽量减小 A'/A，而这意味着基区通过掺杂形成的发射极底面积大，厚度小，对应形成的发射结大而薄。现代晶体管工艺中减小发射结结面积的另一种工艺是，抛弃这种在基区内局部扩散形成发射极的做法，而直接在基区制作高掺杂浓度的发射区，对应式（8.45）中的 $A' = 0$。

3. 发射结空间电荷区复合电流的影响

与理想 pn 结的分析类似，在理想晶体管模型的推导中，忽略了发射结空间电荷区正偏时存在的复合电流。下面讨论发射区空间电荷区的复合电流对晶体管注入效率及共发射极放大系数 β 的影响。

考虑发射区的复合电流后，发射极电流 I_E 发生变化，除了原来的 I_{pE} 和 I_{nE}，还增加了复合电流 I_{rE}。根据 pn 结的相关结论，可将 I_{rE} 简化表示为

$$I_{rE} = J_{r0}\exp\left(\frac{eV_{BE}}{2kT}\right) \tag{8.46}$$

式中，系数 J_{r0} 由发射结的相关特征参数决定。于是，考虑复合电流后的注入效率为

$$\gamma = \frac{I_{nE}}{I_{pE} + I_{nE} + I_{rE}} \tag{8.47}$$

利用式（8.23），将式（8.47）变换为

$$\gamma = \left[1 + \frac{\rho_e}{\rho_b} \frac{W_B}{L_{pe}} + \frac{N_B W_B J_{r0}}{A e D_{nB} n_{iB}^2} \exp\left(-\frac{eV_{BE}}{2kT} \right) \right]^{-1} \tag{8.48}$$

由式（8.48）可以看出，当 V_{BE} 减小时，发射效率 γ 减小，导致 α 减小，I_C 减小，β 减小。因此，对于非理想晶体管，β 不是常数，而随 I_C 的变化而变化

$$\beta = \frac{I_C}{I_B} = \frac{I_{nE}}{I_{pE} + I_{rB} + I_{rE}} \tag{8.49}$$

由式（8.49）可以看出，由于发射结复合电流的存在，I_B 的表达式中增加了 I_{rE} 这一项。将式（8.49）取倒数得

$$\frac{1}{\beta} = \frac{I_{pE}}{I_{nE}} + \frac{I_{rB}}{I_{nE}} + \frac{I_{rE}}{I_{nE}} \tag{8.50}$$

由于式（8.50）中的前两项相对于 I_{nE} 都很小，因此重点来看第三项。严格地讲

$$I_{rE} \propto \exp\left(\frac{eV_{BE}}{mkT} \right), \quad I_{nE} \propto \exp\left(\frac{eV_{BE}}{kT} \right)$$

所以

$$\frac{I_{rE}}{I_{nE}} \propto \exp\left[\left(\frac{1}{m} - 1 \right) \frac{eV_{BE}}{kT} \right]$$

将 β 和 I_C 取对数，考察 β 如何随 I_C 变化，有

$$\frac{d(\lg\beta)}{d(\lg I_C)} = \frac{I_C}{\beta} \frac{d\beta}{dV_{BE}} \frac{dV_{BE}}{dI_C} \propto \frac{m-1}{m} \tag{8.51}$$

若纵坐标是 β 的对数坐标，横坐标是 I_C 的对数坐标，则在较小的 V_{BE} 和 I_C 下，曲线近似为斜率为 $\frac{m-1}{m}$ 的直线，如图 8.19 中 I_C 较小时的近似直线所示。

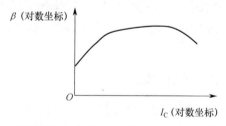

图 8.19   共发射极电流增益 β 随集电极电流 I_C 变化的曲线

4. 大注入效应

下面解释 I_C 较大时，图 8.19 中的 β 随集电极电流 I_C 的增大而减小的现象，这是由大注入效应导致的。

对发射结来说，当 V_{BE} 增大时，由发射区注入基区的电子浓度增大，如果这个值和基区多子浓度相比拟甚至大于基区多子浓度，即认为是大注入。实际中，由于发射极重掺杂、基区

中等掺杂，不需要很大的 V_{BE} 就可达到大注入。在大注入情况下，根据 pn 结的分析计算结果，其集电极电流 I_C 要由原来的式（8.23）修正为

$$I_C = I_{nE} = \frac{2AeD_{nB}n_{iB}^2}{W_B N_B} \exp\left(\frac{eV_{BE}}{2KT}\right) \tag{8.52}$$

然而，与此同时，对发射结而言，p 区注入 n 区的空穴仍然满足小注入，故式（8.24）仍然成立。下面讨论大注入条件下导致的 I_C 的变化对共发射极电流增益 β 的影响。根据式（8.50），在大注入下，由发射结复合电流决定的第三项可以忽略，第二项对应的基区复合电流也小到可以忽略。因此，重点来看式（8.50）中的第一项。此时，

$$\frac{1}{\beta} = \frac{I_{pE}}{I_{nE}} \tag{8.53}$$

根据式（8.24）和式（8.52）得

$$\frac{1}{\beta} \propto \exp\left(\frac{eV_{BE}}{2KT}\right) \propto I_C \tag{8.54}$$

也可表示为

$$\beta I_C = 常数 \tag{8.55}$$

类似地，在对数坐标系中，可以计算出

$$\frac{d(\lg\beta)}{d(\lg I_C)} = -1 \tag{8.56}$$

式（8.56）解释了图 8.19 在 I_C 较大时，β 随 I_C 的增大而减小的现象，这种现象也称**韦伯斯特（Webster）效应**。

下面讨论发射区大注入至基区的电子到达集电结后，这种大注入给集电结带来的影响有哪些。从发射极扩散到基区的电子被集电结的强电场拉走，形成集电极电流。如果运动到集电结的电子浓度大于集电结空间电荷区集电极一侧的施主杂质浓度，那么认为属于大注入。

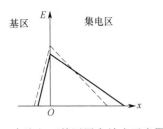

图 8.20 大注入下基区展宽效应示意图（图中实线表示大注入效应下集电结两侧的电场强度分布和耗尽区变化，虚线为小注入下的结果）

大量的电子浓度叠加在本来存在负电荷的 p 区一侧，使负电荷浓度增大，而大量的电子浓度叠加在本来存在正电荷的集电区一侧，二者补偿的结果是该区域的正电荷浓度减小甚至为零。这种变化引发了集电结的耗尽区在 p 区一侧收紧，而在集电区一侧扩展，这种现象称**基区展宽效应**，如图 8.20 所示。

基区展宽效应的存在导致基区宽度增大，降低基区传输效率，使共基极电流增益 α 减小，共发射极电流增益 β 也相应地减小，这种效应称为**柯克（Kirk）效应**，实际中，β 随集电极电流 I_C 的增大而减小的现象，是 Webster 效应和 Kirk 效应共同作用的效果。

8.2.4 非理想晶体管输入/输出特性曲线

本小节的**任务①**如下：根据非理想晶体管发生的各种现象探讨其在输入/输出特性曲线上的变化。

8.2.3 节中讨论的非理想晶体管的各种现象，如果体现在非理想晶体管的输入/输出特性曲线上，那么会发生哪些变化呢？这是本小节要解决的问题。首先了解非理想晶体管中集电极电流和基极电流相对于 V_{BE} 的变化及其理想情况发生了哪些偏离。

由图 8.21 可以看出，对于 I_B，当 V_{BE} 较小时，发射结势垒区复合电流占主导，与理想模型发生偏离。对于 I_C，当 V_{BE} 较大时，大注入效应导致 I_C 减小，与理想模型发生偏离。因此，由图 8.21 也可以看出图 8.19 所示的 β 与 I_C 的变化关系。

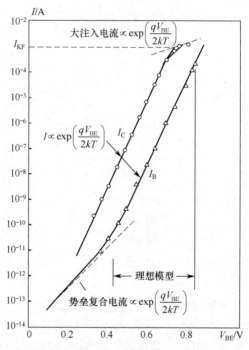

图 8.21　非理想晶体管的 I_C 和 I_B 随 V_{BE} 的变化

下面来看非理想晶体管在共基极组态下的输入/输出特性曲线。图 8.22 所示为其输入/输出特性曲线。与图 8.13(a)相比，可以看出在不同的 V_{CB} 下，I_E 随 V_{BE} 的增大而指数增大的趋势不变，但随着 V_{CB} 的增大，在同一个 V_{BE} 处的电流增大。出现这种变化的原因是厄利效应，随着 V_{CB} 的增大，基区宽度变窄，基区的少子浓度梯度增大，对应发射结电子向基区扩散形成的 I_{nE} 增大，而 $I_E = I_{nE} + I_{pE}$，因此出现图 8.22(a)所示的变化。

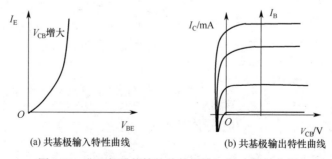

(a) 共基极输入特性曲线　　　　(b) 共基极输出特性曲线

图 8.22　非理想晶体管的共基极输入/输出特性曲线

仔细观察图 8.22(b)并与图 8.13(b)对比发现，非理想晶体管的共基极输出特性曲线与理想晶体管的相比几乎没有发生变化。这是因为绘制共基极输出特性曲线时有一个约定，即 I_E 保持恒定，如图 8.22(a)所示，因厄利效应，I_E 随着 V_{CB} 的增大而增大，为了保证 I_E 恒定，只能降低 V_{BE}。在这种情况下，由于 V_{BE} 降低，从发射结向基极扩散的电子减少，虽然基区宽度由于厄利效应减小，但导致基区少子浓度梯度增大，这两种效果互相抵消，于是出现了图 8.22(b)所示的理想晶体管共基极输出特性几乎不变的结果。

非理想晶体管共发射极输入/输出特性曲线如图 8.23 所示。对比图 8.15 可以看出，输入特性曲线出现了随着 V_{CE} 的增大 I_B 减小的现象，这主要是因为随着 V_{CE} 的增大，基区宽度变窄，基区电流中的一部分基区复合电流会因为厄利效应而减小，导致出现了图 8.23(a)所示的变化。

在图 8.23(b)对应的非理想晶体管共发射极输出特性曲线中，明显观察到了饱和区 I_C 随着 V_{CE} 的增大而增大的现象。这种现象的出现一方面是由于前面提到的厄利效应，同时按照共发射极输出特性曲线的要求，需要在输入电流 I_B 不变的条件下绘制，而图 8.23(a)表明随着 V_{CE} 的增大，I_B 减小，为了保证 I_B 不变，只能增大 V_{BE}，而 V_{BE} 的增大加剧了 I_C 随着 V_{CE} 的增大而增大的趋势。

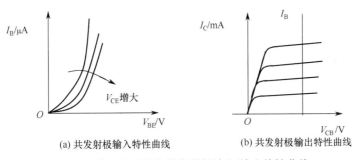

(a) 共发射极输入特性曲线　　　　　　(b) 共发射极输出特性曲线

图 8.23　非理想晶体管共发射极输入/输出特性曲线

8.3　晶体管的反向特性

本节讨论晶体管在反向偏置状态下的相关性质。晶体管反偏时，两个 pn 结中存在的反偏电流，一方面对晶体管的放大作用无贡献，另一方面会消耗功率。因此，在设计晶体管时要减小这些反向电流。

本节的**任务①和任务②如下：①研究晶体管的三种反向电流；②研究晶体管的三种反向击穿电压；③研究晶体管的穿通电压。**

8.3.1　晶体管的反向电流

晶体管中存在的反向电流共有三种，分别是 I_{CBO}，I_{EBO} 和 I_{CEO}，其中下标 O 代表"open"，指晶体管除下标中出现的两级外的那一级开路。下面逐一讨论这三个电流。与实际 pn 结反偏电流的讨论类似，此时的反向电流除了理想 pn 结存在的反向饱和电流 I_d，还存在耗尽区中的产生电流 I_g 及生产工艺决定的表面漏电流 I_l

$$I_R = I_d + I_g + I_l \tag{8.57}$$

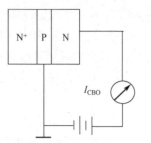

图 8.24　NPN 晶体管反向截止电流
I_{CBO} 测量电路

用硅制作的晶体管的反向电流以产生电流 I_g 为主，用锗制作的晶体管的反向电流以反向饱和电流 I_d 为主，由于锗的禁带宽度较小，而反向饱和电流 I_d 与 n_i^2 成正比，因此实际中锗晶体管的反向电流远大于硅晶体管的值。

首先，I_{CBO} 是指发射极开路时集电极和基极回路的反向电流，其测量电路如图 8.24 所示。

对于硅晶体管，有

$$I_{CBO} = \frac{eAx_c n_i}{2\tau}$$

式中，x_c 是集电结耗尽区的宽度。对于锗晶体管，其 I_{CBO} 的推导略去。因此，考虑 I_{CBO} 的存在后，有

$$I_C = \alpha I_E + I_{CBO} \tag{8.58}$$

I_{EBO} 是指集电极开路时发射极和基极回路的反向电流，其测量电路如图 8.25 所示，情况和 I_{CBO} 类似。对硅晶体管，$I_{EBO} = \dfrac{eAx_e n_i}{2\tau}$，其中 x_e 是发射结耗尽区的宽度。

I_{CEO} 是指基极开路时发射极和集电极回路的反向电流，其测量电路如图 8.26 所示。这种接法对发射结是正偏，对集电结是反偏，由于反偏时对应大电阻，因此外加在集电极和发射极之间的电压主要降落在集电结上。根据式（8.58），结合发射极电流和基极电流与集电极电流满足的 $I_E = I_C + I_B$，由于此时基极开路，因此 $I_B = 0$，将 $I_E = I_C = I_{CEO}$ 代入式（8.58），得

$$I_{CEO} = \frac{1}{1-\alpha} I_{CBO} = (1+\beta) I_{CBO} \tag{8.59}$$

可以看出，因为 β 远大于 1，所以 I_{CEO} 远大于 I_{CBO}。也可从晶体管的结构出发解释这一结果。在基区开路时，反偏集电结中的少子抽取电流将集电区的空穴抽到基区，造成基区空穴积累，导致基区电势增大，此时相当于发射结正偏，正偏的发射结向基区发射电子，并被集电极收集形成电流。伴随着 I_{CBO} 的流动，基区的空穴积累得越多，基区电势越高，发射结正偏得越厉害，集电极收集的电流越大，所以 I_{CEO} 远大于 I_{CBO}。由于 V_{CE} 一定，I_{CEO} 增大伴随着 V_{BE} 的增大，导致 V_{BC} 减小，集电结反偏电压减小，I_{CBO} 相应下降，形成动态平衡，达到 I_{CEO} 的稳定值。

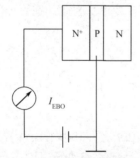

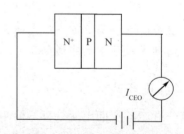

图 8.25　NPN 晶体管反向截止电流 I_{EBO} 测量电路　　　图 8.26　NPN 晶体管反向截止电流 I_{CEO} 测量电路

还可根据式（8.58）结合发射极电流和基极电流与集电极电流满足的 $I_E = I_C + I_B$，得出

$$I_C = \frac{\alpha}{1-\alpha} I_B + \frac{1}{1-\alpha} I_{CBO} = \beta I_B + (1+\beta) I_{CBO} = \beta I_B + I_{CEO} \tag{8.60}$$

式（8.60）说明不能简单认为集电极电流 I_C 是基极电流 I_B 的 β 倍时，还应加上集电结反偏时由发射结和集电结之间的耦合产生的反向穿透电流 I_{CEO}。至此，本节的**任务①**完成。

8.3.2　晶体管的反向击穿电压

晶体管的击穿电压是限制晶体管电压工作范围的极限参数，实际中测量两种反向击穿电压的示意图如图 8.27 所示。

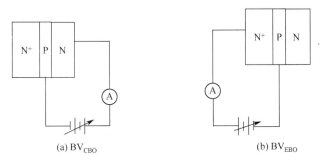

图 8.27　NPN 晶体管反向击穿电压测量电路

图 8.27(a)所示的 $\mathrm{BV_{CBO}}$ 是集电结的击穿电压，其击穿机理及击穿电压与器件参数的关系与单个 pn 结的基本相同。位置根据图 8.28 中 I_C 随 V_{CB} 的变化确定，属于前面击穿中的雪崩击穿。由于正常放大工作状态下集电结反偏，因此要求 $\mathrm{BV_{CBO}}$ 越大越好。

图 8.27(b)所示的 $\mathrm{BV_{EBO}}$ 是发射结的击穿电压，其 I_E 随着 V_{BE} 的变化与图 8.28 类似，同样属于雪崩击穿。由于正常放大工作状态下发射结正偏，因此对 $\mathrm{BV_{EBO}}$ 的要求不高，只需大于 4V 即可。

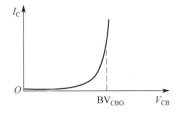

图 8.28　$\mathrm{BV_{CBO}}$ 测量中得到的 I_C 随 V_{CB} 变化的曲线

第三种晶体管击穿电压是 $\mathrm{BV_{CEO}}$，由式（8.59）可以看出 I_{CEO} 远大于 I_{CBO}，所以 $\mathrm{BV_{CEO}}$ 小于 $\mathrm{BV_{CBO}}$，分析得到 $\mathrm{BV_{CEO}}$ 和 $\mathrm{BV_{CBO}}$ 满足

$$\mathrm{BV_{CEO}} = \frac{\mathrm{BV_{CBO}}}{\sqrt[n]{1+\beta}} \tag{8.61}$$

对于硅 NPN 晶体管，$n=4$，实际中 $\mathrm{BV_{CEO}}$ 和 $\mathrm{BV_{CBO}}$ 与 I_{CEO} 的对比情况如图 8.29 所示。至此，本节的**任务②**完成。

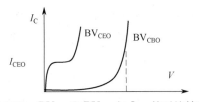

图 8.29　$\mathrm{BV_{CEO}}$ 和 $\mathrm{BV_{CBO}}$ 与 I_{CEO} 的对比情况

8.3.3　晶体管的穿通电压

实际中，对于晶体管，除了击穿电压，还有一种电压需要关注，即本小节讨论的穿通电压。穿通电压是指集电结两端的反向偏压增大（未达到击穿），随着耗尽区宽度的增大，使耗尽区完全占据基区或集电区的现象。发生穿通后，也会出现输出电流增大的现象，因此晶体管的工作电压还要受到穿通电压的限制。

1．基区穿通

对用合金法制作的合金晶体管来说，由于其杂质分布特点是基区掺杂浓度最低，集电区掺杂浓度大于基区，因此当集电结两端的反向偏压不断增大时，耗尽区主要向轻掺杂的基区扩展，在电压增至穿通电压后，耗尽区穿过基区到达发射区。此时，发射区大量的电子受到耗尽区内强电场的驱使发生漂移运动，产生大输出电流。根据式（5.38），可得发生穿通时的电压 V_{PT} 的表达式为

$$V_{\text{PT}} = \frac{W_{\text{B}}^2 e N_{\text{B}}}{2\varepsilon_{\text{s}}} \tag{8.62}$$

式中，W_{B} 是基区的宽度，N_{B} 是基区的掺杂浓度。

实际中，由于发生基区穿通，发射区的电子运动离开后局部带正电，电势为正，与处于反向偏置状态的接电源负极的基区之间发生击穿，进而导致发射结击穿。因此发生穿通后会导致提前击穿。

2．集电区穿通

对用平面工艺制作的晶体管，由于其基区掺杂浓度大于集电区掺杂浓度，因此随着集电结反偏电压的增大，耗尽区主要向集电区方向扩展，如图 8.2(a)所示，当耗尽区穿过集电区到达下面的高掺杂 N 型外延层时，发生集电区穿通。之所以在集电区下面设置高掺杂 N 型外延层，是为了减小串联电阻。由于穿通后的外延层掺杂浓度极高，耗尽区在其中薄得几乎可以忽略，因此发生集电区穿通后，集电结的击穿电压明显降低。至此，本节的**任务③**完成。

8.4　晶体管模型和晶体管频率特性

8.4.1　Ebers-Moll 模型

考虑到式（8.27）和式（8.31）均含有与 $\left[\exp\left(\dfrac{eV_{\text{BE}}}{kT}\right) - 1\right]$ 和 $\left[\exp\left(\dfrac{eV_{\text{BC}}}{kT}\right) - 1\right]$ 成正比的一项，因此将晶体管画为图 8.30 所示的等效电路。为了配合式（8.27）和式（8.31），图中组合了两个二极管和两个电流源，并且规定端电流流入为正。可以看出，因为晶体管两个 pn 结公用一个基区，所以图中的 $\alpha_{\text{F}} I_{\text{F}}$ 代表发射结电流被集电极收集的部分（此时的 α_{F} 同前面讨论的共基极电流增益系数 α ）；类似地，$\alpha_{\text{R}} I_{\text{R}}$ 代表将晶体管的发射区和集电区倒置使用时对应的部分，此时背靠背 pn 结之间的相互作用通过图 8.30 中的两个电流源来体现。

由图 8.30 可知

$$I_E = -I_F + \alpha_R I_R , \quad I_C = -I_R + \alpha_F I_F , \quad I_B = (1 - \alpha_F) I_F + (1 - \alpha_R) I_R$$

由于 I_F 和 I_R 为二极管电流, 因此满足

$$I_F = I_{F0} \left[\exp\left(\frac{eV_{BE}}{kT}\right) - 1 \right] \quad 和 \quad I_R = I_{R0} \left[\exp\left(\frac{eV_{BC}}{kT}\right) - 1 \right]$$

与式（8.27）和式（8.31）对照后得

$$a_{11} = -I_{F0} , \quad a_{12} = a_{21} = \alpha_R I_{R0} = \alpha_F I_{F0} , \quad a_{22} = -I_{R0}$$

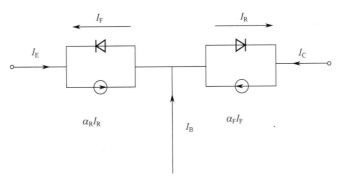

图 8.30 Ebers-Moll 模型等效的晶体管结构

在等效电路的基础上, 可以将发射极电流 I_E 和集电极电流 I_C 重写为 Ebers-Moll 方程

$$I_E = -I_{F0} \left[\exp\left(\frac{eV_{BE}}{kT}\right) - 1 \right] + \alpha_R I_{R0} \left[\exp\left(\frac{eV_{BC}}{kT}\right) - 1 \right] \tag{8.63}$$

$$I_C = \alpha_F I_{F0} \left[\exp\left(\frac{eV_{BE}}{kT}\right) - 1 \right] - I_{R0} \left[\exp\left(\frac{eV_{BC}}{kT}\right) - 1 \right] \tag{8.64}$$

为了方便在实际中模拟晶体管的行为, 要对晶体管建模, 将式（8.63）和式（8.64）前面的系数变换成实验可测量的量。由于 I_{EBO} 是集电极开路时的发射结反偏电流, 因此令式（8.64）等于 0, 将得到的 V_{BE} 和 V_{BC} 的关系代入式（8.63）。此时, $I_E = I_{EBO}$, 得到 $I_{EB0} = (1 - \alpha_F \alpha_R) I_{F0}$, $I_{CB0} = (1 - \alpha_F \alpha_R) I_{R0}$, 于是 Ebers-Moll 方程可重写为

$$I_E = -\frac{I_{EBO}}{1 - \alpha_F \alpha_R} \left[\exp\left(\frac{eV_{BE}}{kT}\right) - 1 \right] + \frac{\alpha_R I_{CBO}}{1 - \alpha_F \alpha_R} \left[\exp\left(\frac{eV_{BC}}{kT}\right) - 1 \right] \tag{8.65}$$

$$I_C = \frac{\alpha_F I_{EBO}}{1 - \alpha_F \alpha_R} \left[\exp\left(\frac{eV_{BE}}{kT}\right) - 1 \right] + \frac{I_{CBO}}{1 - \alpha_F \alpha_R} \left[\exp\left(\frac{eV_{BC}}{kT}\right) - 1 \right] \tag{8.66}$$

由于 $\alpha_R I_{R0} = \alpha_F I_{F0}$, 因此决定式（8.65）和式（8.66）系数的只有三个变量: α_R 或 α_F, 以及 I_{EB0} 和 I_{CB0}。实际中, 通过测量两个漏电流及得到共基极电流增益 α_F, 就相当于式（8.65）和式（8.66）中的系数完全确定。甚至可以利用已确定系数的式（8.65）和式（8.66）画出晶体管共发射极输出特性曲线, 如图 8.15(b)所示。计算过程的逻辑是, 要确定图 8.15(b)中的一点, 就要在基极电流 I_B 固定为某个值后, 于确定的 V_{CE} 下求集电极电流 I_C 的值, 由式（8.65）和式（8.66）可知 I_B 固定为某个值后, $I_E - I_C$ 为定值, 得出 V_{BE} 和 V_{BC} 之间的关系, 而 $V_{CE} = V_{BE} + V_{BC}$。将两个式子联立, 确定 V_{BE} 和 V_{BC} 后, 可代入式（8.66）后得出 I_C。这样逐点绘制, 就可以得到图 8.15(b), 在实际中常借助计算机完成这部分工作。

8.4.2 晶体管的频率特性

前面详细研究了晶体管的静态特性，在实际中，晶体管的作用是在直流偏置下放大交流信号。本小节讨论当小信号交流电压或交流电流叠加到直流状态上时双极晶体管的交流特性。讨论时，假设交流信号的频率很低，幅值很小。频率很低，载流子的变化才能跟得上信号的变化，同时幅值很小，交流电流和电压远小于直流值。

本小节的**任务①**和**任务②**如下：①**得出晶体管低频小信号等效电路模型**；②**分析晶体管在高频时的放大能力的变化**。

1. 晶体管在交流时的放大作用

首先来看在直流状态上叠加交流信号后，晶体管如何放大交流信号。在共基极工作组态下，假设输入端加入交流电流 i_e，由于共基极的接法不放大电流，因此输出的集电极交流电流 i_c 和 i_e 保持相当，但这种接法可以放大输出电压和输出功率。下面定性地分析晶体管放大电压和功率的过程。

如图 8.31 所示，当入射端加入交流电流 i_e 时，相应地在集电极产生输出交流电流 i_c。输入回路可视为两条支路的并联，其中一条支路是对应 R_E 的那一路，另一条支路是正向偏置下的发射结，由于二者并联，因此并联后总电阻近似等于其中的小电阻，即正向偏置下发射结对应的正偏微分电阻 r_e。输出回路同样为两条支路的并联，只是此时集电结反偏，对应大电阻，所以输出回路的总电阻近似等于图 8.31 中的 R_C，因此有

$$G_v = \frac{v_o}{v_i} = \frac{i_c R_C}{i_e r_e} \approx \frac{R_C}{r_e} \tag{8.67}$$

$$G_p = \frac{i_c^2 R_C}{i_e^2 r_e} \approx \frac{R_C}{r_e} \tag{8.68}$$

当输出回路中存在提供大电压的电池时，虽然没有放大电流 i_c，但在流过电阻 R_C 后产生了电压放大和功率放大。

对于结构示意图如图 8.32 所示的另一种常见的共发射极工作组态，也可以做类似的分析。与共基极交流小信号的定性分析类似，其输入回路中并联的两部分的等效电阻为其中的小电阻——正向偏置下发射结对应的正偏微分电阻 r_e，其输出回路中并联的两部分的等效电阻为其中的小电阻 R_L，因此，其电流增益为

$$G_i = \frac{i_c}{i_b} = \beta \tag{8.69}$$

$$G_v = \frac{v_o}{v_i} = \frac{i_c R_L}{i_b r_e} \approx \beta \frac{R_L}{r_e} \tag{8.70}$$

$$G_p = \frac{P_o}{P_i} = \frac{i_c^2 R_L}{i_b^2 r_e} \approx \beta^2 \frac{R_L}{r_e} \tag{8.71}$$

由式（8.70）和式（8.71）可以看出，共发射极组态交流小信号电路对电压和功率都有很好的放大能力。

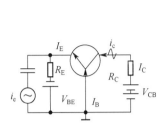 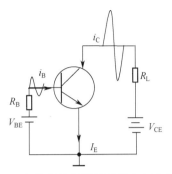

图 8.31　晶体管共基极组态交流小信号电路　　图 8.32　理想晶体管共发射极组态交流小信号电路

2. 低频小信号等效电路

下面定性地分析晶体管在共基极组态和共发射极组态下的等效电路。假设晶体管可被视为四端模型，在共基极组态下，各端口的正、负规定如图 8.33 所示。

图 8.33　晶体管四端模型示意图

若以图中的 v_i 和 v_o 为自变量，则相应的 i_i 和 i_o 为因变量，对应的等效电路中会出现电导，将其称为 **y 参数等效电路**。

由式（8.27）和式（8.31）可知，它们就是以 V_{BE} 和 V_{BC} 为自变量来表示输入电流 I_E 和输出电流 I_B 的。由于交流小信号的加入，相当于直流电压 V_{BE} 受到 dV_{BE} 的调制作用，同时直流电压 V_{BC} 受到 dV_{BC} 的调制作用。相应地，输入电流 I_E 有一个微分量 dI_E 的变化，$dI_E = i_e$ 是流过发射结的交流分量。类似地，输出电流 I_C 有一个微分量 dI_C 的变化，$dI_C = i_c$ 是流过集电结的交流分量

$$dI_E = \frac{e}{kT}a_{11}\left[\exp\left(\frac{eV_{BE}}{kT}\right)-1\right]dV_{BE} + \frac{e}{kT}a_{12}\left[\exp\left(\frac{eV_{BC}}{kT}\right)-1\right]dV_{BC} \tag{8.72}$$

$$dI_C = \frac{e}{kT}a_{21}\left[\exp\left(\frac{eV_{BE}}{kT}\right)-1\right]dV_{BE} + \frac{e}{kT}a_{22}\left[\exp\left(\frac{eV_{BC}}{kT}\right)-1\right]dV_{BC} \tag{8.73}$$

简化式（8.72）和式（8.73）得

$$i_e = y_{11}v_e + y_{12}v_c \tag{8.74}$$
$$i_c = y_{21}v_e + y_{22}v_c \tag{8.75}$$

在式（8.74）和式（8.75）中，$v_e = dV_{BE} = -dV_{EB}$，$v_c = -dV_{BC}$，负号由图 8.33 中输入端和输出端的正、负规定确定。式（8.74）和式（8.75）中的 y_{11} 和 y_{22} 具有电导的量纲。y_{12} 和 y_{21} 由于是和另一端电压发生关系的系数，因此这里用一个电流源来等效。比较式（8.72）～式（8.75）得

$$y_{11} = \frac{-e}{kT}a_{11}\exp\left(\frac{eV_{BE}}{kT}\right) \tag{8.76}$$

$$y_{21} = \frac{-e}{kT}a_{21}\exp\left(\frac{eV_{BE}}{kT}\right) \tag{8.77}$$

$$y_{12} = \frac{-e}{kT} a_{12} \exp\left(\frac{eV_{BC}}{kT}\right) \tag{8.78}$$

$$y_{22} = \frac{-e}{kT} a_{22} \exp\left(\frac{eV_{BC}}{kT}\right) \tag{8.79}$$

这样，就可将共基极工作组态下的等效电路绘制为如图 8.34 所示。在正常放大工作状态下，由于 V_{BC} 是较大的反偏电压，因此参数 y_{12} 和 y_{22} 中的 $\exp\left(\dfrac{eV_{BC}}{kT}\right)$ 趋于零。所以，等效电路简化为如图 8.35 所示。可以看出，对应 y_{12} 的这一项不再存在。根据式（8.76），计算得

$$y_{11} = \frac{e}{kT} I_E \tag{8.80}$$

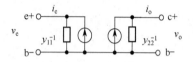

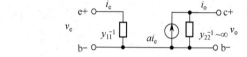

图 8.34　晶体管共基极 y 参数等效电路　　　图 8.35　晶体管共基极 y 参数等效电路简化形式

若用其导数，则电阻表示为

$$r_e = \frac{kT}{eI_E} \tag{8.81}$$

式中，r_e 是发射结输入微分电阻，可以看出其数值很小。由于 y_{22} 趋于 0，因此其对应的电阻是一个无穷大的值。恒流源等效于用晶体管电流放大系数联系的 αi_e。

3. 晶体管的高频特性

上面关于等效电路的讨论也适用于低频交流信号。随着外加交流信号的频率增大，必须考虑晶体管电容效应对晶体管放大系数的影响。如图 8.36 所示，由于发射结正偏，存在势垒电容和扩散电容，但考虑到发射结为 N⁺P 结，因此忽略发射极一侧的扩散电容，存在势垒电容 C_{Je} 对应的充放电电流 i_{CJe}。基区一侧的发射结扩散电容不能忽略，所以存在 C_{De} 对应的充放电电流 i_{CDe}。由于集电结反偏，因此其只存在势垒电容 C_{Jc}，对应存在充放电电流 i_{CJc}。可以看出，由于高频时存在对各种电容的充放电电流，导致从发射结出发的电子电流 i_e 在传输过程中不断减小，并且交流信号的频率越高，充放电电流就越大，导致很难从集电极收集电流。此时，晶体管的放大能力被显著削弱，在交流信号的频率高到一定数值后，甚至没有放大能力。

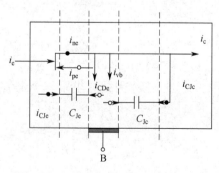

图 8.36　高频时各电容的存在对晶体管电流的影响示意图

下面定量地分析这些电容对晶体管放大能力的不利影响。对发射结的注入比这个参数而言，其由原来的式（8.5）变为高频时的

$$\gamma = \frac{i_{\text{ne}}}{i_{\text{ne}} + i_{\text{pe}} + i_{\text{CJe}}} \tag{8.82}$$

由式（8.82）可以看出高频下的注入比下降。变换上式得

$$\gamma = \frac{\gamma_0}{1 + j\omega r_e C_{\text{Je}}} = \frac{\gamma_0}{1 + j\omega \tau_e} \tag{8.83}$$

式中，γ_0 是直流时的注入比，是利用 $i_{\text{CJe}} = \dfrac{v_e}{1 \Big/ j\omega C_{\text{Je}}}$ 和 $i_{\text{ne}} + i_{\text{pe}} = \dfrac{v_e}{r_e}$ 得到的。$\tau_e = r_e C_{\text{Je}}$ 称为**发射极延迟时间**，它是由电容的存在所导致的充放电过程消耗的时间。

类似地，高频下晶体管共基极电流放大系数可以表示为

$$\alpha = \frac{\alpha_0}{\left(1 + j\omega\tau_e\right)\left(1 + j\omega\tau_b\right)\left(1 + j\omega\tau_d\right)\left(1 + j\omega\tau_c\right)} \tag{8.84}$$

式中，τ_b, τ_d 和 τ_c 分别是基区渡越时间、集电结渡越时间及集电结势垒电容充放电导致的延迟时间。τ_b 反映交流情况下少子扩散通过基区需要的渡越时间。τ_d 对应的是电子通过漂移的方式经过集电结势垒区的时间。τ_d 称为**集电极延迟时间**，是由于电容的存在导致充放电过程消耗的时间。

在式（8.84）中，将分母内 $j\omega\tau$ 的各项做泰勒级数展开且只保留第一项，得

$$\alpha = \frac{\alpha_0}{1 + j\omega\left(\tau_e + \tau_b + \tau_d + \tau_c\right)} = \frac{\alpha_0}{1 + j\omega\tau_{\text{ce}}} \tag{8.85}$$

进一步将式（8.85）变形为

$$\alpha(\omega) = \frac{\alpha_0}{1 + j\omega/\omega_\alpha} = \frac{\alpha_0}{1 + jf/f_\alpha} \tag{8.86}$$

式（8.86）中的 f_α 为

$$f_\alpha = \frac{1}{2\pi\tau_{\text{ce}}} \tag{8.87}$$

式中，f_α 称为共基极电流放大系数的**截止频率**，它是 α 降低为直流时的值的 $1/\sqrt{2}$ 时所对应的频率；τ_{ce} 是 4 个时间之和。

由式（8.9）得

$$\beta(\omega) = \frac{\dfrac{\alpha_0}{1 + jf/f_\alpha}}{1 - \dfrac{\alpha_0}{1 + jf/f_\alpha}} \tag{8.88}$$

化简后得到与式（8.86）对应的表达式：

$$\beta(\omega) = \frac{\beta\alpha_0}{1 + jf/f_\beta} \tag{8.89}$$

将（8.89）与式（8.88）及式（8.86）对应，可得

$$f_\beta = \frac{f_\alpha}{\beta_0} \tag{8.90}$$

式中，f_β 称为共发射极电流放大系数的**截止频率**，它是 β 降低为直流时的值的 $1/\sqrt{2}$ 时所对应的频率。实际中，由于可将 α 和 β 做 20lg 运算而转换为以 dB 为单位，α 和 β 随频率的变化如图 8.37 所示。

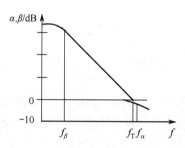

图 8.37　晶体管电流放大系数随频率变化示意图

习　题　8

01. 说明晶体管中的基区为何很薄。

02. 画出 PNP 晶体管在热平衡状态和放大工作状态下的能带图，并据此分析其工作原理。

03. 某 NPN 晶体管的发射极、基极和集电极的掺杂浓度分别为 $10^{18}\,\mathrm{cm^{-3}}$，$10^{16}\,\mathrm{cm^{-3}}$ 和 $10^{15}\,\mathrm{cm^{-3}}$。(a)比较该晶体管正向放大和反向放大时的发射效率；(b)比较该晶体管正向放大和反向放大时基区宽度调制的敏感度。

04. 一个 NPN 晶体管的基区参数如下：$D_{nB} = 20\,\mathrm{cm^2/s}$，$n_{B0} = 10^4\,\mathrm{cm^{-3}}$，$W_B = 1\,\mu\mathrm{m}$，发射结面积为 $10^{-4}\,\mathrm{cm^2}$，分别计算 $V_{BE} = 0.5\mathrm{V}, 0.6\mathrm{V}, 0.7\mathrm{V}$ 时的集电极电流。

05. 在某 NPN 晶体管中测得如下电流：$I_{nE} = 1.2\mathrm{mA}, I_{pE} = 0.1\mathrm{mA}, I_{nC} = 1.18\mathrm{mA}$，$I_{rB} = 0.2\mathrm{mA}$，$I_G = 0.001\mathrm{mA}$，$I_{CBO} = 0.001\mathrm{mA}$，求其 $\alpha, \beta, \gamma, \alpha_T$。

附录 A 本书常用文字符号说明

a	晶格常数	$E_{\max}$	最大电场强度
A	面积	E_{ref}	参考能级
A^*	有效理查德常数	E_{v}	价带顶能量
A'	发射结侧面面积	F_{n}	电子流量
B	磁感应强度	F_{p}	空穴流量
BV_{CBO}	集电结的击穿电压	f	频率，费米狄拉克分布函数
BV_{CEO}	基极开路时发射极和集电极之间的击穿电压	$F_{1/2}$	费米积分
BV_{EBO}	发射结的击穿电压	G	电导
c	真空中的光速	G_0	pn 结微分直流电导
C_{D}	pn 结扩散电容	G_{D}	pn 结扩散电导
C_{J}	pn 结势垒电容	G_{n}	电子产生率
D_{p}	空穴扩散系数	$G_{\text{n}0}$	平衡电子产生率
D_{n}	电子扩散系数	G_{p}	空穴产生率
D'	双极扩散系数	$G_{\text{p}0}$	平衡空穴产生率
e	电子电量	G_{P}	功率增益
E	能量、电场强度	G_{V}	电压增益
ΔE	异质结两边材料禁带宽度差	h	普朗克常数
ΔE_{A}	受主杂质电离能	(hkl)	晶面指数
ΔE_{C}	异质结两侧半导体导带底差	$[hkl]$	晶向指数
ΔE_{D}	施主杂质电离能	$\hbar$	修正普朗克常数
ΔE_{V}	异质结两侧半导体价带顶差	I	电流
E_{A}	受主杂质能级	I_0	pn 结饱和电流
E_{C}	导带底能量	I_{B}	基极电流
E_{D}	施主杂质能级	i_{B}	基极交流电流
E_{F}	费米能级	I_{C}	集电极电流
E_{Fi}	本征费米能级	i_{C}	集电极交流电流
$E_{\text{Fi}0}$	半导体内不变的本征费米能级	I_{CBO}	发射极开路时基极和集电极回路的反向电流
E_{Fm}	金属费米能级	I_{CEO}	基极开路时发射极和集电极回路的反向电流
E_{Fn}	电子准费米能级，n 区费米能级	I_{d}	反向饱和电流
E_{Fp}	空穴准费米能级，p 区费米能级	I_{E}	发射极电流
E_{Fs}	半导体费米能级	i_{e}	发射极交流电流
E_{g}	禁带宽度	I_{EBO}	集电极开路时发射极和基极回路的反向电流
E_{int}	内建电场强度	I_{F}	正向电流

I_g	产生电流	N_A	受主杂质浓度
I_L	光生电流	N_A^-	电离受主杂质浓度
I_m	太阳能电池最大输出功率的电流	n_A	未电离受主杂质浓度
I_{ndrf}	电子漂移电流	N_B	pn 结轻掺杂一侧的掺杂浓度
I_{nC}	集电极电子电流	N_C	导带有效状态密度
I_{nE}	发射结电子扩散电流	N_D	施主杂质浓度
I_{pdrf}	空穴漂移电流	N_D^+	电离施主杂质浓度
I_{pE}	发射结空穴扩散电流	n_D	未电离施主杂质浓度
I_R	反向电流	n_i	本征电子浓度
I_{rB}	基区复合电流	N_I	总杂质浓度
I_{rE}	集电区复合电流	n_{n0}	n 型半导体的电子浓度
I_{SC}	太阳能电池能提供的最大电流	n_{p0}	p 型半导体的电子浓度
J	电流密度	N_V	价带有效状态密度
J_{dif}	扩散电流密度	p	空穴浓度
J_{drf}	漂移电流密度	p_0	平衡半导体的空穴浓度
J_{ge}	产生电流密度	Δp	过剩空穴浓度
J_n	电子电流密度	p	动量
J_{ndif}	电子扩散电流密度	P	散射概率，功率
J_{ndrf}	电子漂移电流密度	P_i	电离杂质散射概率
J_p	空穴电流密度	p_i	本征空穴浓度
J_{pdif}	空穴扩散电流密度	P_l	晶格振动散射概率
J_{pdrf}	空穴漂移电流密度	p_{n0}	n 型半导体的空穴浓度
J_{re}	复合电流密度	p_{p0}	p 型半导体的空穴浓度
J_s	反向饱和电流密度	Q	电荷量
J_{sT}	热电子发射理论饱和电流密度	$\boldsymbol{r}$	格矢
k	玻尔兹曼常数	$R_\square$	方块电阻
$\boldsymbol{k}$	波矢	R_n	电子复合率
L	长度	R_{n0}	平衡电子复合率
L_n	电子扩散长度	R_p	空穴复合率
L_p	空穴扩散长度	R_{p0}	平衡空穴复合率
m_0	电子静止质量	V	电势
m^*	有效质量	V_A	pn 结外加正偏电压
m_n^*	电子有效质量	V_D	pn 结内建电势差
m_p^*	空穴有效质量	v_d	平均漂移运动速度
M	倍增因子	v_{dn}	电子平均漂移运动速度
n	电子浓度	v_{dnsat}	电子饱和漂移运动速度
N	状态密度	v_{dp}	空穴平均漂移运动速度
Δn	过剩电子浓度	v_{dpsat}	空穴饱和漂移运动速度
n_0	热平衡半导体的电子浓度	V_H	霍尔电压

V_{m}	太阳能电池最大输出功率时的电压		ε_0	真空介电常数
V_{OC}	太阳能电池能提供的最大电压		ε_{r}	介质介电常数
V_{PT}	晶体管穿通电压		λ	波长
V_{R}	pn 结外加反偏电压		μ_{i}	电离杂质散射迁移率
V_{s}	金属半导体接触中半导体表面的电势		μ_{l}	晶格振动散射迁移率
v_{th}	热运动速度		μ'	双极迁移率
W_{m}	金属的功函数		μ_{n}	电子迁移率
W_{s}	半导体的功函数		μ_{p}	空穴迁移率
x_{n}	pn 结 n 区一侧空间电荷区边界		ν	频率
x_{p}	pn 结 p 区一侧空间电荷区边界		ρ	电阻率
Y	导纳		σ	电导率
Z	量子态数		τ_{n}	电子平均自由时间、过剩电子寿命
α	复合比例系数		τ_{p}	空穴平均自由时间、过剩空穴寿命
α	晶体管共基极直流电流增益		ϕ_{ps}	金属与 p 型半导体接触半导体一侧势垒高度
α_{T}	基极传输效率		ϕ_{ns}	金属与 n 型半导体接触半导体一侧势垒高度
Å	埃		χ	半导体的电子亲和能
β	晶体管共发射极直流电流增益		ψ	波函数
γ	晶体管发射极发射效率		ω	角频率

附录 B　常用表格

表 B.1　常用的物理常数

名　称	常　数
电子电量	$e = 1.6 \times 10^{-19}$ C
电子静止质量	$m_0 = 9.11 \times 10^{-31}$ kg
真空中的光速	$c = 2.998 \times 10^8$ m/s
普朗克常数	$h = 6.625 \times 10^{-34}$ J·s
玻尔兹曼常数	$k = 1.38 \times 10^{-23}$ J/K
真空介电常数	$\varepsilon_0 = 8.85 \times 10^{-12}$ F/m
真空磁导率	$\mu_0 = 4\pi \times 10^{-7}$ H/m
300K 时的 kT	0.0259eV

表 B.2　硅、锗和砷化镓的性质

性　质	硅	锗	砷化镓
原子密度	$5 \times 10^{22}\,\text{cm}^{-3}$	$4.42 \times 10^{22}\,\text{cm}^{-3}$	$4.42 \times 10^{22}\,\text{cm}^{-3}$
晶体结构	金刚石	金刚石	闪锌矿
密度	2.33g/cm^3	5.33g/cm^3	5.32g/cm^3
晶格常数	5.43Å	5.65Å	5.65Å
介电常数	11.7	16.0	13.1
禁带宽度	1.12eV	0.66eV	1.42eV
电子亲和能	4.01eV	4.13eV	4.07eV
熔点	1415℃	937℃	1238℃
导带有效状态密度	$2.8 \times 10^{19}\,\text{cm}^{-3}$	$1.04 \times 10^{19}\,\text{cm}^{-3}$	$4.7 \times 10^{17}\,\text{cm}^{-3}$
价带有效状态密度	$1.04 \times 10^{19}\,\text{cm}^{-3}$	$6 \times 10^{18}\,\text{cm}^{-3}$	$7.0 \times 10^{18}\,\text{cm}^{-3}$
本征载流子浓度	$1.5 \times 10^{10}\,\text{cm}^{-3}$	$2.4 \times 10^{13}\,\text{cm}^{-3}$	$1.8 \times 10^6\,\text{cm}^{-3}$
电子迁移率	$1350\text{cm}^2/(\text{V}\cdot\text{s})$	$3900\text{cm}^2/(\text{V}\cdot\text{s})$	$8500\text{cm}^2/(\text{V}\cdot\text{s})$
空穴迁移率	$480\text{cm}^2/(\text{V}\cdot\text{s})$	$1900\text{cm}^2/(\text{V}\cdot\text{s})$	$400\text{cm}^2/(\text{V}\cdot\text{s})$
电子有效质量	$m_l = 0.98m_0$ $m_t = 0.19m_0$	$m_l = 1.64m_0$ $m_t = 0.082m_0$	$0.067m_0$
空穴有效质量	$m_{lh} = 0.16m_0$ $m_{hh} = 0.49m_0$	$m_{lh} = 0.044m_0$ $m_{hh} = 0.28m_0$	$m_{lh} = 0.082m_0$ $m_{hh} = 0.45m_0$
电子状态密度有效质量	$1.08m_0$	$0.55m_0$	$0.067m_0$
空穴状态密度有效质量	$0.56m_0$	$0.37m_0$	$0.48m_0$

参考文献

[1]   尼曼. 半导体物理与器件[M]. 北京：电子工业出版社，2012.

[2]   刘恩科，朱秉升. 半导体物理学[M]. 7 版. 北京：电子工业出版社，2012.

[3]   施敏，伍国钰. 半导体器件物理[M]. 西安：西安交通大学出版社，2008.

[4]   胡正明. 现代集成半导体器件[M]. 北京：电子工业出版社，2012.

[5]   〔美〕Robert F. Pierret. 半导体器件基础[M]. 北京：电子工业出版社，2004.

[6]   叶良修. 半导体物理学[M]. 北京：高等教育出版社，2007.

[7]   〔美〕Robert F Pierret. Advanced Semiconductor Fundamentals[M]. New Jersey: Pearson Education Inc.,
        1989.

[8]   郝跃，贾新章，董刚，等. 微电子概论[M]. 北京：电子工业出版社，2011.

[9]   孟巨庆. 半导体器件物理[M]. 北京：科学出版社，2005.

[10]   迈克尔·赖尔登，莉莲·霍德森. 晶体之火[M]. 上海：上海科学技术出版社，2002.

[11]   余秉才，姚杰. 半导体器件物理[M]. 广州：中山大学出版社，1989.

[12]   忻贤堃. 半导体物理与器件[M]. 上海：上海科学技术文献出版社，1996.

反侵权盗版声明

电子工业出版社依法对本作品享有专有出版权。任何未经权利人书面许可，复制、销售或通过信息网络传播本作品的行为；歪曲、篡改、剽窃本作品的行为，均违反《中华人民共和国著作权法》，其行为人应承担相应的民事责任和行政责任，构成犯罪的，将被依法追究刑事责任。

为了维护市场秩序，保护权利人的合法权益，我社将依法查处和打击侵权盗版的单位和个人。欢迎社会各界人士积极举报侵权盗版行为，本社将奖励举报有功人员，并保证举报人的信息不被泄露。

举报电话：（010）88254396；（010）88258888

传　　真：（010）88254397

E-mail：　dbqq@phei.com.cn

通信地址：北京市万寿路 173 信箱

　　　　　电子工业出版社总编办公室

邮　　编：100036